Hamburger Geophysikalische Einzelschriften

Herausgegeben von den Geophysikalischen Instituten der Universität Hamburg:

1. Geophysikalisches Institut, Hamburg 13, Rothenbaumchaussee 80
Direktor Prof. Dr. P. Raethjen, Prof. Dr. K. Brocks

2. Institut für Meereskunde, Hamburg 13, Abteistraße 15
Direktor Prof. Dr. W. Hansen

Heft 4

Zur Dynamik des jet stream

in zwei Abhandlungen:

Gleichgewichtsstörungen im nichtstationären jet stream
Disturbance of balance in the nonsteady jet stream

von P. Raethjen

Konvektionsfronten und Druckfeldänderungen im jet stream
Convection fronts and development of pressure pattern in the jet stream

von O. Höflich

Hamburg 1961

CRAM, DE GRUYTER & CO.

Die ersten drei Hefte „Geophysikalische Einzelschriften" sind im Selbstverlag erschienen. Mit dem Heft 4 beginnt eine neue Publikationsreihe der Geophysikalischen Institute der Universität Hamburg, vertrieben im Kommissionsverlag Cram, de Gruyter & Co. in Hamburg. In dieser neuen Reihe „Hamburger Geophysikalische Einzelschriften" sollen umfangreichere Forschungsarbeiten der genannten Institute ausführlich mitgeteilt werden.

Hamburg, im Januar 1961

gez. Raethjen
gez. Hansen
gez. Brocks

Druck: A. Pockwitz Nachf. Karl Krause, Stade

Über die konvektiven Gleichgewichtsstörungen des nichtstationären jet stream und die dadurch bedingte Umgestaltung des Druckfeldes

von P. Raethjen

Inhaltsübersicht

Formelzeichen

1. **Operatorsymbole**

d „individuelles“ Differentialzeichen

∂ „lokales“ Differentialzeichen

Δ Differenz

∇ Gradient

2. **Vektoren** (im Text Fraktur, in den Formeln deutsche Schrift)

$\mathfrak{r}$ Störbeschleunigung

$\mathfrak{b}$ Zentripetalbeschleunigung (horizontal)

$\mathfrak{c}$ Coriolisbeschleunigung

$\mathfrak{g}$ Erdbeschleunigung

$\mathfrak{w}$ Erd- bzw. Koordinatenrotation

$\mathfrak{v}$ Strömungsgeschwindigkeit

3. **Skalare** (im Text kursiv, in den Formeln lateinische Schrift)

A Halbachse der Trägheitsellipse bzw. Amplitude

B Länge des antizyklonalen Störungsbogens (Abb. 10, S. 68)

C Breite der Frontalzone (Abb. 11) (S. 69)

D Länge nach Abb. 11 (S. 69)

E Bogenhöhe nach Abb. 10 (S. 68)

e Gleitverschiebungsstrecke nach Abb. 11 (S. 69)

f $= 2\,\omega \sin \varphi$ Coriolisparameter

g $= 981$ [cm/sec²] Erdbeschleunigung

H Amplitude der Vertikalschwingung

h Höhenabstand zweier Gleitflächen (Abb. 10) S. 68)

k $= f + \partial v/\partial x$ Abkürzungsgröße

L Wellenlänge

n Horizontalkoordinate senkrecht zur Isobarlinie

p Luftdruck

R Gaskonstante der Luft

r Radius bzw. Krümmungsradius

s Horizontalkoordinate auf der Isobarlinie

T absolute Temperatur, virtuell gerechnet
t Zeitkoordinate
u Umlaufgeschwindigkeit
v Strömungsgeschwindigkeit
w westöstliche Komponente der Strömungsgeschwindigkeit
x, y Horizontalkoordinaten
z Vertikalkoordinate

4. **Griechische Skalarzeichen**

α	(alfa)	positiver Zahlenwert nach Gl. (12)
β	(beta)	Winkel in Abb. 10 (S. 68)
γ	(gamma)	Stabilitätsgradient nach Gl. (44)
ε	(epsilon)	Vertikalkomponente von $\mathfrak{c}'-\mathfrak{c}$
ζ	(zeta)	absolute Vorticity
π	(pi)	= 3,1421 .. Kreiszahl
λ	(lamda)	relative Vorticity
ν	(nü)	Kreisfrequenz
ρ	(ro)	Luftdichte
σ	(sigma)	Scherungswert nach Gl. (61)
τ	(tau)	zeitliche Periode
φ	(fi)	geographische Breite
ω	(omega)	Winkelgeschwindigkeit der Erd- bzw. Koordinatenrotation

5. **Indices** (Strich, Stern oder Querstrich oben, die anderen unten gesetzt)

$'$	Strichindex (oben) Gleichgewichtswert
$\bar{}$	Querstrich (oben) Mittelwert
$*$	Sternindex (oben) Erdkonstante
g	geostrophisch
h	horizontal
i	isobar
n, s, x, y, z	Koordinatenrichtungen

ϑ	Stromfeldstörung
ϱ	Dichtefeldstörung
Tr	Troposphäre
St	Stratosphäre
0	im Nullpunkt bzw. Punkt 0
$1, 2, 3$	im Punkt 1, 2 oder 3

6. **Sonstige Zeichen**

$=$	gleich
$>$	größer als
$<$	kleiner als
$\ll$	klein gegen
$\sim$	ungefähr gleich
[ ]	Maßbezeichnungen (auch Literaturnummern)
$\| \|$	Absoluter Betrag

I. Jet stream und Druckfeldtröge

1. Strahlstrom

„Jet stream", auf deutsch „Strahlstrom", nennt man eine auffallende Strömungserscheinung oberer Atmosphärenschichten, einen schnellen Strom mit der Spitzengeschwindigkeit (Kern-Geschwindigkeit) 40 bis 70 [m/sec], gelegentlich auch noch schneller; im engen (vertikal etwa 10 km mächtigen, horizontal etwa 1000 km breiten) Strombett fließend, 3000 und mehr km lang. [1,2]. Der „Kern", d. h. der innerste und schnellste Teil dieses Strahlstroms liegt ungefähr im Tropopausenniveau, d. h. an der Grenze der Tropo- und Stratosphäre (Abb. 1).

Damit wird nicht etwa bestritten, daß Starkwindfelder auch in der oberen Stratosphäre und Ionosphäre vorkommen. Selbstverständlich sind große Windgeschwindigkeiten um so mehr zu erwarten, je weniger die Reibung mitwirkt, also grundsätzlich in höherem Niveau häufiger als im tieferen. Aber dieser grundsätzliche und allgemeine Effekt ist kein besonderes Charakteristikum des jet stream. Zu unserer Definition des „Strahlstroms" gehört sehr wesentlich auch die Abnahme der Windgeschwindigkeit mit zunehmender Höhe oberhalb des „Kerns" und die Lage des letzteren in der Tropopause. Dies ist eine wesentliche Eigenschaft des speziellen Starkwindtyps, den wir „jet stream" nennen.

Vielleicht werden einige Autoren diese Definition nicht anerkennen. Wir sind zu einer solchen Begriffseinschränkung gezwungen, weil wir Erkenntnisse über die Entstehung und Entwicklung des jet stream gewinnen wollen. Daher dürfen wir die Begriffsdefinition nicht so weit fassen, daß das Typische und Charakteristische verwässert wird.

Historisch gesehen, stimmt unsere Definition des „jet stream" oder „Strahlstrom" überein mit dem ursprünglichen Gebrauch dieses Namens, der aber im Laufe der Zeit eine besondere Popularität gewonnen und daher auf mehrere andere Starkstromtypen Anwendung gefunden hat, z. B. auf Ströme der oberen Stratosphäre oder der unteren Reibungsschicht. Aber die Entstehung des Tropopausenjet unterscheidet sich wesentlich von der Entstehung der hochstratosphärischen oder bodennahen jet Typen.

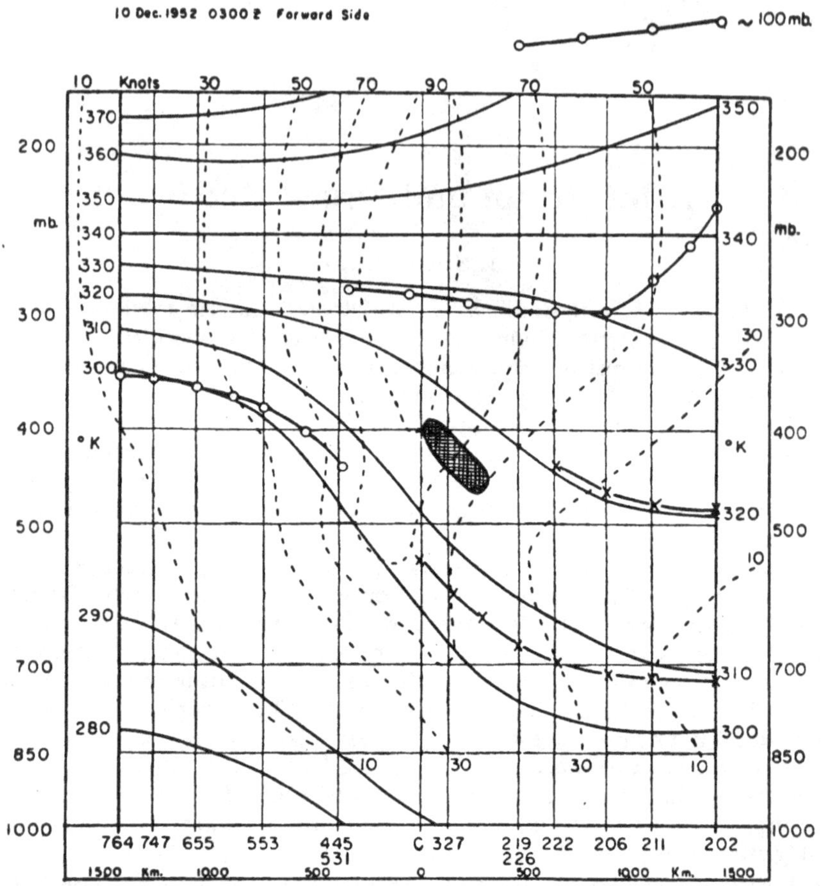

Abb. 1: Vertikalschnitt [6] quer durch einen Strahlstrom (vom Betrachter zur Bildebene fließend) über Nordamerika am 10. 12. 52 03⁰⁰ Greenwich-Zeit auf der Vorderseite eines weiträumigen Druckfeldtroges, dessen Troglinie bei 100⁰ westlicher Länge meridional verläuft. Der Vertikalschnitt erstreckt sich 3000 km von der Halbinsel Florida (Miami in Abb. 1 rechts) nach Nordwesten bis zur Canada-Grenze zwischen North Dakota und Minnesota (Abb. 1 links). Die Horizontalkoordinate ist in km Abstand vom Strahlstromkern (C) geteilt. Dreistellige Zahlen kennzeichnen die verwendeten aerologischen Stationen. Die Vertikalkoordinate ist der metrischen Höhe proportional mit Zahlenangabe des Luftdrucks (mb) am rechten und linken Rande. Die dünn ausgezogenen Kurven sind Isentropen. Ihre dreistelligen Zahlen links und rechts bezeichnen die absolute potentielle Temperatur in „Grad Kelvin" (Celsiusgrade, vom absoluten Nullpunkt gerechnet). Ausgezogene Linien mit Nullenkreisen (auch oberhalb

des Bildfeldes) bezeichnen die Tropopause, mit kleinen Kreuzen troposphärische Grenzflächen (Temperaturinversion oder Vertikalisothermie). Gestrichelte Kurven sind Isotachen des Windfeldes. Ihre zweistelligen Zahlen (oben und unten) geben die Windgeschwindigkeit in Knoten an. Kreuzschraffiert ist das Gebiet mit geringster (aber noch positiver) dynamischer Stabilität.

Auch der Tropopausenjet tritt in zwei verschiedenartigen Typen auf, dem „subtropischen" Typ und dem „Polarfronttyp"; zwei Typen, welche sich untereinander weniger unterscheiden. Letzteres ist schon daran zu erkennen, daß diese beiden Typen sich oft zu einem einzigen jet stream vereinigen. Da der „subtropische" Typ mehr in (stationären) Mittelwerten bekannt, der „Polarfronttyp" aber häufig in (wetterhaften) Einzelfällen beobachtet ist, gilt unsere Untersuchung dem letzteren. Wenn im folgenden der Kürze wegen nur „jet stream" oder „Strahlstrom" gesagt wird, ist damit stets der (nichtstationäre) Tropopausenjet vom Polarfronttyp gemeint.

Seit der Entdeckung der Tropopausen-Strahlströme sind wiederholt folgende Fragen aufgeworfen, aber bis heute nicht befriedigend beantwortet: Wie kommt es zu der starken Konzentration hoher kinetischer Energie auf einem so schmalen Raum? Warum liegt der „Kern" des Strahlstromes im Tropopausenniveau?

Zweifellos ist der „jet stream" ein Wettervorgang oder hängt jedenfalls engstens mit anderen Wettererscheinungen zusammen. Sein Vorkommen ist nicht an bestimmte Klimagebiete gebunden und wechselt etwa in gleichen Zeiträumen wie andere Wettervorgänge. Wenn man, wie bisher üblich, die dauerhaften und mittleren Strömungszustände der Atmosphäre als „allgemeine Zirkulation", die ihr überlagerten und wetterhaft wechselnden Strömungen als „Störungen" bezeichnet, gehört der jet stream zweifellos zu den Störungen. Ja, man kann sagen, er ist die energiereichste Störung überhaupt.

Dennoch wollen wir im folgenden das Wort „Störung" nicht in dieser vagen Bedeutung sondern im strengeren Sinn als Gleichgewichtsstörung gebrauchen. D. h., wir wollen nicht unterstellen, daß die „allgemeine" (genauer gesagt, die gemittelte) Zirkulation der Atmosphäre ein Gleichgewichtszustand sei [3]. Stattdessen halten wir uns an die physikalisch streng definierten Gleichgewichte, das „statische" Gleichgewicht zwischen der Schwerkraft und dem vertikalen Druckgefälle und das „dynamische" Gleichgewicht der horizontalen Kräfte. Das letztere heißt „geostrophisch" auf geradliniger (horizontaler) Strombahn. Dabei ist die Horizontalkomponente der Corioliskraft im Gleichgewicht mit dem horizontalen Druckgradienten. Auf gekrümmter (horizontaler)

Strombahn ist auch die (dadurch bedingte) horizontale Zentrifugalkraft ins Kräftegleichgewicht einbezogen. Dieses heißt dann „Gradientwind"-Gleichgewicht.

Demnach unterscheiden wir zwischen dem „Gleichgewichtsjet", der die genannten Gleichgewichte besitzt, und der „Störung", die sie nicht besitzt. Diese Unterscheidung ist unentbehrlich, wenn wir die Entstehung des jet stream untersuchen. Denn die Entstehung oder Veränderung eines Stromfeldes kann nicht im vollkommenen Gleichgewicht vor sich gehen. Daher wäre es ganz abwegig, die Entstehung des jet stream aus seinen Gleichgewichtseigenschaften erklären zu wollen. Nur die Abweichungen vom Gleichgewicht bewirken eine Veränderung des Stromfeldes.

Hierin liegt nun aber gerade die Schwierigkeit unserer Untersuchung. Erfahrungsgemäß sind die vorkommenden Abweichungen vom Gleichgewicht so gering, daß sie sich in den Beobachtungen kaum zeigen oder jedenfalls nicht von den Beobachtungsfehlern getrennt werden können. Auf nur synoptischem Wege kann man also in den Entstehungsmechanismus des jet stream nicht hineinschauen. Aber die theoretische Untersuchung mit Hilfe der dynamischen Grundgleichungen wird uns einige Einblicke verschaffen.

2. Gleichgewichtsbefunde

Eine grundlegende Erfahrungstatsache ist die Verknüpfung jedes jet stream mit einer „Frontalzone". Jeder jet hat unter seinem „Kern", d. h. im Gebiet aufwärts zunehmender Windgeschwindigkeit, ein starkes horizontales Temperaturgefälle. Schaut man in die Richtung des Strahlstromes (Abb. 1), so hat dieser eine warme troposphärische Luftmasse (Subtropikluft) zur Rechten, eine kalte (Polarluft) zur Linken. Dies gilt jedenfalls auf der Nordhalbkugel; auf der Südhalbkugel ist es umgekehrt. Ebenso (etwa 1200 km) breit wie der obere Strahlstrom ist die Übergangszone zwischen der troposphärischen Polarluft und Subtropikluft, ein breiter Grenzstreifen, welchem T. Bergeron [4] den Namen „Frontalzone" gegeben hat.

Dieser Sachverhalt beruht darauf, daß die genannten Gleichgewichte stets näherungsweise erfüllt sind. Legt man die y-Achse horizontal in Richtung des Strahlstroms, die x-Achse isobar (fast horizontal) senkrecht dazu und die z-Achse vertikal aufwärts, so gilt die „statisch-geostrophische" Gleichgewichtsbedingung [5]:

$$\frac{\partial v_y}{\partial z} = \frac{g}{f} \cdot \frac{1}{T} \cdot \frac{\partial T}{\partial x} \,. \qquad (1)$$

Dabei ist v_y die Windgeschwindigkeit in jet-Richtung, g die Erdbeschleunigung, $f = 2\,\omega^* \sin\varphi$ der Coriolisparameter (ω^* = Winkelgeschwindigkeit der Erdrotation, φ = geographische Breite), T die absolute virtuelle Temperatur. Aus dieser Gleichung folgt: Wo der Wind aufwärts zunimmt, nimmt die Temperatur nach rechts zu. Dies ist die allgemeine Gleichgewichtsregel für die Nordhalbkugel: Stellt man sich in die Richtung der aufwärts zunehmenden Windkomponente, so nimmt die Temperatur nach rechts zu.

Aus Gl. (1) kann man auch den Betrag des isobaren (fast horizontalen) Temperaturgradienten errechnen. Wenn z. B. in 10 000 m Höhe ein jet-Kern mit 50 [m/sec] Geschwindigkeit liegt und im Meeresniveau nur mäßiger Wind herrscht, ist an dieser Stelle der vertikale Windgradient der Troposphäre 0,005 [1/sec]. Unter 45^0 Breite herrscht dann nach Gl. (1) in dieser Frontalzone der entsprechende isobare (fast horizontale) Temperaturgradient 1,25 [^{0}C pro 100 km]. Wenn also diese jet-Zone 1000 km breit ist, hat sie zur Rechten 12,5^0 höhere Temperatur als zur Linken (auf der Nordhalbkugel).

Wie gesagt, zeigen die synoptischen Beobachtungen, daß jeder jet stream die Gl· (1) näherungsweise erfüllt. Es gibt z. B. keinen jet mit entgegengesetztem horizontalem Temperaturgefälle. Aber dennoch ist die Gl. (1) niemals genau erfüllt. Geringe Abweichungen vom Gleichgewicht kommen immer vor.

Gl. (1) zeigt aber, daß man das Gesetz der Zugehörigkeit einer Frontalzone zum jet stream nicht umkehren darf. Jeder jet hat seine Frontalzone, aber nicht jede Frontalzone ihren jet. Die in Gl. (1) geforderte Windänderung mit der Höhe braucht nicht notwendig eine Windzunahme zu sein, ist es ja auch nicht oberhalb des jet-Kernes. Auch in unteren Schichten kommen solche Fälle aufwärts abnehmender Winde vor. Z. B. ein starkes Temperaturgefälle polwärts kann nach Gl. (1) auch mit aufwärts abnehmendem Ostwind verbunden sein. Wann und wo aber ein kräftiger Westwindjet seinen „Kern" in der Tropopause hat, nimmt der Westwind in der Troposphäre aufwärts stark zu. Denn in Bodennähe kommen derart starke Winde nicht vor. In solch einer jet-Zone herrscht dann notwendig ein starkes troposphärisches Temperaturgefälle polwärts.

Daher sind die Flächen gleicher potentieller Temperatur (Isentropenflächen) in der jet- oder Frontalzone geneigt (Abb. 1). Sie steigen von der warmen zur kalten Seite (z. B. polwärts) flach an. Denn die potientielle Temperatur nimmt stets aufwärts zu. Ihre Isentropenflächen neigen sich also abwärts stets nach der warmen Seite; dies ist ebenfalls eine Gleichgewichtseigenschaft der Frontalzone.

Da der Kern des jet stream im Tropopausenniveau liegt, befindet sich über ihm in der Stratosphäre eine Zone mit aufwärts abnehm e n d e m Wind. Hier ist also nach Gl. (1) der horizontale Temperaturgradient entgegengesetzt zu dem der Troposphäre. Ü b e r einem Westwindjet z. B. ist die Polseite wärmer als die Äquatorseite (isobar verglichen). Daher sind die Isentropenflächen der Stratosphäre entgegengesetzt zu denen der Troposphäre geneigt. Im Vertikalschnitt durch einen jet stream (der Nordhkgl) steigen die oberen (stratosphärischen) Isentropenflächen nach rechts an (mit dem Wind gesehen), während die unteren (troposphärischen) nach rechts abfallen (Abb. 1). Dieses bekannte „Divergieren" der Isentropen (im Vertikalschnitt) ist somit ebenfalls eine Gleichgewichtseigenschaft des jet stream.

Charakteristisch für den jet stream ist auch eine „Bruchstelle" der Tropopause (Abb. 1): Über der subtropischen Warmluft liegt die Tropopause erheblich höher als über der polaren Kaltluft. Aber diese beiden Tropopausen gehen n i c h t kontinuierlich ineinander über. Zwischen ihnen liegt die „Bruchstelle"; das Gebiet, in welchem die Isentropenflächen aus der subtropischen Troposphäre in die polare Stratosphäre (von rechts nach links in Abb. 1) hineinlaufen. Die aerologischen Beobachtungen zeigen an dieser Stelle entweder m e h r e r e „Tropopausen" übereinander oder k e i n e deutlich erkennbare Tropopauseninversion [6].

Diese Eigentümlichkeit der jet-Tropopause ist durch Beobachtungen hinreichend erwiesen. Da sie aber nicht direkt aus Gl. (1) abgeleitet werden kann, darf man sie nicht im strengen Sinne als Gleichgewichtseigenschaft bezeichnen. Doch verrät sich dabei eine deutliche Tendenz der Tropopause zu isentropen Lagen, was wohl als Ausdruck einer Gleichgewichtstendenz gedeutet werden kann [6].

3. Tröge und Rücken des Druckfeldes

Eine andere Erscheinung, die oft gemeinsam mit einem jet stream auftritt, ist der sogenannte „Trog" des oberen Druckfeldes. Im Gleichgewicht ist die Neigung der I s o b a r f l ä c h e n proportional der Windgeschwindigkeit, mit dem Winde gesehen nach links abfallend und nach rechts ansteigend (auf der Nordhalbkugel). Wo also die Stromlinien einen z y k l o n a l e n Bogen bilden, fällt die Isobarfläche nach dem Inneren dieses Bogens ab und bildet darin eine trogartige Mulde, ähnlich wie die Erdoberfläche eines Gebirgstals mit flach ansteigender Talsohle. Diese Formation des Druckfeldes nennt man kurz einen „Trog".

Das Gegenteil des Druckfeldtroges ist der „Druckfeldrücken", den man stets im Innern eines a n t i z y k l o n a l e n Strombogens findet. Hier hat die Isobarfläche die Form eines Bergrückens, der sich als Ausläufer eines Gebirges in eine Ebene hinein erstreckt.

Die beistehende Abb. 2 (nach C. G. Rossby [1]) zeigt im 300-mb-Niveau mehrere jet stream-Bänder über Nordamerika mit den dazugehörigen „Trögen“ und „Rücken“. Hier erscheinen die Tröge als Unterbrechungsstellen der schnellen Strahlströme. Die letzteren zeigen leicht antizyklonale Krümmung (abgesehen von dem jet über dem Pazifischen Ozean, der wohl weniger gut beobachtet ist), die zyklonalen Tröge dagegen geringere Windgeschwindigkeit. Diese Regel findet man häufig, wenn auch nicht immer, bestätigt.

Selbstverständlich bedingen die Tröge und Rücken des Druckfeldes sich gegenseitig, ebenso wie die Täler und Bergrücken eines

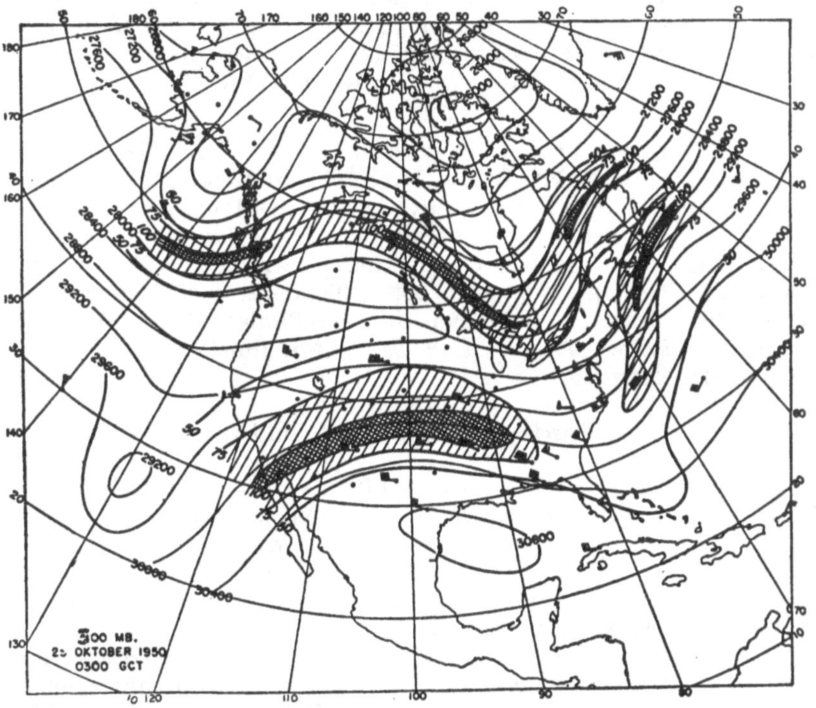

Abb. 2: „Multiple Struktur“ (Höhenwetterkarte) des jet stream am 25. 10. 1950 03^{00} Greenwich-Zeit im 300 mb-Niveau über Nordamerika nach C. G. Rossby [1] (analysiert von B. Bolin). Schraffierte Gebiete haben Windgeschwindigkeit über 75 Knoten, kreuzschraffierte über 100 Knoten. Dick ausgezogen sind die Linien gleicher Windgeschwindigkeit von 50, 75 und 100 Knoten. Dünn ausgezogen die Isohypsen der 300 mb-Fläche (Zahlenwerte in Fuß). Windpfeile zeigen die verwendeten Höhenwindbeobachtungen.

Gebirges. Normalerweise wird ein Trog beiderseits von zwei Rükken flankiert, desgleichen ein Rücken von zwei Trögen. Aber ihr Vorkommen ist keineswegs ganz gleichberechtigt. Z. B. neigen Tröge oft zur „Verschärfung", d. h. zur Verengung des zyklonalen Strombogens und Vertiefung der Isobarflächenmulde. Es kommt oft vor, daß eine breite flache Talmulde der Isobarfläche in ein oder zwei Tagen zu einer schmalen tiefen Schlucht wird, beiderseits flankiert von zwei im zyklonalen Sinne entgegengesetzt fließenden Strahlströmen (Abbn. 12 bis 20, S. 72—83).

Dagegen kommt es nur sehr selten (vielleicht niemals) vor, daß ein breiter Bergrücken der Isobarfläche sich zu einem schmalen scharfen Grat verengt mit beiderseits a n t i z y k l o n a l entgegengesetzten Strahlströmen. Hieran wird deutlich, daß Tröge und Rükken sich nicht nur im Vorzeichen sondern auch in ihrer Dynamik unterscheiden. Weiter unten werden wir ausführlich darauf zurückkommen.

Strahlströme findet man also öfters an den Flanken eines Druckfeldtroges (Abbn. 12 bis 18, S. 72). Man pflegt diese beiden Flanken als „Vorderseite" und „Rückseite" des Troges zu bezeichnen. „Vorderseite" ist diejenige, welche bei der Verlagerung des Troges vorangeht, „Rückseite" diejenige, welche nachfolgt. In den Abbn. 12 bis 18 (S. 72) liegt, wie auch sonst meistens, die Vorderseite im Osten, die Rückseite im Westen der „Troglinie". Denn dieser Trog verlagert sich von Westen nach Osten. Mit ihm verlagern sich die beiden Strahlströme.

4. Beschleunigungen im Strahlstrom

Jeder Strahlstrom hat einen Anfang („Einzugsgebiet") und ein Ende („Delta"). Es gibt keinen Strahlstrom, der die ganze Erde mit seiner großen Geschwindigkeit umrundet. Wo allerdings „Anfang" und „Ende" gesetzt sind, hängt davon ab, welche Strömungsgeschwindigkeit man dem Begriff „Strahlstrom" als Mindestwert zuordnet. Dies ist Sache der Definition. In den Abbn. 12 bis 18 (S. 72) sind jeweils die Gebiete mit mehr als 90 Knoten Geschwindigkeit schraffiert. Diese Gebiete könnte man als „Strahlstromgebiete" ansehen. An den (dünn ausgezogenen) Isohypsen der Isobarfläche (welche näherungsweise als Stromlinien gelten dürfen) sieht man, wo die Luftmassen in das schraffierte Gebiet eintreten und wo andere hinausfließen. Die ersteren sind beschleunigt, die letzteren verzögert. Entsprechendes gibt es auch auf der 70-Knoten-Linie. Alle Massen, welche durch den jet stream fließen, werden bei ihrem Eintritt in diesen erheblich beschleunigt, bei ihrem Austritt verzögert. Dies ist eine typische Eigenschaft jedes Strahlstroms.

Der jet stream hat also einen dauernden Stoffwechsel. Neue Massen treten in ihn ein und werden auf hohe Geschwindigkeit beschleunigt. Andere fließen aus ihm heraus und verlieren dabei ihre Geschwindigkeit.

Auch die Entstehung des jet stream hängt mit solchen Massenbeschleunigungen zusammen. Er kann nicht entstehen, ohne daß erhebliche Massen auf große Geschwindigkeit beschleunigt werden. Daher ist seine Entstehung seiner Erhaltung analog. Er erhält sich selbst, indem er dauernd an seinem Anfang entsteht und an seinem Ende wieder verschwindet.

Da senkrecht zur Bewegungsbahn gerichtete Beschleunigungen den Betrag der Geschwindigkeit nicht ändern, sind es bahntangentiale Beschleunigungen, welche den jet stream entstehen und vergehen lassen. Sie sind mit einem erheblichen Energieumsatz im Stromfeld verbunden, welch letzteres daher aus dem Gleichgewicht herausfällt. Zu den eingangs formulierten Fragestellungen gesellt sich also hier noch eine dritte: Wodurch ergeben sich die starken bahntangentialen Beschleunigungen?

Offenbar hängen auch die bahnsenkrechten Beschleunigungen damit zusammen. Dies ist evident angesichts der großen Bedeutung, welche die Tröge für das Leben der Strahlströme haben. Die Verschärfung eines Troges teilt meistens den jet stream in zwei voneinander getrennte Teile, einen „Vorderseitenjet" und einen „Rückenseitenjet" (Abbn. 12 bis 18, S. 72). Scharfe Tröge sind offenbar typische Störungserscheinungen des jet stream.

II. Gleichgewichtsstörung eines Luftmassenelements im geostrophischen Feld

1. Gleichgewichtswind und Trägheitskreis

Das einfachste Störungsmodell ist die Störung des „Ruhgleichgewichts": Wenn man einen anfänglich ruhenden aber in der Geopotentialfläche (z. B. im Meeresniveau) frei beweglichen Massenpunkt horizontal anstößt, so läuft er (relativ zur Erde) gleichförmig im „Trägheitskreis" (ohne Reibung).

Der Radius r des Trägheitskreises ist von der Umlaufgeschwindigkeit u (d. h. vom anfänglichen Stoß) und von der geographischen Breite φ abhängig folgendermaßen [5]:

$$r = \frac{u}{f} \quad . \qquad (2)$$

Dabei ist $f = 2\,\omega^* \sin \varphi$ der Coriolisparameter wie in Gl. (1).

Ein Beispiel für Gl. (2): Wenn man unter 45^0 Breite eine große Billardkugel auf einer glatten horizontalen Erdoberfläche mit $u = 10$ [m/sec] Anfangsgeschwindigkeit anstößt, so läuft sie mit dieser Geschwindigkeit in einem horizontalen Kreise mit dem Radius r = 100 km.

Dieser „freie" Massenpunkt ist keinem Druckfeld unterworfen. Daher ist seine Bewegung identisch mit der Bewegung eines a t m o s p h ä r i s c h e n Massenpunkts, der ohne Reibung an eine Geopotentialfläche gebunden und in dieser Fläche keinem horizontalen Druckgefälle ausgesetzt ist. Bei fehlendem horizontalem Druckgefälle befindet sich nur derjenige atmosphärische Massenpunkt im Gleichgewicht, welcher relativ zur Erde ruht. Wenn aber das Ruhgleichgewicht durch einen horizontalen Stoß gestört wird, bewegt sich der Massenpunkt im Trägheitskreis.

Die Umlaufdauer τ beträgt dabei

$$\tau = \frac{2\pi r}{u} = \frac{2\pi}{f}, \qquad (3)$$

also bei 45^0 Breite etwa 17 Stunden.

Wenn nun aber ein horizontales Druckgefälle vorhanden ist, übt dieses eine Kraft auf die atmosphärische Luftmasseneinheit aus, und die letztere befindet sich nur dann im Gleichgewicht, wenn eine andere ebenbürtige Kraft, nämlich die Ablenkungskraft der Erdrotation (Corioliskraft) dagegen steht. Ein vollkommenes Gleichgewicht im horizontalen Druckgefälle hat daher nur der sogenannte „geostrophische" Wind, der parallel zu den horizontalen Isobarlinien fließt mit der Geschwindigkeit vg:

$$v_g = \frac{1}{f \cdot \varrho} \cdot \frac{\partial p}{\partial x} \, . \qquad (4)$$

Dabei liegt die x-Achse horizontal und senkrecht zu den Isobarlinien. p ist der Luftdruck und ϱ die Luftdichte. vg ist also nach Gl. (4) der „geostrophische" Gleichgewichtswind (in y-Richtung).

Wenn irgendein Massenpunkt des „geostrophischen" Gleichgewichtswindes einen horizontalen Stoß erhält (in irgendeiner Richtung der x-y-Ebene) mit der (zusätzlichen) Stoßgeschwindigkeit u, so setzt sich seine Bewegung zusammen aus dem Gleichgewichtswind vg (parallel zu den Isobarlinien) und einem z u s ä t z l i c h e n Umlauf im Trägheitskreise nach Gl. (2). Relativ zur Erde gibt das eine Bewegungsbahn, wie in Abb. 3 dargestellt: Gestrichelt sind hier die horizontalen Isobarlinien, ausgezogen die Bewegungsbahn („Zykloide"), welche sich aus dem isobaren („geostrophischen") Weg und dem zusätzlichen Umlauf u zusammensetzt. Der Durchmesser

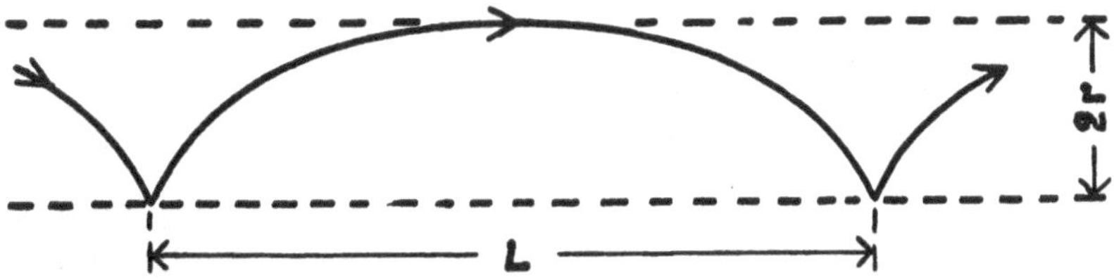

Abb. 3: Zykloidenbahn einer Trägheitskreisbewegung, welche einem geostrophischen (geradlinigen) Wind überlagert ist. Zeichenebene horizontal. $2r$ Durchmesser des Trägheitskreises. L Wellenlänge der Zykloidenbahn.

$2\,r$ des Trägheitskreises nach Gl. (2) erscheint hier (in Abb. 3) als Horizontalabstand der beiden Isobarlinien, zwischen denen der angestoßene Massenpunkt hin- und herpendelt.

Die zeitliche Periode τ dieser Pendelung ist auch in diesem Falle durch Gl. (3) gegeben und beträgt in gemäßigten Breiten etwa 17 Stunden.

Aus dieser Periode kann man die räumliche Periode L (Abb. 3) der Bewegungsbahn relativ zur Erde berechnen:

$$L = v_g \cdot \tau = 2\pi \cdot \frac{v_g}{f}\,. \qquad (5)$$

Wenn also der geostrophische Gleichgewichtswind 32 [m/sec] beträgt, ist unter 45^0 Breite $L = 2000$ km.

Der Pendelungsabstand $2\,r$ (Abb. 3) der beiden begrenzenden Isobarlinien hängt nach Gl. (2) vom Störungsstoß u ab und beträgt für $u = 10$ [m/sec] unter 45^0 Breite $2\,r = 200$ km.

Offenbar ist die ausgezogene Bewegungsbahn der Abb. 3 eine antizyklonal gekrümmte Linie zwischen zwei trogartigen Bahnschleifen, ebenso wie die jet-Bänder in Abb. 2. Auch die Größenordnung von L und $2\,r$ ist beinahe (nicht ganz) übereinstimmend mit synoptisch beobachteten jet stream-Fällen. Daher liegt die Vermutung nahe, daß der jet stream und die Tröge ihre Existenz einem irgendwo gegebenen Anstoß u verdanken, daß also (gelegentlich) im jet stream die Überlagerung einer Trägheitskreisbewegung u über einen Gleichgewichtswind vg vorliegt.

2. Gleichgewichtsjet und Trägheitsellipse

Die soeben erwähnte Vermutung trifft den wirklichen Sachverhalt des jet stream nur ungefähr. Sie zeigt aber, daß die Zerlegung in eine Gleichgewichtsströmung (vg) und eine Störbewegung (u) zur Erklärung des jet stream dienlich ist. Die erstere soll dem

Druckfeld, die letztere der Gleichgewichtsstörung entsprechen. Um aber die beobachteten jet stream-Verhältnisse besser zu analysieren, muß man beachten, daß die wirklichen jet-Druckfelder bereits eine spezielle Struktur haben. Dieser Forderung genügt die beistehende Abb. 4 besser als Abb. 3. Hier ist ebenfalls ein Gleichgewichtswind v_g und ein Störungsumlauf u zu einer antizyklonal gekrümmten Bewegungsbahn zusammengesetzt. Aber zum Unterschied von Abb. 3 sind hier die Scherungen des Gleichgewichtswindes berücksichtigt. Daher ist der zusätzliche Umlaufweg kein Trägheitskreis sondern eine Trägheitsellipse.

Abb. 4 A stellt das horizontale Profil des Gleichgewichtswindes dar mit der Maximalgeschwindigkeit 55 [m/sec]. Die x-Achse liegt hier senkrecht zum Gleichgewichtswind, also meridional, wenn es sich um Westwind v_g handelt. Vom Windmaximum (bei $x = 0$) fällt die Windstärke v_g ab nach beiden Seiten (bei Westwind nach Norden und Süden). In der Skala D (rechts) sind die Isohypsen der Isobarfläche (Horizontalisobarlinien) gestrichelt gezeichnet, welche zu dem Gleichgewichtswind des Profils A gehören (für 45^0 Breite). Die Ellipse B stellt den Störungsumlauf eines im Punkt 1 (bei $x = +600$ km) mit $u_1 = 7{,}5$ [m/sec] gegen den Gleichgewichtswind angestoßenen Luftmassenpunktes dar. Dieser Umlauf beginnt also bei $x = +600$ km und läuft antizyklonal herum. Er überlagert sich als Störbewegung dem Gleichgewichtswind des Ellipsenmittelpunkts, d. h. in Abb. 4 dem Gleichgewichtswind bei $x = +$ 300 km.

Abb. 4 stellt also ein Beispiel für einen geostrophischen Gleichgewichtsjet von 55 [m/sec] Maximalgeschwindigkeit und eine ihm überlagerte Störbewegung dar, die letztere verursacht durch den Stoß $u_1 = 7{,}5$ [m/sec] gegen den Gleichgewichtswind am antizyklonalen Scherungsrande des jet stream (im Punkt 1, bei $x = +$ 600 km).

Der so angestoßene Massenpunkt führt, wie im nachfolgenden Abschnitt 3 bewiesen wird, eine Bewegung aus, welche sich zusammensetzt aus der geostrophischen Gleichgewichtsbewegung $v_g = 32{,}5$ [m/sec] (im Punkt 2 oder 4, bei $x = +300$ km) und dem Um-

---

Abb. 4: Geostrophischer (gradliniger) Gleichgewichts-jet und Trägheitsellipse [10]. Zeichenebene horizontal.

A Horizontales Geschwindigkeitsprofil des Gleichgewichts-jet v_g.

B Trägheitsellipse im antizyklonalen,

C Trägheitsellipse im zyklonalen Scherungsfeld.

D Dem Profil A zugeordnete Isohypsen der Isobarfläche.

E Ellipsoidenbahn, welche sich aus der geostrophischen Drift bei $x = +300$ km (A) und dem elliptischen Umlauf B zusammensetzt (Maßstab E verkleinert 1:2 gegenüber B und C).

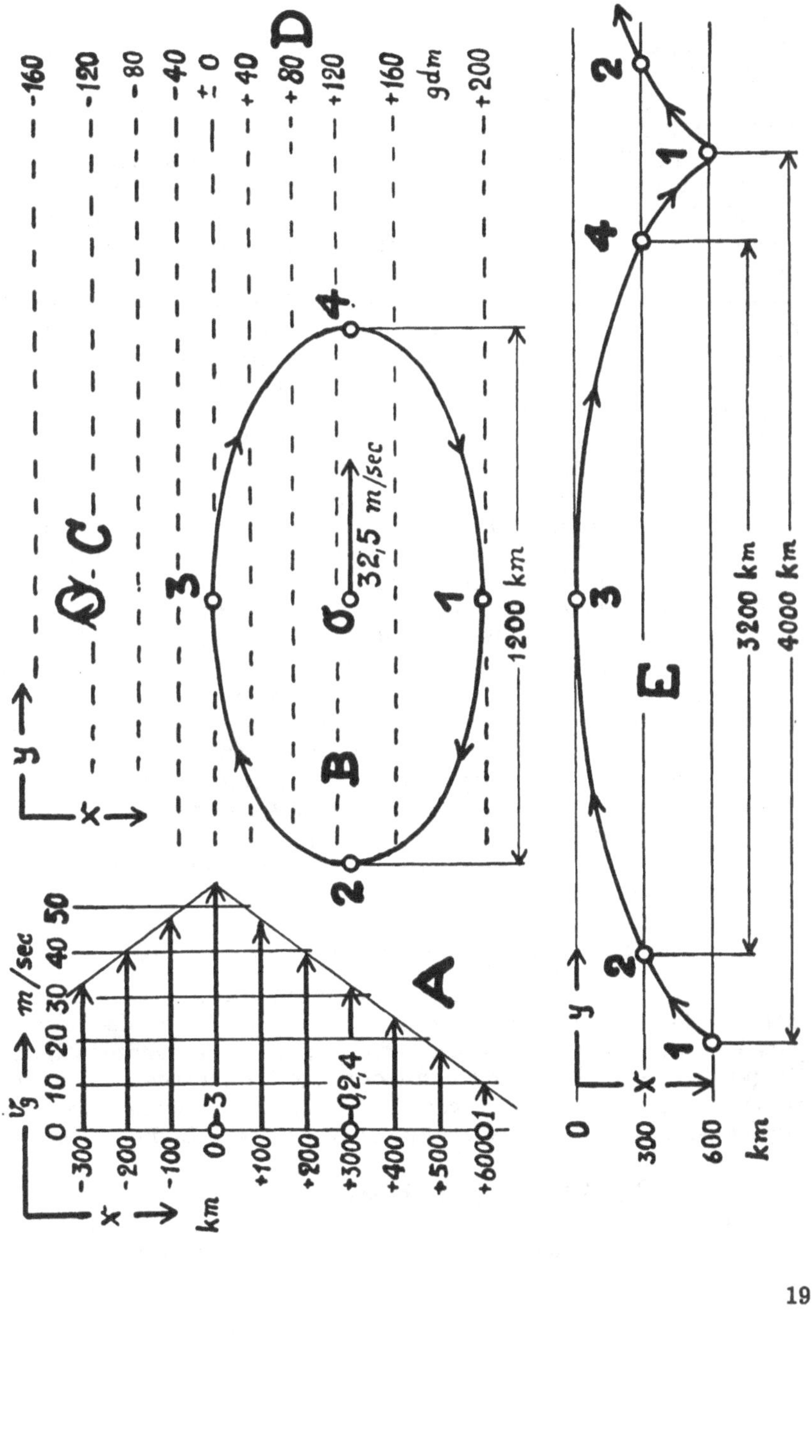
A
B
C
D
E
v_g → m/sec
0 10 20 30 40 50
x → km
-300 -200 -100 0 +100 +200 +300 +400 +500 +600
3
2,4
1
x → y →
-160 -120 -80 -40 ± 0 +40 +80 +120 +160 +200
gdm
32,5 m/sec
1200 km
3200 km
4000 km
0 300 600
km
1 2 3 4

lauf in der Trägheitsellipse B. Die überlagerte Umlaufgeschwindigkeit u beträgt 30 [m/sec] in den Punkten 1 und 3, dagegen 15 [m/sec] in den Punkten 2 und 4 der Ellipse. Relativ zur Erde bewegt sich also der gestörte Massenpunkt (Abb. 4 E) im Punkt 1 mit 2,5 [m/sec], in den Punkten 2 und 4 mit 35,8 [m/sec], im Punkt 3 mit 62,5 [m/sec]. Diese Zahlen sind ein Beispiel für einen kräftigen Gleichgewichtsjet und eine sehr energische Störung.

Abb. 4 E zeigt die Bahnlinie des gestörten Massenpunktes relativ zur Erde, in kleinerem Maßstab dargestellt. Man sieht auch hier den antizyklonalen Bahnbogen (Punkte 1, 2, 3, 4, 1) zwischen den beiden trogartigen Stromschleifen (Punkte 1). Die große Entfernung 4000 km von Trog zu Trog beruht vor allem auf der großen Geschwindigkeit (32,5 [m/sec]), mit welcher das Ellipsenzentrum bewegt ist. Aber auch die Umlaufzeit τ ist, wie nachfolgend bewiesen, in der Trägheitsellipse anders als im Trägheitskreis, und zwar größer auf der antizyklonalen Scherungsseite des Gleichgewichtsjet (in Abb. 4 A bei $x > 0$), kleiner in der zyklonalen Scherung (bei $x < 0$). Bei der antizyklonalen Scherung, welche in Abb. 4 A für positive x-Werte dargestellt ist, ergibt sich $\tau = 35$ Stunden. Auf der zyklonalen Scherungsseite (bei negativem x) dagegen ergibt sich $\tau = 13$ Stunden. Beides nach Gl. (14 a).

Auch die Halbachsen der Trägheitsellipse sind im zyklonalen Scherungsgebiet ($x < 0$) bedeutend kleiner als im antizyklonalen ($x > 0$). Mit demselben Anfangsstoß 7,5 [m/sec] gegen den Gleichgewichtswind ergibt sich auf der zyklonalen Scherungsseite des Gleichgewichtsjet (bei negativem x) der Umlauf in der kleinen Ellipse C. Der Störungseffekt ist also dort wesentlich geringer, die zeitliche und räumliche Periode erheblich kleiner als im antizyklonalen Scherungsbereich. Doch ist der Typus der gestörten Bewegungsbahn relativ zur Erde auch im zyklonalen Scherbereich derselbe: Ein antizyklonal gekrümmter Strombahnbogen zwischen zwei trogartigen Stromschleifen.

3. Differentialgleichung der Trägheitsellipse

Wir setzen ein Druckfeld mit geradlinig-parallelen Isohypsen der Isobarfläche (Horizontalisobaren) voraus und legen die y-Achse parallel, die x-Achse senkrecht zu diesen (beide horizontal). Die Gl. (4) (S. 16) definiert dann den „geostrophischen“ Windwert v_g. Dieser Wert v_g sei mit x variabel. Die geostrophische „Scherung“ $\partial v_g / \partial x$ sei in einem gewissen x-Intervall konstant. In diesem ist dann

$$v_g = x \cdot \frac{\partial v_g}{\partial x} + v_{g0} \quad . \qquad (6)$$

Dabei bedeutet v_{g0} den „geostrophischen“ Wind im Nullpunkt $x = 0$.

Die wirkliche Windgeschwindigkeit v_x, v_y (irgendeines Massenelements) sei nicht geostrophisch. Sie erfüllt die allgemeinen Bewegungsgleichungen unter Beachtung der Gl. (4), nämlich:

$$\frac{dv_x}{dt} = f \cdot (v_y - v_g) \quad ; \tag{7}$$

$$\frac{dv_y}{dt} = -f \cdot v_x = -f \cdot \frac{dx}{dt} \quad . \tag{8}$$

Die Gl. (8) integrieren wir über die Zeit t, d. h. wir verfolgen die zeitliche Änderung der Geschwindigkeit v_y in ein und demselben Massenelement:

$$v_y = -f \cdot x + v_{yo} \quad . \tag{9}$$

Dabei ist v_{yo} der v_y-Wert, den dieses Massenelement bei der Koordinate $x = 0$ annimmt.

In die Gl. (7) setzen wir nun die Gln. (6) und (9) ein und erhalten:

$$\frac{dv_x}{dt} = -f \cdot \left(f + \frac{\partial v_g}{\partial x}\right) \cdot x + f \cdot (v_{yo} - v_{go}) \quad . \tag{10}$$

Da wir unsere Betrachtung auf ein einziges Luftmassenelement beschränken, können wir den Koordinaten-Nullpunkt $x = 0$ so wählen, daß $v_{yo} = v_{go}$ ist. D. h. wir legen den Nullpunkt nicht (wie in Abb. 4 A) in den jet-Kern, sondern dorthin, wo die Störungsgeschwindigkeit unseres Massenelements nur eine x-Komponente (keine y-Komponente) besitzt (z. B. in Punkt 2 oder 4 der Abb. 4). Dann nimmt die Gl. (10) folgende Form an:

$$\frac{dv_x}{dt} = \frac{d^2x}{dt^2} = -f^2 \cdot \left(1 + \frac{1}{f} \cdot \frac{\partial v_g}{\partial x}\right) \cdot x \quad . \tag{11}$$

Wenn wir hier die (konstante) Abkürzungsgröße

$$\alpha = \sqrt{1 + \frac{1}{f} \cdot \frac{\partial v_g}{\partial x}} \tag{12}$$

einführen (in Abb. 4 A ist das zyklonale $\alpha = 1{,}3$, das antizyklonale $\alpha = 0{,}5$), so erhalten wir:

$$\frac{d^2x}{dt^2} = -f^2 \cdot \alpha^2 \cdot x \quad . \tag{13}$$

Dies ist die bekannte Schwingungsdifferentialgleichung.

4. Periode, Initialimpuls und Halbachsen

Wenn man den Nullpunkt $t = 0$ der Zeitkoordinate geeignet (im Punkt 4 der Abb. 4) wählt, ergibt sich folgendes Integral der Gl. (13):

$$x = A_x \cdot \sin(f \cdot \alpha \cdot t) \quad . \tag{14}$$

Dabei ist Ax die x-Halbachse der Trägheitsellipse und abhängig von dem Initialstoß, welcher den Umlauf einleitet.

Man sieht in Gl. (14), daß das betrachtete Massenelement seine x-Koordinate periodisch ändert mit der zeitlichen Periode

$$\tau = \frac{2\pi}{f \cdot \alpha} \quad . \tag{14a}$$

Denn eine Veränderung der Zeit t um ein ganzes Vielfaches dieser Periode ändert den Wert x nicht.

Setzen wir die Gl. (14) in Gl. (9) ein, so erhalten wir unter Berücksichtigung der Nullpunktwahl:

$$v_y - v_{g0} = -f \cdot A_x \cdot \sin(f \cdot \alpha \cdot t) \quad . \tag{15}$$

Integriert:

$$y - v_{g0} \cdot t = \frac{A_x}{\alpha} \cdot \cos(f \cdot \alpha \cdot t) \quad , \tag{16}$$

sofern wir den Nullpunkt $y = 0$ ebenfalls in den Mittelpunkt der Trägheitsellipse zur Zeit $t = 0$ legen (Abb. 4).

Die beiden Gln. (14) und (16) geben die beiden Relativ-Koordinaten x und $y - vgo \cdot t$ als Funktionen der Zeit t. Man sieht, die Bahn dieser Relativbewegung ist eine Ellipse mit den Halbachsen Ax und

$$A_y = \frac{A_x}{\alpha} \quad . \tag{17}$$

Demnach ist $Ax < Ay$, wenn $\alpha < 1$ ist (antizyklonale Scherung), aber $Ax > Ay$, wenn $\alpha > 1$ ist (zyklonale Scherung).

Der Anstoß zur trägheitselliptischen Störbewegung kann selbstverständlich in jeder Phase gegeben sein. Aber wir haben den „Anfangsstoß" im Punkt 1 der Abb. 4 (d. h. bei $t = -3\pi / 2 \cdot f \cdot \alpha$) gewählt, weil er nur in dieser Phase gegen den geostrophischen Gleichgewichtswind gerichtet ist und daher durch ein Hindernis oder einen anderen Reibungseffekt entstehen kann. Im folgenden Abschnitt 5 werden wir darauf zurückkommen.

Nennen wir diesen gegen den Gleichgewichtswind gerichteten (negativen) „Initialimpuls" $\triangle_1 u$ (der Index 1 meint die Phase des Punkt 1), so ist:

$$\Delta_1 u = (v_y - v_g)_1 = v_{y1} - v_{g0} - x_1 \cdot \frac{\partial v_g}{\partial x} . \qquad (18)$$

Setzen wir hier die Gl. (14 u. 15) ein, so erhalten wir:

$$-\Delta_1 u = \left(f + \frac{\partial v_g}{\partial x}\right) \cdot A_x \cdot \sin(f \cdot \alpha \cdot t_1) = f \cdot \alpha^2 \cdot A_x . \qquad (19)$$

Die Halbachsen Ax und Ay sind also vom Initialimpuls $\triangle_1 u$ abhängig folgendermaßen:

$$A_x = \frac{r_1}{\alpha^2} ; \qquad A_y = \frac{r_1}{\alpha^3} . \qquad (20)$$

Dabei bedeutet r_1 den nach Gl. (2) dem Anstoß $\triangle_1 u$ zugeordneten Trägheitsradius. Beide Halbachsen sind also mit gleichem Anfangsstoß $\triangle_1 u$ im antizyklonalen Schergebiet erheblich größer, im zyklonalen Scherbereich bedeutend kleiner, als der Radius r_1 eines Trägheitskreises nach Gl. (2), welcher mit der Umlaufgeschwindigkeit — $\triangle_1 u$ durchlaufen wird. In Abb. 4 ergibt sich mit — $\triangle_1 u$ = 7,5 [m/sec] Ax = 300 km im antizyklonalen, Ax = 44 km im zyklonalen Scherungsbereich (beides bei 45⁰ Breite).

5. Konvektive Initialstörung

Die vorstehende Theorie der Trägheitsellipse beweist folgendes: Ein atmosphärisches Massenelement, dessen geostrophisches Gleichgewicht durch einen „Initialimpuls" gestört ist, vollführt (sich selbst überlassen) eine horizontale Störungsbewegung, welche sich aus dem Umlauf in der Trägheitsellipse und der geostrophischen Bewegung des Ellipsenmittelpunktes zusammensetzt. Relativ zur Erde ist die Störbewegungsbahn eine „Ellipsoide" (wenn man dieses Wort analog zur „Zykloide" gebrauchen darf); charakteristisch ist dabei der weitgespannte antizyklonale Bogen (Strecke 2—3—4 der Abb. 4) zwischen zwei trogartig-zyklonalen Strom-Wendungen (in den Punkten 1 der Abb. 4).

Die Ähnlichkeit dieser „Ellipsoide" mit den im jet stream beobachteten Strombahnen (Abb. 2, S. 13) legt die Vermutung nahe, daß dort eine derartige Gleichgewichtsstörung vorliegt. Aber wie können die gleichgewichtsstörenden „Initialimpulse" entstehen?

Am Schluß dieser Abhandlung (im Kap. VII) wird über eine synoptisch beobachtete jet-Entstehung berichtet, bei der auch die Initialimpulse beobachtet wurden. Hier handelt es sich um eine gebirgsbedingte Störung des geostrophischen Gleichgewichts infolge der Hemmung, welche ein Gebirge auf die Luftbewegung ausübt. Im leeseitigen Gebirgsrand gehen die gehemmten Luftmassen aus der bodennahen Reibungsschicht des Gebirges in die „freie" Atmosphäre über, und hier besitzen sie dann eine Anfangsbewegung, welche langsamer ist als der geostrophische Wind. Das ist also ein störender Initialimpuls gegen den geostrophischen Wind. Die gestörten Massen laufen dann durch eine weiträumige antizyklonal gekrümmte Störungsbahn, welche nach Gl. (15) in der Phase $f \cdot \alpha \cdot t = -\pi/2$ (im Punkt 3 der Abb. 4) sehr hohe Geschwindigkeitswerte v_y (62,5 [m/sec] in Abb. 4) besitzt.

Derartige jet erzeugende Initialstörungen können aber auch abseits von Gebirgen, z. B. über dem Ozean auftreten. Denn überall sind die Luftmassen der bodennahen Reibungsschicht (der untersten 1000 m) gehemmt. Wenn sie plötzlich in hohe Schichten der Troposphäre übergehen, haben sie normalerweise dort eine langsamere Bewegung, als das geostrophische Gleichgewicht es erfordert. Um eine jetartige Störungsbewegung zu erzeugen, genügt es also, atmosphärische Massen plötzlich aus der bodennahen Reibungsschicht in die obere Troposphäre zu bringen. Hierdurch ergibt sich der typische antizyklonale Strombahnbogen (Abb. 4 E), wenn in der oberen Troposphäre ein kräftiger horizontaler Druckgradient vorhanden ist. Der Störungsbogen ist besonders weit gespannt und die Maximalgeschwindigkeit besonders groß, wenn die genannte (plötzliche) Initialstörung in einem bereits vorhandenen Gleichgewichtsjet auf dessen warmer Seite (im Punkt 1 der Abb. 4) stattfindet.

Der plötzliche Übergang anfänglich bodennaher Massen in die hohe Troposphäre kommt in den Konvektionswolken (Cu, Cunb) vor. Aber auch die weiträumigen Wolkenmassen der Warmfronten (Nbst) sind stark mit „Konvektionen" durchsetzt. Derartige Wolkenkonvektion ist besonders häufig in den Trogsituationen zu finden, also gerade in einer Situation, deren Stromfeld dem Punkt 1 der Abb. 4 entspricht. Demnach ist der „Initialimpuls" gegen den geostrophischen Wind im Normalablauf der Wettervorgänge keine Seltenheit (schematisch dargestellt in Abb. 6 a, S. 41).

III. Allgemeiner Beschleunigungsansatz

Das vorstehende Kap. II hat gezeigt, daß eine fortwährende „konvektive" Gleichgewichtsstörung, gegeben im antizyklonalen Scherbereich eines geradlinigen Gleichgewichtsjet, dort einen antizyklonal gekrümmten „Störungsjet" bewirkt. Wesentlich ist an diesem „Störungsjet", daß seine antizyklonal gekrümmte Bahn von der geradlinigen Bahn der Horizontalisobaren (Isohypsen der Isobarfläche) abweicht (Abb. 4 E).

Diese hartnäckige Abweichung eines Störungsjet von den Horizontalisobaren zwingt aber die letzteren zur Anpassung an die gestörte Bahn („Adaptation"). Somit nehmen die anfänglich geradlinigen Horizontalisobaren nach und nach eine antizyklonale Krümmung an. Der „Gleichgewichtsjet" gewinnt also im Endeffekt ebenfalls antizyklonale Krümmung.

Was geschieht nun, wenn dieselbe „konvektive" Gleichgewichtsstörung auch weiterhin im antizyklonalen Schergebiet des antizyklonal gekrümmten Gleichgewichtsjet wirksam ist? Man darf vermuten, daß dann wiederum ein „Störungsjet" entsteht, welcher s t ä r k e r antizyklonal gekrümmt ist als die Horizontalisobaren des Gleichgewichtsjet, und daß dadurch eine erneute „Adaptation" eintritt, welche auch diesen Horizontalisobaren (Isohypsen der Isobarfläche) wiederum eine stärkere Antizyklonalkrümmung verleiht usw.

Dies ist zunächst nur Vermutung. Um es zu beweisen, müssen wir die Voraussetzung eines g e o s t r o p h i s c h e n (geradlinigen) Gleichgewichtsjet fallen lassen und stattdessen g e k r ü m m t e Horizontalisobaren annehmen. Aber es kommt auch jetzt auf die A b w e i c h u n g des Störungsjet vom Gleichgewichtszustand an, d. h. im wesentlichen auf die Abweichung der Störungs-Strombahn von den Horizontalisobaren. Unser Ziel ist es also, die gestörte Bewegung eines Massenelements relativ zur Horizontalisobare zu beschreiben, und der beste Weg zu diesem Ziel ist die geeignete Wahl des Koordinatensystems. Dieses muß an den Horizontalisobaren (Isohypsen der Isobarfläche) orientiert werden.

1. Isobarlinien-Koordinaten

Wir wählen ein horizontales cartesisches Koordinatensystem: Die s-Achse tangential zur Horizontalisobarlinie, die n-Achse senkrecht dazu. s und n sind also die beiden horizontalen Raumkoordinaten, s in Richtung des Gradientwindes, n senkrecht dazu nach rechts (auf der Nordhalbkugel). Abb. 5 zeigt die Anordnung dieses Systems.

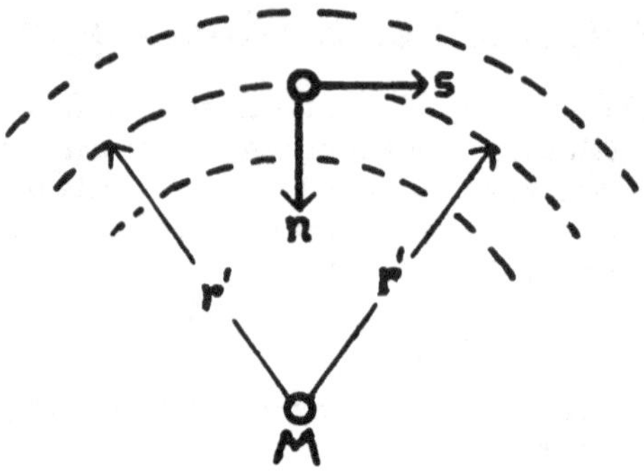

Abb. 5: Koordinaten *s* und *n*. Zeichenebene horizontal. Gestrichelt sind die Horizontalisobarlinien. r[1] deren Krümmungsradius. M der Krümmungsmittelpunkt.

Wenn die Horizontalisobarlinien gekrümmt, die *n*- und *s*-Achse aber gerade sind, hat jedes Massenelement und seine nächste Umgebung ein eigenes *n*/*s*-System. Diese Vielzahl der Systeme ist zunächst keine Schwierigkeit, weil wir vorerst nur ein (irgendein) einzelnes Massenelement und seine Beschleunigung in einem bestimmten Zeitpunkt betrachten. Wir gebrauchen also das *n*/*s*-System zunächst nur in einem sehr kleinen Gebiet um seinen Nullpunkt. Erst weiter unten (zwecks Integration) werden wir zu krummlinigen Koordinaten *s* und *n* übergehen.

Für den dynamischen Gebrauch dieses *n*/*s*-Koordinatensystems ist es bedeutsam, daß sein Nullpunkt nicht relativ zur Erde beschleunigt sein darf. (Sonst gelten die dynamischen Grundgleichungen nicht.) Wenn das horizontale Druckfeld stationär (zeitlich unveränderlich) ist, bleibt auch das *n*/*s*-System fest relativ zur Erde. Wenn das Druckfeld sich als starres System (pattern) der Isobarlinien relativ zur Erde verlagert, bleibt unser *n*/s-Koordinatensystem an einer bestimmten Stelle des Druckfeldes und verlagert sich mit diesem. Da die weiträumigen Druckfelder oberer Schichten sich erfahrungsgemäß nur langsam verlagern (erheblich langsamer als die Massen strömen), begeht man keinen großen Fehler, wenn man das *n*/*s*-Koordinatensystem so behandelt, als ob es sich relativ zur Erde unbeschleunigt bewegt.

Aber die „Adaptation" verlangt, wie wir sahen, eine Deformation des Druckfeldes (Isobarlinienfeldes), die Verlagerung einiger Isobarlinien mit beinahe ebenso großer Verlagerungsgeschwindigkeit wie die n-Komponente der Massenbewegung. Wir können also unser n/s-Koordinatensystem nur mit dem *vor* der Adaptation vorhandenen Druckfeld fest verbinden, d. h. mit dem *Anfangsdruckfeld* unserer Betrachtung. Auf Grund dieser Festlegung können wir das n/s-System als relativ zur Erde unbeschleunigt (aber mit der mittleren Drift des weiträumigen Druckfeldes gleichförmig bewegt) ansehen und in ihm die bekannten dynamischen Grundgleichungen zur Anwendung bringen. Lediglich eine kleine Korrektur des Coriolisparameters (f in Gl. 47) wird weiter unten genügen, um auch eine langsame Drehung, welche das weiträumige Druckfeld *als Ganzes* relativ zur Erde ausführt, in geeigneter Weise zu berücksichtigen.

Um allen weiteren Vernachlässigungen auszuweichen, gebrauchen wir zunächst die strengen Vektorgleichungen, werden aber später zur Komponentendarstellung übergehen, wobei dann besonders die n-Komponente von Interesse ist. Denn diese Komponente kennzeichnet die *Abweichung* der Störungsbahn von der (nicht adaptierten) Horizontalisobarlinie.

2. Grundgleichung

Die dynamische Grundgleichung ohne Reibung lautet vektoriell (wir schreiben Vektoren mit deutschen, Skalare mit lateinischen oder griechischen Buchstaben):

$$\mathfrak{g} - \frac{1}{\varrho} \cdot \nabla p = \mathfrak{c} + \frac{d\mathfrak{v}}{dt} \,. \tag{21}$$

dabei bedeutet $\mathfrak{g}$ den vertikal abwärts gerichteten Vektor der „Erdbeschleunigung"; genauer gesagt, derjenigen Erdbeschleunigung, welche dann als solche auftreten würde, wenn die Erde nicht mit ihrer eigenen (wirklichen) Rotation sondern mit der Rotation unseres (driftenden) Koordinatensystems rotieren würde. ϱ ist die Luftdichte, ∇ der Operator „Gradient", p der Luftdruck.

$$\mathfrak{c} = 2 \cdot \mathfrak{U} \times \mathfrak{v} \tag{22}$$

(„vektorielles" Produkt) ist der Vektor der „Coriolisbeschleunigung", welcher senkrecht auf dem Koordinatenrotations-Vektor $\mathfrak{U}$ (nahezu Erdachse) und auf dem Relativgeschwindigkeitsvektor $\mathfrak{v}$ steht. t ist die Zeit, $d\mathfrak{v}/dt$ die „individuelle" Relativbeschleunigung.

Die Gl. (21) mit der Nebenbedingung (22) ist also auch für Stromfelder mit *gestörtem* Gleichgewicht gültig. D. h. der *wirk*-

l i c h e Wind $\mathfrak{v}$ und die w i r k l i c h e Dichte ϱ erfüllen ohne Reibung auch im gestörten Feld die Gl. (21) mit dem w i r k l i c h e n Druckfeld p.

Wenn wir unser Koordinatensystem mit dem weiträumigen Druckfeld relativ zum festen Erdkörper driften lassen, steht unser „Schwerevektor" $\mathfrak{g}$ der Gl. (21) nicht senkrecht zur Meeresoberfläche sondern senkrecht auf einer Flüssigkeitsoberfläche, deren Flüssigkeitsmasse mit dem Koordinatensystem bewegt ist. Wir nennen diese Flüssigkeitsoberfläche „horizontal", meinen aber mit diesem Wort nicht den Horizont der Erde, sondern die Koordinatendrift-Isobarfläche, d. h. die Gleichgewichtsisobarfläche einer Luftmasse, welche relativ zu unserem Koordinatensystem ruht. Die Worte „horizontal" und „vertikal" sind im folgenden (als abgekürzte Bezeichnungen) nicht relativ zur Erde, sondern relativ zu unserem driftenden Koordinatensystem gemeint. „Horizontalisobarlinie" nennen wir die Schnittlinie der wirklichen Isobarfläche mit der Koordinatendriftisobarfläche. Bei l a n g s a m e r Koordinatendrift macht es aber keinen großen Unterschied, ob man die Begriffe „vertikal" und „horizontal" auf die Koordinatenrotation oder auf die Erdrotation bezieht.

3. „Statische" Dichte und „Gleichgewichtsdichte"

Gehen wir von dem w i r k l i c h e n Druckfeld p aus, so können wir uns an jedem Punkt des Feldes eine „statische" Dichte ϱ'' denken, welche der Gleichung

$$g + \frac{1}{\varrho''} \cdot \frac{\partial p}{\partial z} = 0 \tag{23}$$

genügt (z ist die Vertikalkoordinate in der Richtung — $\mathfrak{g}$), und einen horizontalen „Gradientwind" $\mathfrak{v}'$, der mit der „Gleichgewichtsdichte" ϱ' die Vektorgleichung

$$\mathfrak{g} - \frac{1}{\varrho'} \cdot \nabla p = \mathfrak{c}' + \mathfrak{b}' \tag{24}$$

erfüllt. Dazu gehören die folgenden Nebenbedingungen:

Die Coriolisbeschleunigung $\mathfrak{c}'$ des „Gradientwindes" $\mathfrak{v}'$ erfüllt die Gleichung

$$\mathfrak{c}' = 2 \cdot \mathfrak{W} \times \mathfrak{v}' . \tag{25}$$

Der horizontale Vektor $\mathfrak{b}'$ der Gleichgewichts-Zentripetalbeschleunigung steht senkrecht auf der „Horizontalisobarlinie" (letztere wurde soeben definiert). Dieser Vektor $\mathfrak{b}'$ hat also nur eine n-Komponente, welche mit Vorzeichen folgendermaßen gegeben ist:

$$b_n' = \frac{v'^2}{r'} \ . \tag{26}$$

Dabei bedeutet r' den horizontalen Krümmungsradius der Horizontalisobarlinie, positiv bei antizyklonaler, negativ bei zyklonaler Krümmung (Abb. 5).

Übrigens kann man in den meisten Fällen $\varrho' = \varrho''$ setzen, denn die Vertikalkomponente der Gl. (24) unterscheidet sich von Gl. (23) nur durch die Vertikalkomponente der Corioliskraft $\mathfrak{c}'$, welche von der westöstlichen Gradientwindkomponente w' abhängt, aber neben g fast immer vernachlässigt werden darf. Wenn es aber auf den Unterschied zwischen ϱ' und ϱ'' ankommt, kann man ihn folgendermaßen formulieren:

$$\varrho' = \varrho'' \cdot \left(1 + \frac{w' \cdot 2\omega \cdot \cos\varphi}{g}\right) \ . \tag{27}$$

Offenbar ist hier das zweite Glied in der Klammer stets sehr klein gegen 1.

4. Störbeschleunigung

Zweckmäßigerweise führen wir nun auch in die Gl. (21) einen Zentripetalbeschleunigungsvektor $\mathfrak{b}$ ein, der dieselbe Richtung wie $\mathfrak{b}'$ hat (horizontal und senkrecht auf der Horizontalisobarlinie, antizyklonal positiv), dessen n-Komponente aber

$$b_n = \frac{v_s^2}{r'} \tag{28}$$

(mit ungestrichenem v_s) ist. Dann bedeutet

$$\mathfrak{a} = \frac{d\mathfrak{v}}{dt} - \mathfrak{b} \tag{29}$$

die „Störbeschleunigung“ des atmosphärischen Massenelements relativ zum Druckfeld. Sie verschwindet bei einer Bewegung des betrachteten Luftmassenelements auf der Horizontalisobarlinie und kennzeichnet insofern den Energieumsatz zwischen dem Druck- und Stromfeld, soweit dieser in dem betrachteten Luftmassenelement stattfindet. Außerdem ist mit Gl. (29) der Übergang zu krummlinigen Koordinaten n und s vollzogen, denn die n-Komponente von $\mathfrak{a}$ ist d^2n/dt^2 auch bei krummen Isobarlinien.

Es ist nützlich, hier zu beachten, daß der von uns gewählte Störungsansatz sich auf zweierlei Art von dem „klassischen" Ansatz der „Norwegischen Schule" unterscheidet: Erstens verzichten wir auf die Annahme einer stationären „Grundströmung" („basic current") und gehen stattdessen vom w i r k l i c h e n (nichtstationären) Druckfeld eines irgendwie gewählten Anfangszeitpunktes aus. Dieserhalb benötigen wir zunächst k e i n e Störungsgröße des Druckes. Unser „Gradientwind" $\mathfrak{v}'$ ist dann allerdings k e i n wirklicher Wind, sondern nur eine aus dem Druckfeld abgeleitete Rechengröße, welche daher auch nicht die Kontinuitätsgleichung zu erfüllen braucht; desgleichen unsere „Gleichgewichtsdichte" ϱ'. Zweitens aber beschränken wir unsere Untersuchung nicht auf „kleine" Störungen. Beides ist nützlich, damit unsere Theorie die w i r k l i c h e n (weder kleinen noch an stationäre Grundströmung gebundenen) Gleichgewichtsstörungen der Atmosphäre unmittelbar erfassen kann.

Setzen wir die Gl. (29) in Gl. (21) ein, so erhalten wir

$$\mathfrak{g} - \frac{1}{\varrho} \cdot \nabla p = \mathfrak{c} + \mathfrak{b} + \mathfrak{w} . \tag{30}$$

Hier setzen wir den nach Gl. (24) bestimmten ∇p ein und erhalten:

$$\mathfrak{w} = \frac{\varrho'}{\varrho} \cdot (\mathfrak{c}' + \mathfrak{b}' - \mathfrak{g}) - \mathfrak{c} - \mathfrak{b} + \mathfrak{g} \tag{31}$$

oder umgeformt:

$$\mathfrak{w} = \mathfrak{c}' - \mathfrak{c} + \mathfrak{b}' - \mathfrak{b} + \frac{\varrho - \varrho'}{\varrho} \cdot (\mathfrak{g} - \mathfrak{c}' - \mathfrak{b}') . \tag{32}$$

Zur Diskussion dieser Gleichung zerlegt man vorteilhaft den Beschleunigungswert (32) in folgende beiden Teilwerte:

$$\mathfrak{w}_\varrho = \frac{\varrho - \varrho'}{\varrho} \cdot (\mathfrak{g} - \mathfrak{c}' - \mathfrak{b}') , \tag{33}$$

abhängig von der Dichtefeldströmung $\varrho - \varrho'$, und

$$\mathfrak{w}_\mathfrak{v} = \mathfrak{c}' + \mathfrak{b}' - (\mathfrak{c} + \mathfrak{b}) , \tag{34}$$

abhängig von der Stromfeldstörung $\mathfrak{v} - \mathfrak{v}'$. Die gesamte Störbeschleunigung setzt sich dann additiv aus den vorstehenden Teilwerten zusammen:

$$\mathfrak{w} = \mathfrak{w}_\varrho + \mathfrak{w}_\mathfrak{v} . \tag{35}$$

Die Richtung der Beschleunigung (33) ist nahezu v e r t i k a l, genauer gesagt, senkrecht zur Isobarfläche. Denn der Vektor

$\mathfrak{g}-\mathfrak{c}'-\mathfrak{b}'$ steht nach Gl. (24) senkrecht auf der Isobarfläche. Dagegen sind in Gl. (34) $\mathfrak{b}'$ und $\mathfrak{b}$ horizontale Vektoren. $\mathfrak{c}$ und $\mathfrak{c}'$ stehen senkrecht auf der Koordinatenrotationsachse (liegen in deren Breitenkreisebene) und haben daher erhebliche Horizontalkomponenten.

Die beiden Beschleunigungsteile (33) und (34) sind also dadurch sehr unterschieden, daß der erstere praktisch vertikal gerichtet ist, der letztere dagegen eine erhebliche (meist überwiegende) Horizontalkomponente hat. Dieserhalb ist es sinnvoll, sie auch getrennt zu integrieren; d. h. wir zerlegen nicht nur die Störbeschleunigung sondern auch die Störbewegung in diese beiden Teile. Die letztere besteht, wie man hier sieht, aus einer nahezu vertikalen Bewegung, die von der Dichtestörung $\varrho-\varrho'$ abhängt, und einer fast horizontalen, die durch Stromfeldstörung $\mathfrak{v}-\mathfrak{v}'$ bestimmt ist.

5. Isobare und anisobare Komponente

Selbstverständlich enthält aber die Gl. (34) auch eine (kleine) Komponente senkrecht zur Isobarfläche. Bezeichnen wir diese, aufwärts positiv gerechnet, mit dem Buchstaben ε, so ist ε im wesentlichen die Vertikalkomponente der Coriolisbeschleunigungsdifferenz $\mathfrak{c}'-\mathfrak{c}$, also

$$\varepsilon = (w-w')\cdot 2\omega\cdot\cos\varphi\,. \qquad (36)$$

Dabei bedeutet w, ebenso wie w' in Gl. (27), die westöstliche Komponente der Geschwindigkeit.

Wir können nun den vertikalen Beschleunigungswert ε in Gl. (33) zufügen und in Gl. (34) abziehen, was mit großer Näherung folgende Gleichungen liefert:

$$\mathfrak{v}_z = \left(\frac{\varrho-\varrho'}{\varrho}-\frac{\varepsilon}{g}\right)\cdot(\mathfrak{g}-\mathfrak{c}'-\mathfrak{b}')\;; \qquad (37)$$

$$\mathfrak{v}_i = \mathfrak{c}'+\mathfrak{b}'-(\mathfrak{c}+\mathfrak{b})+\frac{\varepsilon}{g}\cdot(\mathfrak{g}-\mathfrak{c}'-\mathfrak{b}')\,. \qquad (38)$$

Die Gl. (38) bezeichnet dann den isobaren (Index i) Beschleunigungsvektor, Gl. (37) den „anisobaren" senkrecht zur Isobarfläche (Index z).

Es ist aber evident, daß ε/g ein sehr kleiner Wert ist, in mittleren Breiten etwa $\varepsilon/g < 0{,}0001$, wenn $|w-w'| < 8$ [m/sec] ist. Wenn also die wirkliche Dichte ϱ um mehr als ein Tausendstel von der Gleichgewichtsdichte ϱ' (d. h. die wirkliche Temperatur T um mehr als 0,3 [°C] von der statischen Temperatur T'') abweicht, darf man in Gl. (37) das Korrekturglied ε/g vernachlässigen. In diesem Fall darf man also die Gl. (33) statt Gl. (37) gebrauchen, so, als ob die Gl. (34) keine anisobare Komponente enthielte.

Aber auch ohne diese Vernachlässigung gilt die Gl. (33) als vollständige „anisobare" Beschleunigung ($\mathfrak{a}_\varrho = \mathfrak{a}_z$), wenn man darin

$$\varrho' = \varrho'' \cdot \left(1 + \frac{w \cdot 2\omega \cdot \cos\varphi}{g}\right) \tag{39}$$

einsetzt. Dies beweisen die Gln. (27) und (36). Der Einfachheit halber gebrauchen wir also die Gl. (33) als „anisobare" Beschleunigungskomponente mit dem Vorbehalt der Gl. (39) für die Gleichgewichtsdichte ϱ'.

6. Beschleunigung durch Dichtefeldstörung

Die durch Dichtestörung bedingte Beschleunigung senkrecht zur Isobarfläche beträgt nach Gl. (33) mit hinreichender Näherung

$$\frac{d^2z}{dt^2} = -g \cdot \frac{\varrho - \varrho'}{\varrho} = +g \cdot \frac{T - T'}{T'} . \tag{40}$$

Denn die Vektoren $\mathfrak{c}'$ und $\mathfrak{b}'$ sind stets sehr klein gegen $\mathfrak{g}$. T' bedeutet hier die virtuelle Gleichgewichtstemperatur, T die wirkliche Virtuelltemperatur (beide in absoluter Skala). Beide genügen (T' näherungsweise) mit derselben Gaskonstante R der Gasgleichung:

$$\frac{p}{\varrho} = R \cdot T \qquad \text{bzw.} \qquad \frac{p}{\varrho'} = R \cdot T' , \tag{41}$$

so daß also

$$\frac{\varrho'}{\varrho} = \frac{T}{T'} \tag{42}$$

ist.

Das Gleichgewichts-Temperaturfeld T' ist, ebenso wie das Gleichgewichts-Dichtefeld ϱ', mit dem Druckfeld fest verbunden. Irgendwie sind also auch die (virtuell gerechneten) Gleichgewichts-Isentropenflächen (bzw. Feuchtisentropenflächen) im Druckfeld gegeben. Diese Flächen sind sozusagen Gleichgewichtsflächen der Luftmassenelemente. Ein wolkenloses Luftteilchen, welches anfangs keine Dichtestörung besitzt ($\varrho = \varrho'$), behält dieses Gleichgewicht solange, als es in derselben Gleichgewichts-Isentropenfläche verbleibt. Für Wolkenluftteilchen gilt dasselbe in der Feuchtisentropenfläche.

Wenn wir nun die beschleunigte Vertikalbewegung eines Luftteilchens nach Gl. (40) betrachten wollen, legen wir den Nullpunkt

$z = 0$ in dessen Gleichgewichtsfläche, so daß also $T' - T = 0$ ist für $z = 0$. Dann ist in Gl. (40)

$$T' - T = \gamma \cdot z \tag{43}$$

einzusetzen, wobei

$$\gamma = \frac{\partial T'}{\partial z} - \frac{dT}{dz} \tag{44}$$

den „Stabilitätsgradienten" bedeutet, $\partial T'/\partial z$ den anisobarvertikalen Temperaturgradienten des statischen Feldes und dT/dz die individuelle (bei schneller Vertikalbewegung adiabatische oder feucht-adiabatische) Temperaturänderung des gestörten Teilchens.

Setzen wir die Gl. (43) in Gl. (40) ein, so ergibt sich die Vertikalbeschleunigung:

$$\frac{d^2 z}{dt^2} = -\frac{g \cdot \gamma}{T'} \cdot z \ . \tag{45}$$

7. Beschleunigung durch Stromfeldstörung

Wir gebrauchen das oben (S. 26) beschriebene, mit dem weiträumigen Druckfeld driftende, Isobarlinien-Koordinatensystem n/s; n senkrecht, s tangential zur Horizentalisobare (Abb. 5). Es sei aber nochmals erwähnt, daß der Koordinaten-Nullpunkt dieses Systems selbst nicht relativ zur Erde beschleunigt ist. D. h. unser n/s-System macht die Adaptationsverlagerung der Horizontalisobarlinie n i c h t mit. Es orientiert sich an dem Druckfeld, welches z u B e g i n n des Zeitelements dt vorhanden ist, ohne dessen adaptive Veränderung zu berücksichtigen. Nur die langsame (praktisch unbeschleunigte) Verlagerung, welche das weiträumige Druckfeld als Ganzes relativ zur Erde erfährt, soll auch unser n/s-System erleiden. Der Koordinaten-Nullpunkt liegt anfänglich im betrachteten Massenelement.

Als „Beschleunigung durch Stromfeldstörung" bezeichnen wir nun die in die I s o b a r f l ä c h e fallenden Komponenten der Relativbeschleunigung, d. h. also die Isobar-Komponenten der Gl. (34).

Die n-Komponente der Vektorgleichung (34) lautet:

$$\left.\begin{aligned} \frac{d^2 n}{dt^2} &= -f \cdot v' + \frac{v'^2}{r'} + f \cdot v_s - \frac{v_s^2}{r'} \\ &= \left(f - \frac{v_s + v'}{r'}\right) \cdot (v_s - v') \ . \end{aligned}\right\} \tag{46}$$

Wenn dabei das weiträumige Druckfeld als Ganzes relativ zur Erde eine (langsame) Drehung mit der Winkelgeschwindigkeit ω' um eine vertikale Achse erleidet (zyklonal positiv gerechnet), so bedeutet f in Gl. (46):

$$f = 2\,\omega^{*} \cdot \sin\varphi + 2\,\omega' \,, \tag{47}$$

wobei der Sternindex die Erdrotation bezeichnet.

Zur Vereinfachung der Gl. (46) können wir von der Erfahrung Gebrauch machen, daß die wirkliche Windkomponente v_s nur wenig vom Gradientwind v' verschieden ist. Wir können also mit hinreichender Näherung

$$v_s + v' = 2\,v' \tag{48}$$

in Gl. (46) einsetzen und erhalten:

$$\frac{d^2 n}{dt^2} = \left(f - 2\,\frac{v'}{r'}\right) \cdot (v_s - v') \,. \tag{49}$$

Die s-Komponente der Relativbeschleunigung lautet nach Gl. (34)

$$\frac{d^2 s}{dt^2} = \frac{d v_s}{dt} = -f \cdot v_n = -f \cdot \frac{dn}{dt} \tag{50}$$

Denn auf der rechten Seite der Gl. (34) hat nur $\mathfrak{c}$ eine von Null verschiedene s-Komponente. $\mathfrak{c}'$, $\mathfrak{b}'$, $\mathfrak{b}$ stehen definitionsgemäß senkrecht auf der Horizontalisobarlinie.

IV. Vertikale Störbewegung

1. Vertikalschwingung

Nach Gl. (44) ist der Stabilitätsgradient γ ein p o s i t i v e r Wert, wenn

$$\frac{\partial T'}{\partial z} > \frac{dT}{dz} \tag{51}$$

ist. Dann ergibt die Integration der Gl. (45) über die Zeit

$$z = H \cdot \sin(\nu_z \cdot t) \,, \tag{52}$$

wobei die positive „Kreisfrequenz"

$$\nu_z = \sqrt{\frac{\gamma \cdot g}{T'}} \tag{53}$$

beträgt und H die Höhenamplitude der periodischen Vertikalbewegung ist.

Das gestörte Luftmassenelement schwingt also mit der Periode

$$\tau_z = \frac{2\pi}{\nu_z} \tag{54}$$

auf- und abwärts. Diese Periode ist offenbar unabhängig von der Stärke der Störung. (Dagegen hängt die Amplitude H davon sehr wesentlich ab.) Wolkenlose Luftteilchen schwingen demnach bei „halbadiabatischem" Temperaturgradient — 0,5 [^{0}C/100 m] mit einer Periode τz = 8 Minuten.

Diese Schwingungsdauer ist so kurz, daß sie in den s y n o p t i s c h e n Beobachtungen nicht erscheinen kann, weil diese nur im 12stündigen Zeitintervall durchgeführt werden. Für alle weiträumigen und wetterhaften Störungsprobleme, welche synoptisch beobachtet werden, sind also diese Vertikalschwingungen belanglos. Wichtig ist dafür nur die m i t t l e r e Lage der vertikal schwingenden Massen, nach Gl. (52) die Lage $z = 0$. Nach Gl. (40) ist diese Mittellage an die Gleichgewichtsfläche $\varrho = \varrho'$ gebunden, wobei ϱ' nötigenfalls nach Gl. (39) einer dynamischen Korrektur unterworfen ist. Für synoptische Störungsprobleme gilt also der Satz:

I s t d e r „S t a b i l i t ä t s g r a d i e n t" γ n a c h Gl. (44) e r h e b l i c h p o s i t i v, s o s i n d a l l e L u f t m a s s e n e l e m e n t e d u r c h Z w a n g s k r ä f t e a n i h r e G l e i c h g e w i c h t s f l ä c h e ($\varrho = \varrho'$) g e b u n d e n.

Welches ist aber nun der Mindestwert γ, der für den vorstehenden Satz noch „erheblich" ist? Er hängt ab von der maximalen Periode τz, die wir im 12stündigen synoptischen Intervall eben noch als unbedeutend ansehen können. Offenbar würde τz = 3 Stunden noch vier Perioden im 12-Stundenintervall bedeuten und daher die Schwingung als synoptisch belanglos kennzeichnen. Setzen wir diesen Wert τz in Gl. (54) ein, so erhalten wir νz = 0,0006 [1/sec]. Hieraus ergibt sich mit Gl. (53) folgender Sachverhalt:

$$\gamma > +10^{-3} \left[\frac{^\circ C}{100\,m}\right] \tag{55}$$

ist die Bedingung „erheblich" positiver Stabilitätsgradienten. Wenn diese Bedingung (55) erfüllt ist, darf man die Vertikalschwingungen synoptisch ignorieren und sich damit begnügen, daß alle Luftmassenelemente durch Zwangskräfte an ihre Gleichgewichtsfläche (Isentropen- bzw. Feuchtisentropenfläche) gebunden sind. Ist die Gleichgewichtsfläche geneigt, so können die Massen darin auf- und abgleiten.

Übrigens handelt es sich bei den γ-Werten, welche n i c h t die Ungl. (55) erfüllen, stets um Wolkenluftelemente. Denn Temperaturgradienten, welche entsprechend nahe bei — 1 [^{0}C/100 m] liegen, kommen in der freien Atmosphäre praktisch nicht vor.

2. Feuchtlabile Umlagerung

Wenn das Gleichgewichtsfeld (T') „feuchtlabil" ist, gilt für Wolkenluftelemente die Ungleichung:

$$\frac{\partial T'}{\partial z} < \frac{dT}{dz} \,. \tag{56}$$

Dann ist also γ negativ und die Integration der Gl. (45) führt nicht zu einer periodischen (reellen) Lösung. Dies erkennt man schon daran, daß die linke Seite der Gl. (45) dann dasselbe Vorzeichen wie z besitzt: Je weiter das Luftmassenelement sich von seiner Gleichgewichtsfläche $z = 0$ entfernt, um so mehr wird es von ihr fort beschleunigt.

Das aufwärts gestörte Wolkenluftelement steigt also mit ständig wachsender Vertikalgeschwindigkeit auf und kommt dabei in eine „feuchtstabile" Schicht, in welcher die Aufwärtsbeschleunigung wieder abnimmt. Schließlich nimmt auch die Steiggeschwindigkeit ab, nachdem die Beschleunigung ihr Vorzeichen umgekehrt hat. In irgendeinem oberen Niveau findet dann die Wolkenluft ein stabiles Gleichgewicht, nachdem sie den größten Teil ihrer Tröpfchenlast als Niederschlag abgeworfen hat.

Diese „feuchtlabile Umlagerung" kann man in Cumulonimbus-Wolken oft beobachten. Die Steigzeit eines Wolkenluftelements von der Wolkenbasis (in etwa 1000 m Höhe) bis annähernd zum Gipfel (in etwa 6000 m Höhe) beträgt dabei ungefähr 10 bis 50 Minuten, ist aber selbstverständlich von der verfügbaren Feuchtlabilitäts-Energie abhängig.

Man kann diese Steigzeit auch aus der Beschleunigungsgleichung (40) durch Integration berechnen [5], indem man die Temperaturdifferenz $T' - T$ im Adiabatenblatt für jedes Niveau graphisch ermittelt. Diese Rechnung liefert allerdings dann lange Steigzeiten, wenn man annimmt, daß die anfängliche Steiggeschwindigkeit (in der Wolkenbasis) sehr gering und weiterhin $\gamma = 0$ ist.

Nimmt man aber in einer 2000 m mächtigen Schicht über der Wolkenbasis (z. B. von 1000 bis 3000 m Höhe)

$$\gamma < -10^{-3} \left[\frac{{}^{0}C}{100\,m}\right] \tag{57}$$

an, so ergibt sich die maximal mögliche Steigzeit wie folgt: Mit $\gamma = 0{,}001$ beträgt nach Gl. (43) der mittlere Wert $T - T'$ eines in dieser Schicht aufsteigenden Massenelements 0,01 [^{0}C], was nach Gl. (40) der mittleren Aufwärtsbeschleunigung 0,04 [cm/sec^2] entspricht. Die Steigzeit in dieser Beschleunigungsstrecke (2000 m) ergibt sich daraus zu 3000 sec oder rund 1 Stunde, wenn man in der Wolkenbasis die Anfangssteiggeschwindigkeit < 10 [cm/sec] voraussetzt. Ungefähr ebenso lange pflegt dann die weitere Aufstiegzeit zu dauern, bis die Wolkenluftmasse durch Ausscheidung des Niederschlags ein stabiles Gleichgewicht in einem oberen Niveau (etwa 5 bis 8 km) gefunden hat.

Ähnliche Beispiele anderer Art zeigen ebenfalls, daß die Ungl. (57), angewandt auf den Mittelwert γ einer 2000 m-Schicht, ungefähr denjenigen Bereich „feuchtlabiler" γ-Werte abgrenzt, welcher „kurze" Steigzeiten garantiert, d. h. solche Steigzeiten, die im synoptischen Wettergeschehen als „plötzliche" Versetzung einer unteren Luftmasse in ein oberes Niveau gelten können. Denn eine Gesamtsteigzeit von 2 bis 3 Stunden ist noch klein gegenüber dem 12stündigen Intervall der synoptischen (aerologischen) Beobachtungen in der freien Atmosphäre.

Eine Wolkenluftmasse, die derart plötzlich aus der unteren bodennahen Schicht in eine mittelhohe oder hohe Schicht der Troposphäre versetzt worden ist, bleibt, nachdem sie ihr Wolkenwasser größtenteils als Niederschlag ausgeschieden hat, in ihrem neuen (oberen) Gleichgewichtsniveau. Wenn dort die Ungl. (55) erfüllt ist (was erfahrungsgemäß meistens zutrifft), bleibt also diese Luftmasse weiterhin an ihre neue Gleichgewichtsfläche (Feuchtisentropenfläche) gebunden.

Die plötzliche Versetzung einer Wolkenluftmasse aus einem labilen (bodennahen) Anfangsgleichgewicht in ein stabiles (oberes) Endgleichgewicht nennen wir kurz: „feuchtlabile Umlagerung". Sie kommt wesentlich häufiger vor, als Cumulonimben beobachtet werden. Denn aufquellende Wolkenluftbewegungen gibt es auch oft in fronthaften Aufgleitwolken, welche dem Beobachter am Erdboden als stagnierendes großes Wolkenmassiv erscheinen. Der Verfasser hat in längerer Wetterflugpraxis oft Gelegenheit gehabt, diese Aufquellungen zu beobachten. In den meisten Regenfronten muß man damit rechnen.

Übrigens ist die „feuchtlabile Umlagerung" als plötzlicher Vorgang stets eine A u f w ä r t s umlagerung. Denn absteigende Wolkenluft würde schnell ihre Tröpfchen verdampfen und dann ihren Zustand t r o c k e n adiabatisch ändern. Die Labilität würde dadurch sofort in Stabilität übergehen.

3. Typisierung der Vertikalstörungen

Fassen wir die beiden Ungl. (55) und (57) zusammen, so ergibt sich ein Bereich

$$-10^{-3} < \gamma < +10^{-3} \left[\frac{{}^{0}C}{100\,m}\right] \qquad (58)$$

, den wir als „indifferenten“ Stabilitätsgradienten bezeichnen können. In diesem Intervall kann man weder von einer stabilen Bindung an die statische Gleichgewichtsfläche noch von einer feuchtlabilen Umlagerung sprechen. Dabei handelt es sich, wie bereits oben erwähnt, immer um Feuchtindifferenz, denn vertikale Temperaturgradienten, die sehr nahe bei -1 [^{0}C/100 m] liegen, sind in der freien Atmosphäre gemäßigter Breiten äußerst selten, praktisch niemals vorhanden.

Wir denken uns wiederum eine 2000 m mächtige Schicht mit Gradienten des Bereichs (58), etwa zwischen 1000 m und 3000 m Höhe gelegen. Anfänglich gelte darin der Stabilitätsgradient $\gamma = + 0{,}001$ [^{0}C/100 m]. Um wieviel ^{0}C müßte dann das 3000 m-Niveau abgekühlt werden, um in der genannten 2000 m-Schicht die Labilitätsgrenze $\gamma = - 0{,}001$ [^{0}C/100 m] zu erreichen? Hierfür genügt offenbar die geringe Temperaturminderung um 0,04 [^{0}C] in 3000 m Höhe.

An diesem Beispiel sieht man, daß ein Kaltluftvorstoß im 3000 bis 4000 m-Niveau in sehr kurzer Zeit den Übergang von statischer Stabilität zur Feuchtlabilität bewirkt. Denn Temperaturänderungen von 0,04 [^{0}C] benötigen in solchen Fällen weniger als 3 Stunden Zeit. Hieran erkennen wir, daß der gesamte „Indifferenzbereich“ der Ungl. (58) normalerweise nur als sehr kurze Episode im Wettergeschehen auftritt. Ihre Dauer ist so kurz, daß man den Übergang von der stabilen Situation zur feuchtlabilen Umlagerung ebenfalls als „plötzlich“ ansehen darf; plötzlich im Vergleich zu allen Veränderungen, die in der synoptischen 12stündigen Beobachtungsfolge als „kontinuierlich“ erscheinen.

Die Auswirkungen vertikaler Störbewegungen auf das synoptische Wettergeschehen gemäßigter Breiten läßt sich also folgendermaßen typisieren:

Entweder liegt eine „feuchtlabile Umlagerung“, d. h. eine plötzliche Versetzung anfänglich bodennaher Luft in mittelhohe Schichten vor, oder die statische Stabilität ist so stark, daß sie eine Zwangskraftbindung der Luftmassen an ihre quasistatische Gleichgewichtsfläche (Isentropen- oder Feuchtisentropenfläche) bewirkt.

Die dritte Möglichkeit, welche zwischen der Stabilität und Labilität liegt und in der Ungl. (58) abgegrenzt ist, hat in gemäßigten Breiten keine praktische Bedeutung für das synoptische Wettergeschehen, weil ihr Vorkommen normalerweise nur auf sehr kurze Übergangszeiten beschränkt bleibt. Auch in den seltenen Ausnahmefällen, in welchen Stabilitätsgradienten im Bereich der Ungl. (58) länger als 3 Stunden erhalten bleiben, ist zu berücksichtigen, daß der Effekt einer länger als 3 Stunden währenden feuchtlabilen Umlagerung mit grober Näherung so behandelt werden darf, als ob er schneller vor sich geht. Sofern überhaupt die Vertikalumlagerung auf einer Störung des statischen Gleichgewichts beruht (wie es bei allen Wolkenluftumlagerungen der Fall ist), kann das „plötzliche" Modell ohne sehr großen Fehler Anwendung finden.

Diese Typisierung teilt also die Vertikalstörungen in sprunghafte Vertikalversetzungen und langdauernde Zustände statisch-stabilen Gleichgewichts ein. Wenn diese (zeitliche) Einteilung der synoptisch betrachteten Wirklichkeit entspricht, muß eine analoge Typisierung im atmosphärischen Raum gelten, denn Raum und Zeit haben notwendig dieselbe topologische Struktur. Die entsprechende räumliche Struktur, sprunghafte Fronten mit Vertikalumlagerungen zwischen weiträumigen Gebieten stabilen Gleichgewichts, ist eine bekannte Erfahrungstatsache, den Synoptikern seit langem vertraut. Unsere vorstehend abgeleitete Typisierung wird also indirekt durch jahrzehntelange synoptische Erfahrung bestätigt [11].

4. Vertikalbewegung im statisch-stabilen Gleichgewicht

Die vorstehende Typisierung schließt selbstverständlich nicht aus, daß außer den vertikalen „Störungen" auch Vertikalbewegungen im Gleichgewicht (d. h. mit $T = T'$) vorkommen. Eine bekannte Tatsache ist z. B. die sogenannte „Subsidenz" (langsame Sinkbewegung) in den Roßbreiten, welche den absteigenden Ast der planetarischen „Passatzirkulation" bildet [3]. Hier ist mit großer Näherung $\gamma = 0$. Genauer gesagt, bleibt γ in noch engeren Grenzen als Ungl. (58). Denn in stationärer Zirkulation reguliert sich die (geringe) Sinkgeschwindigkeit der Luftmassen automatisch so, daß ihre individuelle Temperaturänderung dT/dz gleich ihrem Gradientwert $\partial T'/\partial z$ ist. Dieses zeigt auch die Erfahrung als mittleren Zustand der subtropischen Subsidenz. Die zeitlich-individuelle Temperaturänderung dT/dt ist nämlich durch Druckänderung und Strahlungsvorgänge (letztere —1,2 [°C pro Tag]) gegeben. Daher stellt sich die Sinkgeschwindigkeit $-v_z$ (etwa 250 [m pro Tag]) automatisch so ein, daß $-v_z \cdot dT/dt = \partial T'/\partial z$ ist. Entsprechendes gilt auch für die mittlere Steigbewegung im aufsteigenden Ast der planetarischen Passatzirkulation, denn hier handelt es sich um schnell aufsteigende Wolkenmassen im feuchtadiabatischen Temperaturgradienten.

Diese sehr weiträumigen und im Mittel langsamen Vertikalzirkulationen sind, wie bereits gesagt, dadurch gekennzeichnet, daß (in synoptischen Mittelwerten) $T = T'$ ist. Es handelt sich dabei um stationäre und stabile Gleichgewichtszirkulationen, welche direkt durch Wärmewirkungen (Wärmezufuhr in unteren, Wärmeentziehung in oberen Schichten) erzeugt und reguliert werden. Auch die Monsune tropischer Breiten gehören, weiträumig gemittelt, zu diesem stationären Gleichgewichtstypus. Vielleicht ist sogar die mittlere Vertikalzirkulation zwischen „stationären" Hoch- und Tiefdruckgebieten gemäßigter Breiten dazu zu rechnen.

Sicherlich hat der obere (polwärts setzende) Ast der planetarischen Passatzirkulation wesentliche Bedeutung für die Entstehung und Erhaltung des „subtropischen" jet stream, welch letzterer ja auch erfahrungsgemäß stationärer auftritt als der „Polarfront"-jet gemäßigter Breiten. Wahrscheinlich verdankt überhaupt der „subtropische" jet seine nahezu stationäre Erhaltung dem Umstand, daß er mit der planetarischen Passatzirkulation verbunden ist. Aber diese stationären Zirkulationserscheinungen bilden *nicht* den Gegenstand unserer vorliegenden Untersuchung. Wir wollen den nichtstationären, wetterhaften Veränderungen nachspüren, welche mit erheblichen Abweichungen vom Gleichgewicht verbunden sind, d. h. also den typischen Erscheinungen des Polarfront-jet-stream (vgl. unsere eingangs mitgeteilte Begriffsbestimmung S. 9).

V. Gleitstörung, zweidimensional

1. Initialimpuls

Wir kommen nochmals auf die Beschleunigungsgleichungen (30) bis (35) des Kap. III zurück. Im vorstehenden Kap. IV untersuchten wir die Effekte des Beschleunigungsteils (33) und fanden zwei typische Vorgänge, welche sich gegenseitig alternierend ausschließen:

a) die *plötzliche* feuchtlabile Umlagerung

b) die *stabile* Zwangskraftbindung an die Gleichgewichtsfläche (Gleitfläche).

Die beistehende Abb. 6a zeigt schematisch, wie diese beiden Störungsphasen a und b sich nacheinander im Feld eines „Gleichgewichtsjet" ereignen. Die Zeichenebene ist eine Vertikalschnittebene senkrecht zum Gleichgewichtsjet. Dünn ausgezogen sind die Isentropenlinien des Frontalzonenfeldes, gestrichelt die Isotachen des Gleichgewichtsjet (wie in Abb. 1, S. 8). Die Tropopause ist als fett ausgezogene Linie mit kleinen Nullenkreisen gekennzeichnet. Sie hat in dieser Figur die für den jet stream typischen Bruchstellen

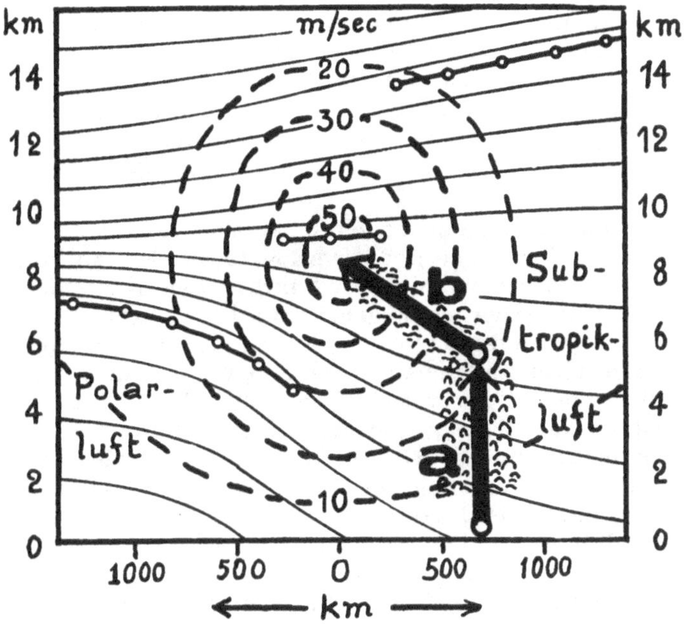

Abb. 6a: Störbewegung im vertikalen Querschnitt durch den jet stream, welch letzterer vom Betrachter in die Zeichenebene hineinweht (Schema für die Nordhalbkugel). Isentropen sind dünn ausgezogen. Isotachen des Gleichgewichts-jet gestrichelt; Zahlen in [m/sec]. Ausgezogene Linien mit Nullenkreisen bezeichnen die Tropopause (mit 2 Bruchstellen), überfette Pfeile (in Wolken) die Störbewegung und zwar der senkrechte Pfeil a die (plötzliche) feuchtlabile Umlagerung, der flach ansteigende Pfeil b die anschließende (langdauernde) Gleitstörung. Die letztere hat außerdem eine starke Komponente senkrecht zur Zeichenebene, vom Betrachter in diese hinein gerichtet.

und Höhenunterschiede, ist aber nicht von Bedeutung für den Zusammenhang der beiden Störungsphasen a und b. Rechts unten sieht man mit einem vertikalen, überfetten Pfeil (in einer Wolke) die Phase a, den plötzlichen Übergang einer Wolkenluftmasse aus der bodennahen Reibungsschicht in eine mittelhohe Schicht der Troposphäre. Der flach ansteigende überfette Pfeil, der sich nach links aufwärts in den Kern des Gleichgewichtsjet erhebt, stellt die Gleitphase b dar. Es handelt sich hier um Wolkenluft, welche außer der durch den Pfeil b gekennzeichneten Aufgleitbewegung auch eine sehr erhebliche Geschwindigkeit senkrecht zur Zeichenebene (in Blickrichtung des Beschauers) besitzt. Die Steigphase a dauert etwa 1 bis 2 Stunden, die Gleitphase b etwa 12 bis 18 Stunden. In der letzteren kann also eine Vermischung der Wolkenluft mit der umgebenden wolkenlosen Luft teilweise stattfinden.

In der Gleitphase b ist nun die Beschleunigung (34 (S. 30) wirksam. Denn die Steigphase a endigt mit einer Störung des dynamischen Gleichgewichts und diese dynamische Störung führt zur gleitenden Störbewegung. Die Störungsfolge sei im folgenden genauer beschrieben:

a) Wenn bodennahe Luftmassen p l ö t z l i c h in mittelhohe oder hohe Schichten der Troposphäre verlagert werden, so können sie dabei ihren Horizontalwind-Vektor $\mathfrak{v}$ nicht wesentlich ändern. Denn individuelle Windänderungen gehen nur l a n g s a m vor sich und können in dem kurzen Zeitraum einer feuchtlabilen Umlagerung ($<$ 3 Stunden) nicht stattfinden. Wenn also, wie dies meistens zutrifft, der Gradientwind v' der mittelhohen oder hohen Schicht erheblich stärker ist als der Wind v, den die aufwärts verlagerte Luftmasse aus ihrem ursprünglichen Niveau (Bodennähe) mitbringt, so entsteht hierdurch eine Störung des dynamischen Gleichgewichts in der oberen Schicht. Die feuchtlabil (aufwärts) umgelagerte Masse findet zwar schnell ihr s t a t i s c h e s Gleichgewicht im oberen Niveau, aber stattdessen besitzt sie hier eine d y n a m i s c h e Gleichgewichtsstörung. Dadurch wird in Gl. (34) die rechte Seite von Null verschieden, d. h. es entsteht eine H o r i z o n t a l b e s c h l e u n i g u n g. Als n a c h w i r k e n d e r Störungseffekt der feuchtlabilen Umlagerung ergibt sich also die Impulsstörung einer mittelhohen oder hohen Troposphärenschicht. Die Massen, welche (nach feuchtlabiler Umlagerung und Ausfall des Niederschlags) ihr statisch-stabiles Gleichgewicht in mittelhohen Schichten gefunden haben, verhalten sich hier ebenso, a l s o b sie immer in dieser hohen Schicht gewesen seien, aber plötzlich einen störenden „Initialimpuls" g e g e n den Gradientwind erhalten hätten.

b) Im weiteren Verlauf der Störbewegung (anschließend an den Initialimpuls) sind die gestörten Massen an ihre „statische" (nach Gl. (39) dynamisch korrigierte) Gleichgewichtsfläche gebunden. Die weitere Störbewegung ist also eine Gleitbewegung in der fast horizontalen Gleichgewichtsfläche. Wolkenlose Luft gleitet dabei in der Isentropenfläche, Wolkenluft in der Feuchtisentropenfläche. Der einzige „synoptische" Effekt der Gl. (33) (S. 30) besteht während der Phase b darin, daß die gestörten Massen in ihrer statischen Gleichgewichtsfläche verbleiben. Die zweidimensionale Störbewegung i n d i e s e r G l e i t f l ä c h e unterliegt daher lediglich den Beschleunigungen der Gl. (34).

Von dieser Gl. (34) aus gesehen, besteht also die d y n a m i s c h e „Gleitstörung" (b) eines Luftmassenelements aus folgenden beiden Phasen:

1.) einem plötzlichen „Initialimpuls“ gegen den Gradientwind;

2.) einer nachfolgenden langdauernden Störbewegung in der Gleitfläche.

Diese „Gleitstörung“ ist auch mit jedem Gewitter verbunden, wenn der Wind in Gipfelhöhe der Gewitterwolke viel stärker ist als in deren Basis: Die Wolkenluft, welche in der Gewitterwolke schnell aufsteigt, findet im Gipfelniveau ihr statisches Gleichgewicht, nachdem sie den größten Teil ihrer Tröpfchenlast abgeworfen hat. Dort hat sie dann g e r i n g e r e Windgeschwindigkeit als die umgebende Luft, welch letztere nahezu Gradientwind besitzt. Dies ist die „Initialstörung“ gegen den Gradientwind. Sie leitet die „Gleitstörung“ ein.

Die umseitige Abb. 6b zeigt das Radarbild einer solchen Gewitterwolke in Berlin am 12. Juli 1959, von Herrn G. M a l k o w s k i [12] im Institut für Meteorologie und Geophysik, Berlin-Dahlem aufgenommen. Im Zentrum dieser Abbildung befindet sich das genannte Institut; die Kreise markieren Horizontalentfernungen von 10 zu 10 km. Die Konvektionswolke selbst enthält viele große Regentropfen. Daher erscheint sie im Radarbild als dicker weißer Fleck (in diesem Fall nahe am Bildzentrum). Dies ist also die „Initialstörung“; hier beginnt die „Gleitstörung“, deren Bahn im Radarbild als antizyklonal gekrümmter Wolkenbogen zu sehen ist; sie läuft anfänglich gegen den (oberen) Gradientwind (südwestwärts) und dreht dann allmählich nach rechts. Dabei fällt selbstverständlich weiterer Niederschlag aus, so daß das Radarecho immer schwächer wird.

Dieser antizyklonale Wolkenbogen ist die Gleitstörungsbahn relativ zur Zugbewegung des Gewitters, welches aus SSW mit 70 km/h herankam. Er entspricht beinahe (nicht ganz) demjenigen Teil der „Trägheitsellipse“, welcher in Abb. 4 (S. 19) zwischen Punkt 1 und 2 liegt. Der übrige Teil befindet sich außerhalb der Radar-Reichweite und enthält viel weniger Regentropfen, so daß er ohnehin kein deutliches Echo liefert. Daß die Halbachsen der Trägheitsellipse in diesem Falle erheblich kleiner als in unserer Abb. 4B (jedoch größer als in Abb. 4C) ausfallen, liegt an den Scherungsverhältnissen des oberen Stromfeldes.

Für die Anwendung dieser Störungstheorie ist es ausschlaggebend, an welcher Stelle des Druckfeldes der „Initialimpuls“ eintritt. Da dieser durch feuchtlabile Umlagerungen gegeben wird, tritt er dann und dort auf, wo eine hinreichende Labilisierung des statischen Feldes vorhanden ist. Theoretisch kann diese Labilisierung auf einer Erwärmung unterer oder Abkühlung oberer Schichten beruhen, aber die synoptische Erfahrung zeigt, daß normalerweise der letzte entscheidende Schritt der Labilisierung, der unmittelbar zur

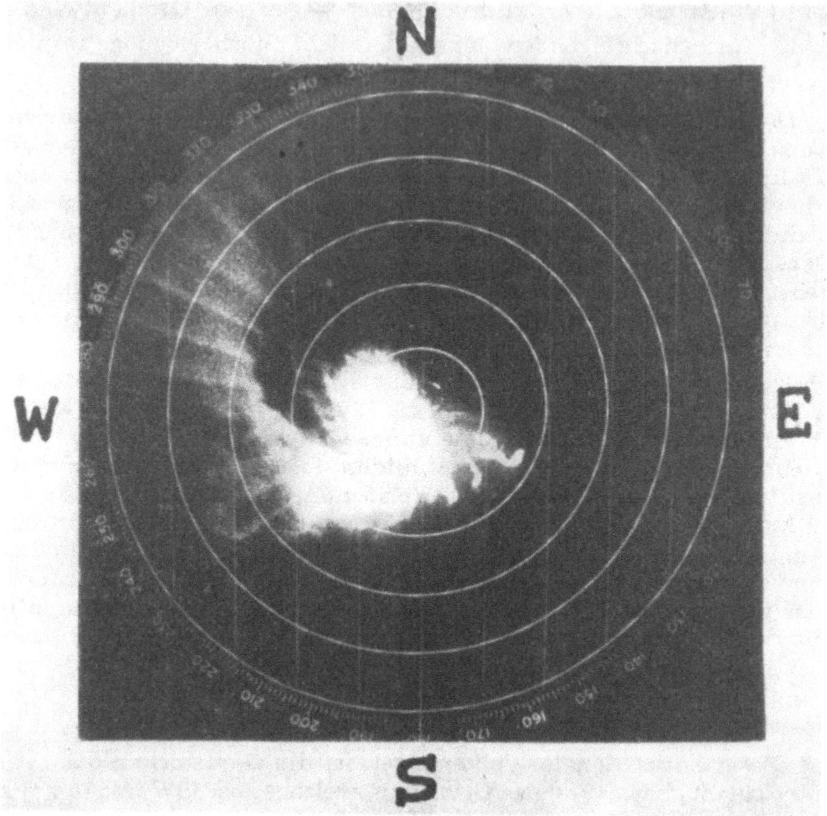

Abb. 6b: Radarbild eines Gewitters, am 12. Juli 1959 im Institut für Meteorologie und Geophysik Berlin-Dahlem von Herrn G. Malkowski aufgenommen. Zugbewegung des Gewitters 70 km/h nach Nordnordost. Kreisabstände 10 km.

---

feuchtlabilen Umlagerung führt, durch eine Abkühlung oberer Schichten getan wird. Um den Ort dieser entscheidenden Labilisierung im Druckfeld festzulegen, müssen wir denjenigen Ort ausfindig machen, wo das Gradientwindfeld mittelhoher Schichten relativ kalte Luft heranführt.

Dieser Ort ist zweifellos eine Trogsituation: Auf der Rückseite eines Druckfeldtroges strömen die Luftmassen aus kälteren Gebieten (bzw. Breiten) in wärmere Gegenden. Relativ kältere Luftmassen dringen dort über wärmeren bodennahen Massen vor und bewirken eine Labilisierung des statischen Aufbaues. Die dadurch entstehende Feuchtlabilität erreicht ihren Maximalwert $-\gamma$ dort, wo die oberen Kaltluftmassen am weitesten über das warme Gebiet vorgedrungen sind, d. h. in der Nähe der „Troglinie" des oberen Druckfeldes (nach Kap. VI 1 auf der „Vorderseite").

Hier wird also der „Initialimpuls" realisiert, wenn die Gesamtsituation des Temperaturfeldes eine hinreichende Labilisierung zuläßt. D. h. der Initialimpuls braucht nicht notwendig in jedem Höhentrog aufzutreten, aber er kann dort vorkommen, wenn das großzügige Temperatur- und Wasserdampffeld ihn begünstigt. Selten wird der Initialimpuls ganz abseits vom Druckfeldtrog zu finden sein. Nur im Trog ist die „weiche Stelle" der Labilisierung. Hier entsteht Feuchtlabilität, wenn kräftige horizontale Temperaturunterschiede und hinreichende Wasserdampfmengen verfügbar sind.

2. Der antizyklonale Störungsbogen

Um den Ablauf der „Gleitstörung" (in der vorstehend mit b gekennzeichneten Phase) zu untersuchen, müssen wir die Beschleunigungsgleichungen (49) und (50) integrieren. Dabei ist zu beachten, daß nunmehr unsere Koordinaten n und s in der Gleitfläche (in der Isentropen- oder Feuchtisentropenfläche des Gleichgewichtsfeldes) liegen. Denn an diese Fläche ist die Störbewegung in der Phase b gebunden.

Da die Gleitfläche sehr flach geneigt ist, können wir die Horizontalbeschleunigungen (49) und (50) ohne Korrektur als Gleitbeschleunigungen übernehmen und die Koordinatensymbole n und s beibehalten, obwohl sie in der nachfolgenden Betrachtung nicht mehr horizontal sondern in der Gleitfläche liegen. Um Mißverständnissen vorzubeugen, sei betont: Die „Horizontalisobarlinien" liegen nach wie vor „horizontal" (im Sinne der in Kap. III, 2 gegebenen Definition), aber das n/s-Koordinatensystem ist bei der nunmehr folgenden Rechnung in die Gleitfläche projiziert.

Zunächst führen wir die Integration durch unter der Voraussetzung, daß das Druckfeld stationär sei. Erst weiter unten, im Abschnitt 3, werden wir von dieser Voraussetzung absehen.

Wir integrieren die Gl. (50) folgendermaßen über die Zeit t:

$$v_s = v_{s0} - f \cdot n \; . \qquad (59)$$

Bei dieser Integration ist es wesentlich, daß v_n in jedem Integrationsschritt senkrecht zur Isobarlinie (v_s parallel zu ihr) gerichtet ist. Die integrierte Gl. (59) gilt also bei gekrümmten Isobarlinien für krummlinige Koordinaten n und s. n ist in Gl. (59) der jeweilige Abstand des betrachteten Luftmassenelements von einer festen Horizontalisobarlinie (richtiger von ihrer Projektion in die Gleitfläche), welche wir daher „Koordinatenisobarlinie“ nennen. v_{so} ist die Geschwindigkeit, welche das betrachtete Teilchen gehabt hat, als es sich auf der Koordinatenisobarlinie befand.

Nun betrachten wir das Gradientwindfeld v' in der Nachbarschaft des Koordinaten-Nullpunkts ($n = 0$, $s = 0$). Hier gilt näherungsweise:

$$v' = v_0' + n \cdot \frac{\partial v'}{\partial n} + s \cdot \frac{\partial v'}{\partial s} \quad . \tag{60}$$

Auch diese Gleichung ist, ebenso wie Gl. (59), für krummlinige Koordinaten n und s gültig (als erste Näherung). Dabei bedeutet v_o', ebenso wie v_{go} in Gl. (6), die Gradientwindgeschwindigkeit im Koordinaten-Nullpunkt $n = 0$, $s = 0$. $\partial v'/\partial n$ ist die in der Gleitfläche vorhandene Scherung des Gradientwindfeldes, $\partial v'/\partial s$ dessen Veränderlichkeit auf der Koordinatenisobarlinie, positiv bei konvergierenden, negativ bei divergierenden Isobarlinien.

Die vorstehenden Gln. (59) und (60) setzen wir nun in die Gl. (49) ein. Ferner führen wir dabei eine Abkürzungsgröße σ ein, welche folgendermaßen definiert ist:

$$\sigma = \frac{\partial v'}{\partial n} + \frac{v_{so}}{v_{no}} \cdot \frac{\partial v'}{\partial s} \quad . \tag{61}$$

So erhalten wir die Gl. (49) in folgender Form:

$$\frac{d^2 n}{dt^2} = -\left(f - 2 \cdot \frac{v'}{r'}\right) \cdot (f + \sigma) \cdot n + \left(f - 2 \frac{v'}{r'}\right) \cdot (v_{so} - v_o') \, . \tag{62}$$

Als „Koordinaten-Isobarlinie“ ($n = 0$) wählen wir nun diejenige Horizontalisobare (in Abb. 7 gestrichelt), auf welcher (im Schnittpunkt mit der Bahnlinie) die s-Komponente der Störbewegung v_s (des betrachteten Luftmassenelements) mit dem dortigen Gradientwind v' übereinstimmt. An irgendeiner Stelle des Druckfeldes kommt nämlich zu irgendeinem Zeitpunkt jedes gestörte Luftmassenelement in diese Situation. Hier, wo $v_s = v'$ ist, liege unser Koordinaten-Nullpunkt (Punkt 2 oder 4), und von diesem Zeitmoment an beginnen wir die Zeitrechnung t. So geht die Gl. (62) in die folgende Form über:

$$\frac{d^2 n}{dt^2} = -\left(f - 2 \cdot \frac{v'}{r'}\right) \cdot (f + \sigma) \cdot n \quad . \tag{63}$$

Hier setzten wir die positive Abkürzungsgröße ν_h (Horizontalfrequenz) ein nach folgender Definition:

$$\nu_h^2 = f^2 \cdot \left(1 - \frac{2}{f} \cdot \frac{v'}{r'}\right) \cdot \left(1 + \frac{\sigma}{f}\right) \quad . \tag{64}$$

Dieser Wert ist nach den bisherigen synoptischen Erfahrungen stets positiv. Daher erhalten wir aus Gl. (63) die reelle Schwingungsgleichung:

$$\frac{d^2n}{dt^2} = -\nu_h^2 \cdot n \,. \tag{65}$$

Diese Gleichung entspricht der Gl. (13) (S. 21), indem hier die Koordinate n statt x und ν statt $f \cdot a$ auftritt. In erster Näherung (in der Nachbarschaft des Koordinaten-Nullpunkts) bewegt sich also das gestörte Luftmassenelement relativ zu den gekrümmten und di- oder konvergierenden Isobarlinien ebenso wie relativ zu den geradlinigen der Abb. 4 (S. 26).

Als Koordinaten-Nullpunkt kann dabei entweder der Punkt 2 oder 4 der Abbn. 4 (S. 26) und 7 gelten. Der Näherungsansatz der Gl. (60) macht es notwendig, den jeweils nächstgelegenen dieser beiden Punkte als Koordinaten-Nullpunkt zu wählen.

Die Funktion $n\,(t)$, welche der Diffgl. (65) genügt und im Zeitpunkt $t = 0$ verschwindet, lautet mit einer beliebigen n-Amplitude A_n:

$$n = \pm A_n \cdot \sin(\nu_h \cdot t) \,. \tag{66}$$

Dabei gilt offenbar das negative Vorzeichen in der Nachbarschaft des Punktes 2 (Abb. 7), das positive in der Nachbarschaft des Punktes 4 (Abb. 7). νh kann selbstverständlich in diesen beiden Punkten verschiedenen Wert haben.

Auch die s-Koordinate des betrachteten Luftmassenelements genügt einer entsprechenden Schwingungsgleichung. Setzen wir nämlich die Gl. (66) in Gl. (59) ein, so erhalten wir:

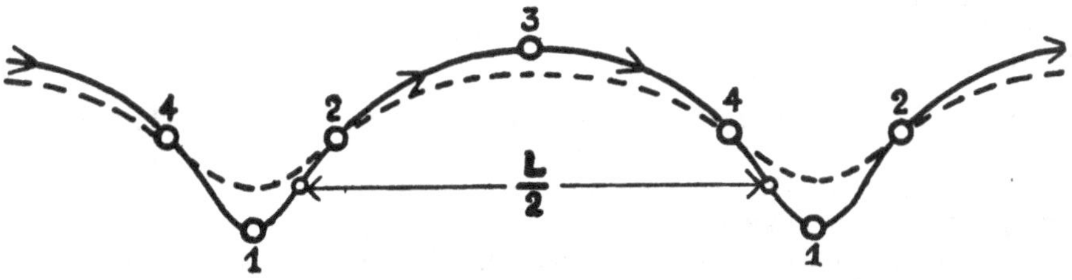

Abb. 7: Störungsbahn (ausgezogen) und Koordinaten-Isobarlinie (gestrichelt). Zeichenebene horizontal. *L*/2 Halbwellenlänge der antizyklonalen Halbwelle.

$$\frac{ds}{dt} = v_s = v_{so} \mp A_n \cdot f \cdot \sin(\nu_h \cdot t) \,, \qquad (67)$$

wobei $v_{so} = v'_o$ den Gradientwind im Koordinaten-Nullpunkt bedeutet. Durch Integration über t ergibt sich:

$$s = v_o' \cdot t \pm A_n \cdot \frac{f}{\nu_h} \cdot \cos(\nu_h \cdot t) \,, \qquad (68)$$

wobei wiederum das positive Vorzeichen in der Nachbarschaft des Punktes 4 (Abb. 7) gültig ist.

Demnach beträgt die Periode τ_h dieser Funktionen $n(t)$ und $s(t)$:

$$\tau_h = \frac{2\pi}{\nu_h} \,. \qquad (69)$$

Diese Periodizität τ_h kann selbstverständlich (ebenso wie ν_h) in der Nachbarschaft des Punktes 2 (Abb. 7) einen anderen Wert als in der Nachbarschaft des Punktes 4 (Abb. 7) haben.

Dagegen kann die Amplitude A_n in beiden genannten Nachbarschaftsgebieten nicht erheblich verschieden sein. Denn sie ist vom „Initialimpuls" abhängig und gilt daher für die ganze Bahnlinie des antizyklonalen Störungsbogens. Es ist auch evident, daß im Punkt 3 (Abb. 7) derselbe Extremwert n für beide Nachbarschaftsbereiche auftritt.

3. Nichtstationäres Druckfeld

Aus der vorstehenden Untersuchung kann man ersehen, daß die Voraussetzung stationären Druckfeldes nicht in der ganzen, sondern nur in der halben Periode τ_h angewandt worden ist. Denn wir haben diese Periode in zwei voneinander getrennten „Nachbarschaftsbereichen" integriert. Um diese beiden Integrationen zu einer gemeinsamen „Bahnlinie" (ein- und desselben Luftmassenelements) zusammenzufügen, muß in der Nachbarschaft des Punktes 4 (Abb. 7) ein um $\tau_h/2$ späteres Druckfeld gebraucht werden als in der Nachbarschaft des Punktes 2 (Abb. 7).

Man darf nun aber auch jeden dieser beiden Nachbarschaftsbereiche in zwei weitere Teile spalten, von denen der eine vor, der andere nach dem Zeitpunkt $t = 0$ liegt. Dann zerfällt die Bahnlinie des ganzen „Störungsbogens" in 4 Teile, jeweils von einem in Abb. 7 eingetragenen Punkte bis zum nächsten. Offenbar ist auf jeder dieser 4 Teilstrecken jeweils das dann und dort vorhandene Druckfeld zu gebrauchen. Die Anfangsbedingungen dieser 4 Teilstrecken sind: Im Punkt 1 die Initialstörung, im Punkt 2 die Überschreitung der

„Koordinatenisobarlinie" von rechts nach links, im Punkt 3 der Amplitudenwert $n = -A$, im Punkt 4 die Überschreitung von links nach rechts. Man sieht, daß es für unsere Rechnung genügt, auf jeder einzelnen dieser 4 Teilstrecken je ein zeitlich konstantes Druckfeld vorauszusetzen.

Für die praktische Untersuchung synoptisch beobachteter (nichtstationärer) Felder wird diese vierfache Unterteilung des Störungsbogens meistens ausreichen, sofern jeweils ein zeitlich gemitteltes Druckfeld im Zeitraum einer Teilstrecke zur Anwendung kommt. Aber theoretisch kann man die Unterteilung beliebig weitertreiben, indem man z.B. jede der 4 Teilstrecken wiederum in zwei Hälften teilt usw. Auf diese Art kann man durch Teilstrecken-Integration die Bahnlinie des Störungsbogens im nichtstationären Druckfeld beliebig genau konstruieren. Die Voraussetzung stationären Druckfeldes ist also keineswegs notwendig für die Anwendung der vorstehenden Gleichungen. Sie ist nur ein praktisches Integrationshilfsmittel innerhalb des Bereichs einer Teilstrecke.

Die Teilstrecken-Zerlegung kann auch angewandt werden, um die Stromlinien im nichtstationären Feld zu untersuchen. Wenn die Teilstrecke einer Bahnlinie kurz genug gewählt ist, kann sie auch als Teilstrecke einer Stromlinie gelten. Die Teilstrecken der Stromlinien müssen also ebenfalls die Differentialgleichung (65), d. h. auch die Gln. (66) und (68) erfüllen, die letzteren selbstverständlich mit verschiedener Anfangsphase (t), eventuell auch mit verschiedener Amplitude A.

Wenn das Druckfeld dennoch stationär wäre und die Initialimpulse fortwährend gleich blieben, würde auch das Stromfeld stationär sein. In diesem Falle wären die nach Gl. (66) und (68) bestimmten Bahnlinien gleichzeitig Stromlinien des stationären Feldes.

Wenn das Druckfeld sich während der Periode τh nur wenig ändert, ist der Unterschied zwischen den Bahnlinien und Stromlinien nur gering. In diesem Falle kann es genügen, den ganzen Störungsbogen in zwei Teilstrecken zu zerlegen und so die Stromlinien des ganzen Störungsbogens aus zwei Bahnlinienstrecken zweier verschiedener Luftmassenelemente zusammenzusetzen, welche gleichzeitig durch ihre Teilstrecke laufen. Ändert das Druckfeld sich etwas schneller, so wird man zweckmäßigerweise die Stromlinie des ganzen Störungsbogens aus 4 Bahnlinienteilstrecken zusammensetzen, die von 4 Luftmassenelementen gleichzeitig durchlaufen werden. Bei noch schnellerer Änderung des Druckfeldes wird man 8 Teilstrecken zu einer Stromlinie vereinigen usw.

Es hängt also von dem Tempo der Druckfeldänderung ab, wie lang die (gleichzeitigen) Bahnlinienstücke sein dürfen, welche sich zu einer Stromlinie zusammensetzen. In den meisten synoptisch vorliegenden Fällen ist die Änderung des Druckfeldes so langsam, daß man eine hinreichende Näherung der Stromlinien mit 4 Teilstrekken erzielt. Das erste Stromlinienstück führt vom Initialimpuls (Punkt 1, Abb. 7) bis zur Überschreitung der Koordinatenisobarlinie von rechts nach links (Punkt 2, Abb. 7), das zweite von dort bis zum maximal negativen Abstand n (Punkt 3, Abb. 7), das dritte von dort bis zur Rück-Überschreitung (Punkt 4, Abb. 7), das vierte von dort bis zum Ende des antizyklonalen Störungsbogens (Punkt 1, Abb. 7).

Erfahrungsgemäß ist also das Tempo der Druckfeldänderungen so langsam, daß die S t r o m l i n i e n des Störungsbogens dieselbe C h a r a k t e r i s t i k (insbesondere Periode) zeigen wie diejenigen Bahnlinien, welche unter der Voraussetzung stationären Druckfeldes konstruiert werden. Dieses gilt jedenfalls dann, wenn die „Initialimpulse" hinreichend lange ($> \tau h/2$) am gleichen Ort des Druckfeldes (im Trog) mit ungefähr gleicher Stärke auftreten.

Daher können unsere Formeln (66) und (68) in grober Näherung auch auf die vorkommenden n i c h t s t a t i o n ä r e n Felder Anwendung finden. Sie beschreiben das Momentbild (die Stromlinie) des Störungsjet, wenn man das Symbol t nicht als Zeitwert, sondern als variablen P a r a m e t e r gebraucht. Zu jedem Parameter t gehört nach diesen Formeln ein Wert s und ein Wert n. D. h.: Jedem Ort s auf der Horizontalisobarlinie ist ein Abstand n der Störungsstromlinie zugeordnet. Näherungsweise kann man mit den Gln. (66) und (68) den Typus der S t ö r u n g s s t r o m l i n i e n zeichnen, wenn das Momentbild der Horizontalisobarlinien und der Ort des „Initialimpulses" gegeben sind.

Somit beweist unsere vorstehende Betrachtung folgenden Sachverhalt:

W e n n i n e i n e m H ö h e n t r o g (a n d e s s e n V o r d e r s e i t e) l ä n g e r a l s 12 S t u n d e n a n h a l t e n d e f e u c h t - l a b i l e U m l a g e r u n g e n s t a t t f i n d e n, h a b e n d i e v o n h i e r a u s g e h e n d e n S t r o m l i n i e n (m i t t e l h o h e r b i s h o h e r S c h i c h t e n) e i n e s t ä r k e r e a n t i z y k l o n a l e K r ü m m u n g a l s d i e H o r i z o n t a l i s o b a r l i n i e n.

Damit ist ein ganz bestimmter Effekt der Abweichung vom Gradientwind gegeben. Auch die s-Komponente hat ihre wohlbestimmte Abweichung vom Gradientwind. Diese erkennt man in Gl. (59), wenn man darin

$$v_{s0} = v_0' = v' - \sigma \cdot n \qquad (70)$$

entsprechend den Gln. (60/61) einsetzt. So ergibt sich

$$v_s - v' = -(f+\sigma)\cdot n\,, \tag{71}$$

oder nach Gl. (66):

$$v_s - v' = \mp(f+\sigma)\cdot A_n\cdot \sin(\nu_h\cdot t)\,. \tag{72}$$

Nach Gl. (71) ist $v_s > v'$, wenn $n < 0$ ist, d. h. auf derjenigen Strecke der Störungsbahn, welche links von der Koordinatenisobarlinie liegt.

Im mittleren Teil des antizyklonalen Strombogens ist der Störungsjet schneller als der Gleichgewichtsjet.

Anmerkung: In U. S. A. sind Beobachtungen mit Flugzeugen angestellt worden, um festzustellen, ob im jet-Kern die wirkliche Windgeschwindigkeit größer ist als die Gradientwindgeschwindigkeit. Die vorstehende Untersuchung zeigt, daß dies eine unfruchtbare Fragestellung ist. Wenn kräftige Initialstörungen wirksam sind, muß im antizyklonalen Bogen die wirkliche Kerngeschwindigkeit (wenigstens in einigen Teilgebieten) schneller als der Gradientwind sein. In anderen Fällen (eines absterbenden jet) kann sie aber auch langsamer sein. In zyklonaler Krümmung ist sie stets langsamer. Der große Aufwand, welcher nötig ist, um Abweichungen vom Gradientwind mit Höhenflugzeugen zu messen, könnte mehr nützen, wenn die Frage präziser gestellt würde.

4. Dynamische Instabilität?

In Gl. (64) hatten wir zunächst angenommen, daß $\nu^2 h$ positiv ist. Wenn wir stattdessen

$$2\cdot\frac{v'}{r'} > f \tag{73}$$

oder

$$\sigma < -f \tag{74}$$

annehmen, wird νh imaginär. In beiden Fällen liefert die Gl. (65) keine reelle Schwingung, sondern ein unbeschränkt anwachsendes n. Mathematisch ist dieser Sachverhalt klar. Aber können solche dynamisch-instabilen Felder überhaupt entstehen?

Statisch-instabile Felder kommen, wie wir wissen, nur feuchtlabil vor. Sie entstehen als wolkenfreie Felder mit trockenstabilen (aber feuchtlabilen) Temperaturgradienten und verhalten sich solange stabil, als keine erheblichen Kondensationen auftreten. Aber diese Felder werden (ohne Änderung ihres Temperaturgradienten) plötzlich instabil, wenn eine W o l k e darin entsteht. Daher liegt der Unterschied von stabilem oder labilem Verhalten gelegentlich nur an einem Feuchte-Unterschied von 1% oder weniger. Ein statisch-stabiles Feld von erheblicher Stabilität kann plötzlich durch eine unmerklich kleine Feuchtezunahme erhebliche Labilität gewinnen. Kann auch ein d y n a m i s c h -stabiles Feld auf ähnlich plötzliche Art in ein labiles Verhalten übergehen?

Die Ungl. (73) könnte nur durch eine weiträumige Umgestaltung des Druckfeldes erfüllt werden, eine Veränderung, die niemals plötzlich vor sich geht. Außerdem würde schon die geringste (kaum merkliche) Labilität dieser Art ihr eigenes Wachstum behindern. Daher kann man vorderhand nicht annehmen, daß erhebliche Labilitäten nach Ungl. (73) vorkommen.

Aber die Ungl. (74) kann plötzlich zur Realität werden, wenn im anfänglich wolkenfreien Feld eine Wolke entsteht. Denn die Scherung $\partial v'/\partial n$ bedeutet eine Feldeigenschaft der G l e i t f l ä c h e, welch letztere für ein wolkenloses Luftmassenelement die Isentropenfläche aber für ein Wolkenluftelement die F e u c h t i s e n t r o p e n f l ä c h e ist. Diese ist stets stärker geneigt als jene und hat daher bei aufwärts zunehmendem Wind stärkere Antizyklonalscherung - $\partial v'/\partial n$. Daher kann die Ungl. (74) durch eine geringe Feuchtezunahme und damit verbundene Kondensation plötzlich akut werden.

Sicherlich kommt diese plötzliche Feldlabilisierung durch Feuchtezunahme gelegentlich vor, liegt aber dann wohl meistens in dem „Indifferenzbereich", welchen wir oben mit Ungl. (58) abgegrenzt und als seltenen und schnell vorübergehenden Sonderfall außerhalb unserer Betrachtungen gelassen haben. Im Zusammenhang mit der Gleitstörung des jet stream können wir daher beide Ungl. (73) und (74) als nicht erfüllt ansehen.

Aus den B e o b a c h t u n g e n läßt sich dies allerdings nicht direkt beweisen. Denn der Gradientwind und vor allem seine Scherung können aus den Topographien der Isobarflächen nur sehr ungenau ermittelt werden. Gelegentlich läßt wohl der Spielraum dieser Ungenauigkeiten eine Labilitätsinterpretation zu, niemals aber f o r d e r t er diese. Oft zeigt sogar das beobachtete Druckfeld (das „synoptische" Mittelwertfeld) trotz seiner Ungenauigkeiten eindeutig dynamische Stabilität. Die bisher vorliegenden Beobachtungen widersprechen also nicht unserer (theoretisch begründeten) Annahme, daß dynamische Instabilitäten nach Ungl. (73) niemals, nach Ungl. (74) selten und dann nicht in erheblicher Stärke vorkommen.

Auf jeden Fall aber würde sich aus einer dynamischen Instabilität nach Ungl. (73) oder (74) etwas gänzlich anderes als der antizyklonal gekrümmte „Störungsjet" ergeben. Auch der „Gleichgewichtsjet" müßte sich dann vollständig umgestalten. Ein solcher Vorgang könnte also nicht die Entstehung des jet stream und ebensowenig die der Trogstörung erklären und gehört daher nicht zu dem Thema unserer Untersuchung.

5. Störungsbogen-Länge

Bei synoptischer Betrachtung der Tröge und Rücken im weiträumigen Druck- und Stromfeld der Atmosphäre gewinnt man den Eindruck, daß es sich um „lange Wellen" der Stromlinien handelt. Insbesondere die westöstliche „Zonalzirkulation" scheint einer Störung durch lange Wellen zu unterliegen. Dabei stellt der Trog das Wellental, der Rücken den Wellenberg dar, so daß die Wellenlänge *L* von Trog bis Trog zu messen wäre.

Diese Wellen-Auffassung würde aber dem vorstehend beschriebenen Typus der „Gleitstörung" nicht gut entsprechen. Denn in der letzteren ist der zyklonal gekrümmte Teil der Stromlinie kurz, der antizyklonal gekrümmte Teil lang. Der „Störungsjet" ist eigentlich nur ein weiträumiger antizyklonaler Bogen von Trog zu Trog, die Trogstörung selbst aber eine kurze zyklonale Wendung, wie in Abb. 7 dargestellt. Dieser Unterschied des antizyklonal und zyklonal gekrümmten Teils der Stromlinien beruht auf der Plötzlichkeit der „Initialstörung"; im Idealfall haben die Stromlinien überall antizyklonale Krümmung. Nur in der „Troglinie" selbst besitzen sie eine scharfe (zyklonale) Ecke.

Man sollte also meinen, daß auch die Horizontalisobarlinien dieser „Gleitstörungswelle" dieselbe Unsymmetrie zeigen: Scharfe Tröge und breite Rücken. In der Tat findet man diese Erscheinung öfters im Zusammenhang mit dem jet stream. Doch gibt es noch besondere Effekte bei der Entstehung und Veränderung der Druckfelder (vgl. Kap. VI), welche sämtlich dafür sorgen, daß die Druckfeld-Tröge nicht ebenso scharf werden, wie die idealisierte Zyklonalschleife der Störbewegung nach Abb. 4 E oder 7.

Dennoch darf man in diesem Störungsmechanismus Trog und Rücken nicht als vollständig gleichberechtigt behandeln. Insbesondere ist es nicht angängig, beide als ganze Sinuswelle zusammenzufassen. Stattdessen ist der antizyklonale Bogen als Halbwelle ($L/2$ in Abb. 7) der Störung zu behandeln. Die zyklonale Halbwelle (der Trog) hat einerseits eine andere (meist kürzere) Halbwellenlänge, andererseits treten hier mehrere Effekte auf, welche sich einer quantitativen Theorie entziehen. Vom „Initialimpuls" z. B. wissen wir nur, daß er gegen den Gradientwind gerichtet ist. Wie stark er ist, bleibt unsicher. Da wir von dem Effekt der aufsteigend e n Wolkenluftumlagerung (auf der Vorderseite des Troges) nichts Genaues wissen, bleibt uns auch die zugehörige Sinkbewegung (auf der Rückseite des Troges) verborgen. Wohl ist aus aerologischen Beobachtungen bekannt, daß die Vorderseitenmassen eines Höhen-Troges a u f gleiten, die Rückseitenmassen abgleiten. Auch wissen wir, daß oft feuchtlabile Umlagerungen im Aufgleiten eingelagert sind. Aber wir wissen zu wenig über die Quantität dieser Vorgänge und kennen vor allem die Reibungseffekte nicht, durch welche sich die Windstärke herabgeglittener Luftmassen am Erdboden vermindert.

Wir sind also genötigt, zunächst den zyklonalen Teil der dreidimensionalen „Störungswelle" (den Trog) aus unserer reibungslosen Theorie auszuklammern und nur die a n t i zyklonale Halbwelle (den Hochdruckrücken) zu untersuchen. Diese umfaßt die ganze Gleitstörungsperiode τh, und daher bestimmt sich die Bogenlänge B der antizyklonalen Halbwelle (auf der Strombahn gemessen) folgendermaßen:

$$B = \bar{v} \cdot \tau_h \, . \tag{75}$$

Dabei ist $\tilde{v}$, im driftenden Koordinationssystem (S. 27) gemessen, die mittlere Windgeschwindigkeit auf dem Bogen B, τh die Störungsperiode der zweidimensionalen Gleitstörung nach Gl. (69), ebenfalls mit einem Mittelwert aus Gl. (64) berechnet.

In jedem Gleichgewichtsjet gibt es ein breites Band, mit ungefähr gleichem Produkt $v \cdot \tau h$. Abb. 8 zeigt das Windprofil v' des jet stream, dargestellt über der isobarliniensenkrechten Koordinate x (Windfeld in der Isentropenfläche wie in Abb. 4 A, S. 19). x_1 bedeu-

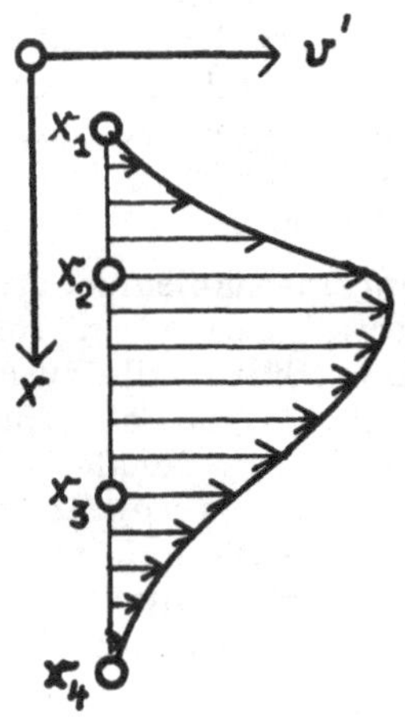

Abb. 8: Horizontales Geschwindigkeitsprofil des Gleichgewichts-jet. Von x_2 bis x_3 erstreckt sich der innere Teil mit einheitlicher Störungswellenlänge.

tet hier den äußeren linken, x_4 den äußeren rechten Rand des jet stream. Beide sind nicht genau definiert, was aber für unsere Betrachtungen nichts ausmacht. x_2 ist der linke Rand des jet-Kernes und x_3 die Mitte des antizyklonalen Scherbereichs, genauer der Ort, wo v' halb so groß ist wie im Kern. Zwischen x_2 und x_3 liegt das Windband mit nahezu einheitlicher Bogenlänge B. Denn in diesem Band ist der stärkere Wind v' mit geringerer Antizyklonalscherung, also mit geringerem τh verknüpft, der schwächere Wind v' aber mit stärkerer Antizyklonalscherung, also größerem τh (entsprechend den Gln. (61), (64) und (69)).

Von x_2 bis x_3 liegt also in Abb. 8 das Stromband mit einheitlicher Wellen-Störanfälligkeit. Dagegen haben die restlichen jet-Ränder (von x_1 bis x_2 und von x_3 bis x_4) ganz uneinheitliche Gleitstörungswellen. Vielleicht beruht hierauf der Befund, daß heftige Turbulenzen („clear air turbulence") überwiegend auf der zyklonalen (linken) Seite des jet stream auftreten, wo die Uneinheitlichkeit der Störungswellen mit starker Störungsenergie verknüpft ist [9].

Wenn also die „Initialstörung" in dem Stromband von x_2 bis x_3 anfällt, gibt es eine einheitliche antizyklonale Gleitstörung mit der Bogenlänge B. Um davon eine numerische Vorstellung zu gewinnen, setzen wir in Gl. (75) einen oft vorkommenden mittleren jet-Windwert v ein, gemessen relativ zu einem Koordinatensystem, welches mit dem weiträumigen Druckfeld driftet, z. B. $v = 25$ [m/sec], außerdem einen Wert τh, den wir nach Gln. (64) und (69) mit den Zahlenwerten $f = 0{,}0001$ [1/sec], $r' = +1000$ km, $\sigma = -0{,}00005$ [1/sec] zu $\tau h = 120000$ sec berechnen. So erhalten wir

$$B \sim 3000 \text{ km} . \qquad (76)$$

Dies ist die Größenordnung einer durch „Initialimpuls" erzwungenen antizyklonalen Halbwelle mittlerer Breiten, gemessen auf der antizyklonal gekrümmten Isobarlinie. Aber selbstverständlich können bei anderen jet-Verhältnissen auch kleinere und größere Bogenlängen B vorkommen.

Wichtig ist, daß diese antizyklonale Bogenlänge B nicht von der Stärke der Störung (des „Initialimpulses") abhängt, sondern nur von den Verhältnissen des Gradientwindfeldes (d. h. des Druckfeldes). Übrigens entspricht der Zahlenwert der Gl. (76) ungefähr den synoptischen Erfahrungen.

VI. Kontinuitäts- und Feldbedingungen

Vorstehend wurde die Störungsbewegung der Massenelemente relativ zum Druckfeld untersucht und zwar in Kap. IV die Vertikalbewegung relativ zur (quasistatischen) Gleichgewichtsfläche, in Kap. V die Gleitbewegung relativ zur Horizontalisobarlinie auf der Gleichgewichtsfläche. Dieses Verfahren bietet sich in den dynamischen Grundgleichungen an, welche entweder das Druckfeld als gegeben und das Stromfeld als gesucht behandeln oder umgekehrt. Wir haben den ersteren Weg eingeschlagen und das Störungsstromfeld aus dem Druckfeld bestimmt. Daher können wir jetzt aus den dynamischen Grundgleichungen nichts mehr über die Veränderung des Druckfeldes aussagen, ohne einem „circulus vitiosus" zu verfallen. Stattdessen brauchen wir eine neue zusätzliche Bedingung, nämlich die Kontinuität. Diese Ergänzung ist unentbehrlich, um auch den dreidimensionalen Feldbedingungen gerecht zu werden. Da es aber große Schwierigkeiten bereiten würde, die dreidimensionalen dynamischen Gleichungen mit der Kontinuitätsgleichung gemeinsam integrieren zu wollen, werden wir unsere Betrachtung an bereits integrierte und bekannte Gesetzmäßigkeiten anschließen.

1. Höhentrog und Vertikalbewegung

Die Kontinuität des Stromfeldes verlangt, daß ebensoviel Masse, wie aufwärts verlagert wird, irgendwo in der Nachbarschaft abwärts geht. Diese gegenseitige Ergänzung der auf- und abwärts beförderten Massen muß sich selbstverständlich in das gesamte Stromfeld einfügen. Da die im Trog aufwärts verlagerte Wolkenluft, wie oben erörtert, nach ihrer Umlagerung auf einer oberen Feuchtisentropenfläche (d. h. in der oberen Troposphäre) verbleibt, kann die ergänzende Abwärtsverlagerung nicht auf der Vorderseite, sondern nur auf der Rückseite des Troges stattfinden. Denn die Sinkströmung muß unten in den aufsteigenden Ast (der Vorderseite) einmünden. Die feuchtlabile Aufwärtsumlagerung, welche sich an der Labilisierungsfront auf der Vorderseite des Höhentrogs ereignet, fordert also als Ergänzung eine Sinkbewegung ebenfalls im Trog, aber auf dessen Rückseite. Daß beides normalerweise vorhanden ist, bestätigen zahlreiche Beobachtungen.

Die Sinkbewegung auf der Rückseite geht aber nicht feucht- sondern nahezu trocken-adiabatisch vor sich. Daher ist sie auch nicht mit starken Gleichgewichtsstörungen verbunden wie die feuchtlabile Umlagerung der Vorderseite. Die Stromlinien der Rückseite sind nahezu isentropisch und flach abwärts geneigt. Sie haben also ihre tiefste Lage in der Troglinie.

Übrigens muß dasselbe gefordert werden, um das statische Gleichgewicht zu erfüllen: Wo die oberen Isentropen und die Tropopause am tiefsten liegen, ergibt sich statisch das Druckminimum im horizontalen Feld, soweit und sofern keine anderen Effekte das Druckfeld mitbestimmen.

Die Troglinie begibt sich also automatisch jeweils dorthin, wo die (rückseitige) Sinkbewegung ihr Ende findet, wo also die abwärts geneigten (nahezu isentropen) Stromlinien ihre tiefste Lage erreicht haben (zwischen dem sinkenden und steigenden Ast).

Dieserhalb kann die „Initialstörung" nur auf der Vorderseite des Troges vorkommen, denn die feuchtlabile Umlagerung wird nicht in sinkenden Massen ausgelöst. Auch im Hochdruckrükken kann sie sich (normalerweise) nicht ereignen, weil dort weder die Labilisierung noch die Auslösung gegeben ist. In der Wetterkarte darf man also „Initialstörungen" nur an solchen Fronten erwarten, welche unter einem Höhentrog auf dessen Vorderseite beobachtet sind. Hierüber wird die nachfolgende Abhandlung von O. Höflich wichtige Ergebnisse mitteilen.

Aus diesem Zusammenhang zwischen Höhentrog und Vertikalbewegung folgt selbstverständlich, daß eine Verstärkung der letzteren die Vertiefung des ersteren bedingt. Beobachtet man in der Wetterkarte eine Trogvertiefung, so darf man annehmen, daß die soeben erörterten, wetterhaft-typischen Vertikalbewegungen sich verstärkt haben. Wenn dagegen der Trog verschwindet, haben höchstwahrscheinlich die Vertikalbewegungen bereits vorher aufgehört.

Diese einfache Regel kann übrigens auch im Flüssigkeitsexperiment dargestellt werden: Erzeugt man in einem rotierenden Wassergefäß die genannten Vertikalbewegungen, indem man an einer Stelle des Gefäßbodens Wasser fortpumpt und an einer benachbarten Stelle zuführt, so senkt sich die Wasseroberfläche über derjenigen Stelle, wo die Pumpe das Wasser absaugt. Bei stärkerem Pumpen senkt sie sich tiefer als bei schwächerem. Da das Druckfeld im Wasser ein genaues Abbild der Oberflächenhöhe ist, entsteht also das Tiefdruckgebiet (der Trog) an der Saugstelle, das Hochdruckgebiet (der Rükken) an der Zuflußstelle.

Nach dieser Regel ist sowohl der stationäre als auch der veränderliche Druckfeldtrog mit der Vertikalbewegung verbunden: Im stationären Fall liegt die Troglinie zwischen dem Sink- und Steiggebiet, wobei das letztere zur Vorderseite, das erstere zur Rückseite gehört. Die Vertiefung des Troges ist einerseits mit gesteigerter (seine Abschwächung mit verminderter) Sinkbewegung verknüpft, andererseits verlagert sich dabei die Troglinie ein wenig nach dem Sinkgebiet.

Entsprechendes kann übrigens auch für den Hochdruckrücken geltend gemacht werden, sofern und soweit die aufsteigende Vertikalbewegung der Trogvorderseite n i c h t feuchtlabilen Charakter hat: Der Rücken verstärkt sich, wenn eine s t a b i l aufsteigende Bewegung der Trogvorderseite sich verstärkt. Doch würde in einem System o h n e Feuchtlabilität die Energiequelle fehlen, welche die typischen Vertikalbewegungen des Troges mit kinetischer Energie versorgt. Daher ist die soeben genannte Gleichberechtigung des Rükkens mit dem Trog nur in „sekundären" Trögen, d. h. eventuell in der z w e i t e n Schwingungsperiode τh nach dem feuchtlabilen „Initialimpuls" anzunehmen.

2. Adaptation im Störungsbogen

Neben dem vorstehend erörterten statischen Feldänderungseffekt existiert selbstverständlich auch ein d y n a m i s c h e r : Die Anpassung des Druckfeldes an die Horizontalströmung. Dabei handelt es sich um die Wiederherstellung des gestörten Gradientwindgleichgewichts. Man nennt diese Feldänderung „Adaptation", d. h. gegenseitige Anpassung des Druck- und Stromfeldes an das Gleichgewicht. Seit N. S h a w (um 1905) kennen wir das „Adaptationsprinzip", welches besagt, daß alle atmosphärischen Felder, wenn ihr geostrophisches oder Gradientwindgleichgewicht gestört ist, dieses spontan wiederherstellen. „Spontan" bedeutet in dieser Ausdrucksweise soviel wie o h n e F r e m d e i n w i r k u n g .

Um das Adaptationsprinzip als mechanisches Integralprinzip richtig zu verstehen, muß man beachten, daß es auf einem a l l g e m e i n e n physikalischen Gesetz beruht: Jedes s t a b i l e System (auch ein Pendel), dessen Gleichgewicht gestört ist, nähert sich spontan seinem stabilen Gleichgewichtszustand. Wenn man z. B. ein stabil aufgehängtes Pendel anstößt, so ist sein stabiles Gleichgewicht gestört. Überläßt man das gestörte Pendel sich selbst, so nähert es sich allmählich in gedämpften Schwingungen seiner Gleichgewichtslage. Ebenso verhält sich eine anfänglich ruhige Wasseroberfläche, wenn man einen Stein hineinwirft: In ihr entstehen ringförmige Wellen, welche nach außen abwandern, wodurch sich schließlich das stabile Anfangsgleichgewicht der glatten Oberfläche wiederherstellt.

An diesen Beispielen erkennt man die beiden wichtigen V o r a u s s e t z u n g e n der Adaptation: Erstens die S t a b i l i t ä t ; nur stabile geostrophische oder Gradientwindfelder sind das Ziel einer spontanen Wiederherstellung. Zweitens die D ä m p f u n g der Schwingungen; ohne sie findet z. B. das gestörte Pendel kein Ruhegleichgewicht.

Beide Voraussetzungen sind zweifellos in den synoptisch beobachteten Feldern der Atmosphäre vorhanden. Wären diese Felder nicht stabil, so würden sie im synoptischen Beobachtungsnetz und im zeitlichen Abstand der Beobachtungen nicht kontinuierlich erscheinen. Daß die Schwingungsenergie in der Atmosphäre weitgehend dissipiert wird (sei es durch Reibung oder Energie-Abwanderung), zeigt sich ebenfalls in den Beobachtungen. Die synoptische Erfahrung, daß die wirklich auftretenden Winde näherungsweise geostrophisch oder Gradientwinde sind, beweist beides: Sowohl die Stabilität des Gradientwindgleichgewichts als auch die Dämpfung der Stabilitätsschwingungen.

Dabei darf man nicht vergessen, daß zum stabilen System eines Gradientwindfeldes auch seine statische Stabilität gehört. Diese ist sogar sehr ausschlaggebend. Das Adaptationsprinzip kann z. B. nicht auf den Vorgang einer feuchtlabilen Umlagerung angewandt werden; erfahrungsgemäß findet man dort besonders starke Abweichungen vom Gradientwind. Die Adaptation ist also einerseits nur eine weiträumige Angelegenheit, andererseits ihrer Natur nach dreidimensional. Die statische Stabilität ist dafür ebenso wichtig wie die Eigenschaft der Corioliskraft, weiten Horizontaltransporten zu widerstreben.

Wohl die größte Schwierigkeit für richtige Anwendung des Adaptationsprinzips beruht auf der „Spontaneität", was wir zunächst am Beispiel des Pendels sehen können: Nur ein sich selbst überlassenes Pendel nähert sich seinem Ruhegleichgewicht, nicht aber ein stets wieder neu angestoßenes Uhrpendel. Auch eine konstante, am Pendel angreifende horizontale Kraft verhindert die senkrechte Ruhelage. Wenn aber die Fremdeinwirkung gering ist im Vergleich zu den Stabilitätskräften des Pendels, sucht das letztere wenigstens näherungsweise seine Gleichgewichtslage auf und zwar „spontan", d. h. aus eigener Kraft. Ebenso machen atmosphärische Störungskräfte keinen erheblichen Effekt, wenn sie klein sind gegenüber den Stabilitätskräften und wenn die Schwingungsenergie bereits während einer Periode erheblich dissipiert wird.

Die Atmosphäre besitzt (erfahrungsgemäß) stets und ständig eine gewisse Annäherung ihrer wirklichen (weiträumigen) Druck- und Stromfelder an das Gradientwindgleichgewicht. Hierdurch zeigt sie, daß ihre weiträumig-feldändernden Kräfte im allgemeinen schwach gegenüber ihren Stabilitätskräften sind. Wären die feldändernden Kräfte sehr stark, so müßten z. B. auch solche weiträumigen Windfelder (auf der Nordhalbkugel) beobachtet werden, welche den höheren Druck zur Linken des Windes, den niederen zu seiner Rechten haben.

Andererseits zeigen die synoptischen Beobachtungen erhebliche Feldänderungen, welche nicht als Schwingungen um den Gleichgewichtszustand erklärt werden können. Hierin offenbart sich die Dämpfung der Stabilitätsschwingungen. Offenbar sind diese fast aperiodisch, was aber höchstwahrscheinlich nicht nur auf Reibung beruht.

Betrachten wir zum Vergleich wiederum ein stabil aufgehängtes Pendel: Wie können seine Schwingungen bei schwacher Reibung schnell gedämpft werden? Wenn der Aufhängepunkt des Pendels nicht fest sondern horizontal leicht beweglich ist, schwingt das angestoßene Pendel nicht kräftig, sondern weicht mit seinem Aufhängepunkt in der Stoßrichtung aus und kommt daher schnell zur Ruhe.

In den atmosphärischen Stromfeldern ist das Druckfeld das Analogon zur Pendelaufhängung: Bei zwangsweise stationärem Druckfeld müßte die Schwingungsbewegung des Massenelements auf der „Trägheitsellipse“ (Abb. 4, S. 19) weiterlaufen, bis sie durch Reibung zur Ruhe kommt. Aber es gibt in der Atmosphäre keine zwangsweise stationären Druckfelder, sondern diese können sich schnell und leicht ändern. Denn die atmosphärischen Dichtefelder ändern sich durch Vertikalbewegung und adiabatische Temperaturänderung, und mit dem Dichtefeld ändert sich das Druckfeld. Wenn also die Bewegung der Luftmassenelemente am Druckfeld „aufgehängt“ wird, wie wir es in den vorstehenden Formeln taten, so ist dies tatsächlich eine sehr „lose“ Aufhängung. Daher können wir uns nicht wundern, daß die Luftmassen an dieser lockeren Aufhängung nicht richtig ausschwingen können, sondern ihr neues Gradientwindgleichgewicht fast unperiodisch wiederfinden.

Aber die Pendelanalogie dient selbstverständlich nur der Anschaulichkeit und hat keine Beweiskraft für atmosphärische Adaptationsvorgänge. Der Beweis ist folgendermaßen zu führen:

Wenn das atmosphärische Druckfeld stationär wäre (mit anhaltend wiederholten Initialimpulsen), so müßte auch das Stromfeld des antizyklonalen Störungsbogens stationär sein. (Dies haben wir bereits im Kap. V 2 festgestellt). Nach dem Adaptationsprinzip kann aber ein Feld mit gestörtem Gradientwindgleichgewicht nicht stationär sein, wenn es sich selbst überlassen bleibt. Es muß sich notwendig einem stabilen Gleichgewichtszustand nähern. Da wir das vielfach bewährte Adaptationsprinzip nicht aufgeben können, müssen wir folgern, daß das Druckfeld wegen der Gleichgewichtsstörung nicht stationär sein kann, sondern sich spontan dem gestörten Stromfeld annähert. Unsere anfängliche Voraussetzung stationären Druckfeldes haben wir ja schon im Kap. V 3 als für die Formeln unerheblich nachgewiesen.

Dennoch behalten die unter stationärer Voraussetzung gewonnenen Erkenntnisse ihren Wert. Ist nämlich die Veränderung des Druckfeldes lediglich adaptiv, so handelt es sich dabei um einen Effekt, welcher zwar das Druckfeld dem Stromfeld annähert, ohne aber ein vollkommenes Gleichgewicht zu erreichen. Trotz Adaptation verbleibt eine Gleichgewichtsstörung mit demselben Vorzeichen, wie es mit stationärem Druckfeld (ohne Adaptation) errechnet wird.

Wie wir im Kap. V 3 aus synoptischen Erfahrungen entnehmen konnten, verändern sich die atmosphärischen Druckfelder normalerweise so langsam, daß die Gleichgewichtsstörung im antizyklonalen Störungsbogen dieselbe Charakteristik (d. h. dasselbe Vorzeichen) besitzt, wie man es im stationären Druckfeld berechnen kann. Dies ist offenbar ein Effekt der Adaptation: Wenn die Druckfeldänderung lediglich (oder überwiegend) auf Adaptation beruht, kann sie das Vorzeichen der Gleichgewichtsstörung nicht umkehren. Dieses könnte nur geschehen durch Druckfeldänderungen, welche anderweitig (durch „Fremdeinwirkung") aufgeprägt werden, aber selbstverständlich auch nur dann, wenn die Fremdeinwirkung wirksamer ist als die Initialstörung und Adaptation.

Wenn also die Initialstörung längere Zeit ($>\tau h/2$) am gleichen Ort des Druckfeldes (im Trog) mit ungefähr gleicher Stärke ständig (durch andauernd neue feuchtlabile Umlagerungen) wiederholt wird, verändert sich das Druckfeld im antizyklonalen Störungsbogen fortwährend im Sinne einer Anpassung an das gestörte Stromfeld. Die antizyklonale Krümmung dieses Störungsbogens vermehrt sich solange, als die feuchtlabile Umlagerung im Trog anhält.

Im „antizyklonalen Störungsbogen" macht die Adaptation einen doppelten Effekt: Einerseits ist die Gleichgewichtsstörung schwächer, als sie im stationären Druckfeld sein würde. Andererseits befindet sich das Druckfeld in einer ständigen Annäherung an das gestörte Stromfeld, d. h. die antizyklonale Krümmung der Horizontalisobarlinien wird fortwährend verstärkt.

Dieser Befund ist deswegen besonders bedeutsam, weil wir die Stärke der „Initialstörung" und damit die Stärke der im stationären Druckfeld errechenbaren Gleichgewichtsstörung ohnehin nicht kennen. Die Unsicherheit, wieweit die letztere durch Adaptation geschwächt wird, spielt demgegenüber keine Rolle. Aber das Vorzeichen der Gleichgewichtsstörung und seine Periodizität sind uns bekannt (Kap. V) und daher auch der Richtungssinn der Druckfeldänderung.

3. Wassermodell der Adaptation

Im Wassermodell läßt sich die „adaptive" Druckfeldänderung unmittelbar einsehen: Wir betrachten eine jet stream-Wasserströmung (im rotierenden Gefäß) mit der typischen Gleichgewichtsstörung des „antizyklonalen Strombahnbogens" (Abb. 7, S. 47). Wie diese gestörte Wasserströmung in einem rotierenden Wasserbecken verwirklicht wird, ist bei dem hier betrachteten Gedankenexperiment unwesentlich. Man kann z. B. den „Gleichgewichtsjet" durch ein Rührwerk und die „Initialstörung" durch eine Wasserpumpe erzeugen. Wesentlich ist aber für unser Modell, daß dieses Stromfeld zweidimensional, d. h. in allen Höhen gleich ist.

Zu diesem Modelltypus gehört die Eigenschaft, daß das statische Gleichgewicht ungestört bleibt. Daher besitzt in dem Wassermodell jeder Horizontalschnitt dasselbe Druckfeld (wobei das Wort „horizontal" die Paraboloidfläche der Gleichgewichtsrotation meint). Denn der statische Druck ist überall eindeutig durch die Höhe der darüber liegenden Wasseroberfläche bestimmt; hoher Druck unter hoher, tiefer unter niederer Wasseroberfläche.

Als Anfangsbedingung unseres Modells setzen wir, wie gesagt, ein „barotropes" Stromfeld voraus: In jedem Horizontalniveau dasselbe (zweidimensionale) Stromfeld. Auch die „Initialstörung" sei in jedem Niveau gleich. Dann bleibt die Gleichartigkeit aller (zweidimensionalen) Niveau-Stromfelder auch im weiteren Verlauf erhalten: Alle vertikalen Wassersäulen behalten ihre anfängliche Höhe, und daher behält jedes Flüssigkeitselement denselben Druck, den es anfänglich gehabt hat. D. h. die Isobarlinien des horizontalen Feldes sind „flüssige Linien" und verschieben sich mit den Flüssigkeitselementen. (Ihr horizontales Feld erleidet dabei nur flächentreue Deformation.)

In diesem Wassermodell gibt also die Geschwindigkeit v_n, welche wir in Abb. 5 (S. 26) als Störungskomponente senkrecht zur Isobarlinie eingeführt haben, die zeitliche Veränderung des horizontalen Druckfeldes an: Im antizyklonalen Strombahnbogen (Abb. 7, S. 47) vermehrt sich die antizyklonale Krümmung der Isobarlinien.

Die Kontinuitätsbedingung erfüllt sich in diesem „barotropen" Wassermodell auf einfachste Weise, indem alle vertikalen Wassersäulen ihre Höhe behalten. Deshalb bewegen sich die Horizontalisobaren als „flüssige Linien". Man sieht, daß in diesem Modell ein statisches Druckfeld aus Kontinuitätsgründen mit der Störströmung mitgeschleppt wird. Die Mitnahme ist hier vollkommen, weil die Massen keine vertikale Schrumpfung oder Dehnung erleiden.

In der Atmosphäre herrscht zwar auch statischer Druck (mit guter Näherung), aber erhebliche vertikale Dehnungen und Schrumpfungen (daher auch geringe statische Gleichgewichtsstörungen) verbinden sich mit der atmosphärischen Adaptation. Diese Deformationen sind synoptisch (aus der Veränderung der Isentropenflächen) leicht nachzuweisen und können geradezu als synoptisches Kennzeichen der Adaptationsvorgänge gelten. Der Zusammenhang zwischen der Gleichgewichtsstörung und Druckfeldänderung ist deshalb in der Atmosphäre bedeutend komplizierter als in dem betrachteten Wassermodell. Aber qualitativ ergibt sich auch in der Atmosphäre eine (unvollkommene) Mitnahme der Horizontalisobaren mit der Störungsströmung vn. Dieses Ergebnis kann entweder wie oben (Abschnitt VI 2) aus dem Prinzip der Adaptation abgeleitet oder in den Beobachtungen erkannt werden. Das vorstehend beschriebene Wassermodell erfüllt nur den Zweck, den Zusammenhang der Adaptation mit der Kontinuitätsbedingung anschaulich zu machen.

4. Einschubwelle

Man sieht, daß die konvektive (feuchtlabile) „Initialstörung" eine wellenartige Änderung des Druckfeldes bewirkt. Wenn eine ergiebige feuchtlabile Umlagerung im Höhentrog (auf dessen Vorderseite) auftritt, so folgt daraus zweierlei: Erstens eine Vertiefung dieses Troges (Senkung der Tropopause), welche wir oben (im Kap. VI 1) als kontinuitätsbedingten statischen Effekt interpretiert haben. Zweitens eine verstärkte Antizyklonalkrümmung der Horizontalisobarlinien im Hochdruckrücken, welche wir soeben als dynamischen Effekt erkannten. Beides zusammen bedeutet eine Verstärkung der Druckfeldwelle, die sich aus Trog und Rücken des oberen Druckfeldes zusammensetzt. Am Rande sei bemerkt, daß derselbe Mechanismus, welcher die Druckfeldwelle verstärkt, sie auch erzeugen kann.

Ferner haben wir gesehen, daß die typischen Störbewegungen, welche zu dieser Welle gehören, Gleitcharakter haben. Zwar geht der Anstoß zur Wellenschwingung auf Feuchtlabilitätsenergie zurück, insofern die feuchtlabile Konvektion den „Initialimpuls" liefert. Aber im synoptischen Bild der Störung tritt diese Konvektion nicht in Erscheinung. Die Störungswelle erscheint (synoptisch) als „Gleitwelle": Auf der Rückseite des Troges isentropes Abgleiten, auf der Vorderseite feuchtisentropes Aufgleiten.

Diese typischen Gleitbewegungen genügen nun ebenfalls einer entsprechenden Kontinuitätsbedingung. Denn die geneigten Gleitflächen liegen nicht parallel übereinander, sondern konvergieren nach der kalten Seite des Feldes, was wir übrigens schon im Kapitel I 2 (Abb. 1) bemerkt haben. Alle Massen, welche isentrop bzw. feuchtisentrop aufgleiten, unterliegen daher einer vertikalen Schrumpfung; alle diejenigen, welche abgleiten, einer vertikalen Dehnung (siehe Abb. 9). Das letztere ist mit zyklogenetischen, das erstere mit antizyklogenetischen Effekten verbunden: Die Massen, welche auf der Rückseite des Troges abgleiten, gewinnen dabei zyklonale, diejenigen, welche auf der Vorderseite aufgleiten, antizyklonale Drehung (Vorticity) relativ zur Erde. Daher ist die Drehung am stärksten zyklonal in der Troglinie, antizyklonal im Rükken. Offenbar paßt dieser Effekt vorzüglich zu der Störungswelle, welche im Trog zyklonal, im Rücken antizyklonal gekrümmte Stromlinien besitzt.

Der Verfasser hat schon in früheren Publikationen darauf hingewiesen, daß die wetterwirksamen Wellen in diesem Sinne „Einschubwellen" sind, insofern die gestörten Massen sich (auf- und abgleitend) zwischen den konvergenten Isentropenflächen (bzw. Feuchtisentropen) „einschieben", wodurch die Wellenlänge wesentlich k ü r z e r ausfällt als diejenige der langen „Rossby-Wellen".

Die Bedeutung dieser „Einschubwellen" für die Wettervorgänge zeigt sich darin, daß die b e o b a c h t e t e n, unmittelbar wetterwirksamen (nichtstationären) Störungswellen ebenfalls erheblich kürzer sind als „Rossby-Wellen". Auch läßt sich das häufig vorkommende Druckfeld der sogenannten „blocking action" aus dem Zusammenwirken zweier Rossby-Wellen mit einer Einschubwelle erklären. Alle diese Zusammenhänge wurden bereits früher vom Verfasser [3,7] ausführlich erörtert und sollen hier nicht nochmals behandelt werden. Aber im folgenden müssen wir zeigen, wie sich der „antizyklonale Störungsbogen" in die „Einschubwelle" einfügt. Vor allem muß der Nachweis erbracht werden, daß dessen Bogenlänge B (Abb. 10), die vorkommende Konvergenz der Feuchtisentropenflächen (Abb. 11), die Breite C der Frontalzone (Abb. 11) usw. mit den Drehungseffekten der Einschubwelle im Einklang sind.

Wenn dieser Nachweis gelingt, dürfen wir annehmen, daß die „Einschubwelle" aus der typischen (konvektiv bedingten) Gleitstörung eines jet stream entsteht. Auch die Entstehung der „Rossby-Wellen" und der „blocking action" dürfte damit zusammenhängen.

5. Vorticity-Gleichung

Wir greifen zurück auf ein Integralprinzip, welches für homogene Flüssigkeiten als „H e l m h o l t z scher Wirbelsatz", für die Atmosphäre als „Zirkulationstheorem von V. B j e r k n e s" bekannt ist und in neuerer Zeit für die meteorologische Anwendung in die Form der sogenannten „Vorticity-Gleichung" gebracht wurde [7].

Diese lautet in der einfachsten Näherungsform (ohne Berücksichtigung der „Solenoide"):

$$\frac{\zeta_1}{\zeta_2} = \frac{q_2}{q_1} \,. \tag{77}$$

Dabei bedeutet q die horizontale Querschnittsfläche eines Luftmassenelements, ζ dessen „absolute Vorticity", d. h. die Vertikalkomponente der absoluten Wirbelstärke oder die doppelte Winkelgeschwindigkeit der absoluten Rotation, mit welcher das Luftmassenelement um seine vertikale Achse rotiert.

Die „absolute" Vorticity" ζ setzt sich additiv zusammen aus der „Erdvorticity" f und der „relativen" Vorticity (relativ zur Erde) λ:

$$\zeta = f + \lambda \,, \tag{78}$$

wobei

$$\lambda = \frac{\partial v_y}{\partial x} - \frac{\partial v_x}{\partial y} \,, \tag{79}$$

anschaulich betrachtet, die doppelte Winkelgeschwindigkeit der Luftmassenelemente (um ihre vertikale Achse) relativ zur Erde bedeutet.

Die Vorticity-Gleichung (77) drückt ein Gesetz für die „individuelle" Wirbeländerung aus. ζ_1 und ζ_2 bedeuten darin die absolute Vorticity ein- und desselben Luftmassenelements zur Zeit t_1 und t_2. Die horizontalen Querschnitte dieses Elements sind q_1 und q_2. Wenn also $t_2 > t_1$ ist, bedeutet $q_2/q_1 < 1$ horizontale Schrumpfung, $q_2/q_1 > 1$ horizontale Dehnung des Luftmassenelements:

Horizontal schrumpfende Luftmassen vermehren, horizontal sich dehnende vermindern ihre absolute Vorticity.

Dies ist ein reibungsloses Gesetz, gilt daher nur in der freien Atmosphäre und auch dort nur für hinreichend schnelle Massendeformationen, welche den geringen Reibungskräften keine erhebliche Mitwirkung gestatten.

Die Gl. (77) muß also in den Luftmassen erfüllt sein, welche in der Gleitfläche durch den antizyklonalen Störungsbogen strömen. Diese gleiten zuerst aufwärts (vom Punkt 1 bis 3 der Abb. 7 ,S. 47), dann abwärts (vom Punkt 3 bis 1 der Abb. 7) jeweils in der geneigten Isentropen- oder Feuchtisentropenfläche. Legt man einen Vertikalschnitt (Abb. 9) durch die (in Abb. 7 ausgezogene) Bahnlinie vom Punkt 1 bis 3 des Störungsbogens, so schneidet er mehrere übereinander liegende Isentropenflächen, welche in Abb. 9 gestrichelt eingetragen sind. Charakteristischerweise konvergieren diese übereinander liegenden Gleitflächen im Vertikalschnitt (Abb. 9) nach

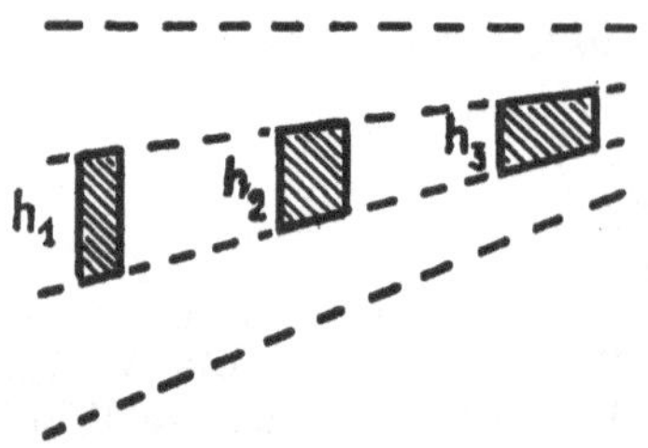

Abb. 9: Schema eines Vertikalschnitts durch die antizyklonale Störungsbahn zwischen 1 und 3, vom Inneren des Bogens gesehen. Luftmassenelement schraffiert. Feuchtisentropen gestrichelt.

der kalten (divergieren nach der warmen) Seite des Feldes. Im Kap. I 2 (Abb. 1) haben wir diese Konvergenz als Gleichgewichtseigenschaft des Temperaturfeldes erörtert.

Wenn also ein troposphärisches Luftmassenpaket aufgleitet, so muß es vertikal schrumpfen. In Abb. 9 sind solche vertikalen Luftsäulen schraffiert, deren vertikale Mächtigkeit h_1, h_2, h_3 jeweils zwischen zwei (gestrichelten) Isentropenflächen Platz findet. Man sieht, daß eine isentrop (bzw. feuchtisentrop) aufgleitende Luftmasse vertikal schrumpft und daher horizontal gedehnt wird, während die abgleitende Masse sich vertikal dehnt und horizontal schrumpft. Da das aufgleitende Quantum auch seine Dichte vermindert, ist seine horizontale Dehnung noch stärker als die vertikale Schrumpfung. Ebenso ist die horizontale Schrumpfung eines abgleitenden Quantums (durch die Kompression) stärker als die vertikale Dehnung.

Erhebliche Vorticity-Änderungen nach Gl. (77) sind daher notwendig mit den Gleitbewegungen verbunden, wenn die in Abb. 9 gekennzeichnete Konvergenz der Gleitflächen nicht während der Gleitbewegung beseitigt wird. Letzteres kann aber nicht angenommen werden, weil die Konvergenz der Isentropenflächen, wie im Kap. I 2 erörtert, eine Gleichgewichtseigenschaft des jet stream bedeutet und daher l ä n g e r e Zeit erhalten bleibt, als die Aufgleitbewegung eines Luftmassenelements dauert ($> \tau h/2$).

Nach Gl. (77) muß also jedes Luftmassenelement, das durch den antizyklonalen Störungsbogen läuft, seine a b s o l u t e Vorticity vom Punkt 1 bis 3 (Abb. 7, S. 47) vermindern und vom Punkt 3 bis 1 (Abb. 7, S. 47) vermehren. Nach Gl. (78) ist damit eine bestimmte Änderung der r e l a t i v e n Vorticity verbunden. Wenn es im Punkt 1 (Abb. 7) mit verschwindender (oder sehr geringer) relativer Vorticity beginnt, so gewinnt es auf dem Wege von Punkt 1 nach Punkt 3 antizyklonale (negative) λ-Werte. D. h. es kommt relativ zur Erde in eine Drehbewegung (um seine eigene Achse) nach rechts (auf der Nordhalbkugel). Dieser Vorticity-Effekt paßt offenbar gut zu der Bewegungsbahn, die im antizyklonalen Störungsbogen nach rechts dreht.

Auf dem Abgleitwege vom Punkt 3 nach Punkt 1 der Abb. 7 (S. 47) verliert die Luftmasse wiederum ihre antizyklonale (negative) Relativvorticity, d. h. sie kommt aus der antizyklonalen Drehung in Geradeausbewegung, was ebenfalls gut zur Störungsbahn paßt, die auf dieser Strecke ihre antizyklonale Krümmung einbüßt.

6. Antizyklonale Bogenlänge und Frontalzonenbreite

Um diese Vorticity-Bedingung quantitativ zu untersuchen, kehren wir zur Definitionsgleichung (79) zurück und wählen dabei die x-Achse so, daß sie senkrecht zur Strömungsrichtung ($\mathfrak{v}$) liegt. Dann ist

$$\lambda = \frac{\partial v}{\partial x} - \frac{v}{r} \;, \tag{80}$$

wobei r den Krümmungsradius der Bahnlinie (im horizontalen Feld) bedeutet, antizyklonal positiv gerechnet.

Setzen wir die Gl. (80) in (78) ein, so ergibt sich

$$\zeta = f + \frac{\partial v}{\partial x} - \frac{v}{r} \;, \tag{81}$$

oder, wenn wir für $f + \partial v/\partial x$ die Abkürzung k einsetzen:

$$\zeta = k - \frac{v}{r} \;. \tag{82}$$

Wenden wir nun die Gl. (77) an auf die individuelle Änderung der Vorticity vom Wendepunkt 0 bis zum Punkt 3 (Abb. 10), so erhalten wir:

$$\frac{\zeta_3}{\zeta_0} = \frac{q_0}{q_3} = \frac{(p \cdot h)_3}{(p \cdot h)_0} = \frac{k_3}{k_0} - \frac{1}{k_0} \cdot \frac{v_3}{r_3} \;. \tag{83}$$

Denn der Querschnitt q ändert sich umgekehrt proportional mit der Höhe h und dem Luftdruck p. (Genauer mit einer „polytropen" Potenz von p, doch genügt uns hier die grobe Näherung der ersten Potenz).

Die Gl. (83) ist deswegen bemerkenswert, weil sie zeigt, daß k_3/k_0 auf den verschiedenen Bahnlinien ein- und desselben Strahlstromkerns nicht sehr verschieden sein kann. Denn sowohl v_3/r_3 als auch h_3/h_0 und p_3/p_0 sind Größen, welche für alle Kern-Bahnlinien ungefähr gleich sein müssen. Also ist k_3/k_0 eine Art „Kernkonstante" des jet stream. Da im Kern $\partial v'/\partial n$ verschwindet, kann man für k_3/k_0 näherungsweise f_3/f_0 einsetzen:

$$\frac{k_3}{k_0} \sim \frac{f_3}{f_0} = \frac{\sin \varphi_3}{\sin \varphi_0} = 1 + \frac{E}{r^*} \cdot \frac{\cos \varphi_0}{\sin \varphi_0} \;. \tag{84}$$

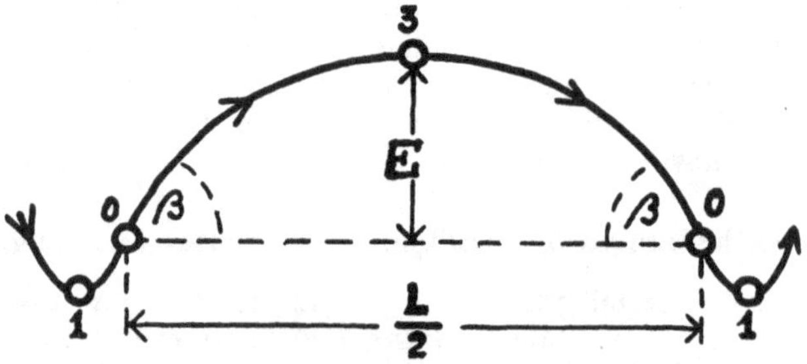

Abb. 10: Zur Bestimmung der Vorticity im antizyklonalen Störungsbogen. Zeichenebene in der Gleitfläche gelegen. 0 Wendepunkte. 1 und 3 wie in Abb. 7. β Winkel. E Bogenhöhe. Die „Bogenlänge" B erstreckt sich vom linken Wendepunkt 0 bis zum rechten.

Dabei ist die Strecke E durch Abb. 10 definiert als Breitenausdehnung $r^* \cdot (\varphi_3 - \varphi_0)$ des antizyklonalen Strombahnbogens. r^* bedeutet den Erdradius.

Da wir hier nur Größenordnungen berechnen, können wir in Gl. (84) für gemäßigte Breiten $\cos \varphi_0 = \sin \varphi_0$ setzen (zumal das letzte Glied dieser Gleichung ohnehin geringe Bedeutung hat). So erhalten wir aus Gl. (83):

$$1 - \frac{(p \cdot h)_3}{(p \cdot h)_0} \sim + \frac{1}{f} \cdot \frac{v_3}{r_3} - \frac{E}{r^*} \, . \qquad (85)$$

Um v_3/r_3 abzuschätzen, betrachten wir die Abb. 10: Wenn die Winkelgeschwindigkeit v/r im ganzen Störungsbogen (vom linken Punkt 0 bis zum rechten Punkt 0) überall gleich wäre, hätte sie den Wert

$$\frac{v}{r} = 2 \frac{\beta}{\tau_h} \, , \qquad (86)$$

wobei der Winkel β in Abb. 10 definiert ist. Da aber v/r in beiden Punkten 0 verschwindet, muß es in Punkt 3 ungefähr doppelt so groß sein, nämlich

$$\frac{v_3}{r_3} \sim 4 \cdot \frac{\beta}{\tau_h} = \frac{2}{\pi} \cdot \beta \cdot \nu_h \, . \qquad (87)$$

Den Winkel β (Abb. 10) kann man aus der Länge B des antizyklonalen Störungsbogens (von Punkt 0 bis Punkt 0) und aus der Bogenhöhe E (Abb. 10) folgendermaßen bestimmen:

$$\beta \sim \pi \cdot \frac{E}{B} \leqq \frac{\pi}{2} \, . \qquad (88)$$

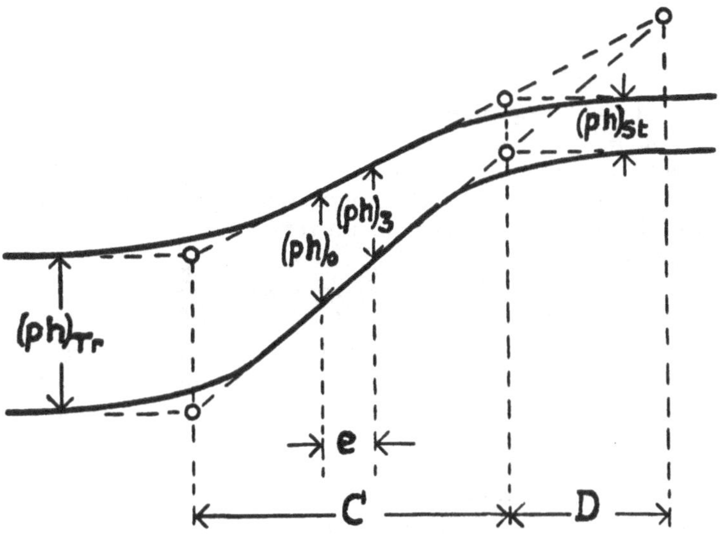

Abb. 11: Zwei benachbarte Feuchtisentropen (fett ausgezogen) im vertikalen Querschnitt durch den jet stream. $p{\cdot}h$ ihr Vertikalabstand h, multipliziert mit dem Druck p inmitten dieses Abstandes h. Hilfslinien gestrichelt. C Frontalzonenbreite. D Schnittpunktabstand. e Aufgleitverschiebung ($\sim n_0 - n_3$) vom Punkt 0 bis zum Punkt 3 der Abb. 10.

Setzt man diesen Wert β in Gl. (87) ein, so erhält man:

$$\frac{v_3}{r_3} \sim 2 \cdot \frac{E}{B} \cdot \nu_h \;. \tag{89}$$

Diese Gleichung setzen wir in Gl. (85) ein und erhalten:

$$1 - \frac{(p \cdot h)_3}{(p \cdot h)_0} \sim 2 \cdot \frac{E}{B} \cdot \frac{\nu_h}{f} - \frac{E}{r^*} \;. \tag{90}$$

In Abb. 11 (Vertikalschnittschema) sieht man zwei übereinander benachbarte Isentropen- bzw. Feuchtisentropenflächen (links Aequator-, rechte Polseite) und ihre gegenseitigen Vertikalabstände, proportional dem Luftdruck p verlängert bzw. verkürzt. Wendet man den Strahlensatz auf die gestrichelten Geraden an, so ergibt sich

$$\frac{D+C}{D} = \frac{(p \cdot h)_{Tr}}{(p \cdot h)_{St}} \sim 6 \, ; \qquad D \sim \frac{C}{5} \;. \tag{91}$$

Denn erfahrungsgemäß ist der Vertikalabstand zweier Feuchtisentropen, multipliziert mit dem Luftdruck, in mittelhohen Troposphärenschichten (Index Tr) ungefähr 6 mal so groß wie in der unteren Stratosphäre (Index St), was allerdings in Abb. 11 der Deutlichkeit wegen nicht quantitativ zum Ausdruck kommt.

Da das betrachtete, von Punkt 0 nach Punkt 3 gleitende, Luftmassenelement dem Kern des jet stream angehört, befindet sich die kurze Gleitverschiebungsstrecke e (Abb. 11) ungefähr in der Mitte des Frontalzonenbereichs C. Wir können daher in Abb. 11 den Strahlensatz nochmals folgendermaßen anwenden:

$$\frac{(p\cdot h)_0 - (p\cdot h)_3}{(p\cdot h)_0} = \frac{e}{D + C/2} \sim \frac{e}{0{,}7\,C}\;. \qquad (92)$$

Dabei bedeutet also e die Gleitverschiebungsstrecke (Abb. 11) auf dem Wege von Punkt 0 bis Punkt 3 des antizyklonalen Störungsbogens (Abb. 10), C die horizontale Querschnittstrecke, über der die Isentropenflächen aufwärts konvergieren (Abb. 11). C ist also die Frontalzonenbreite. Die Krümmung der Erdoberfläche hat keinen erheblichen Einfluß auf die Proportionen (91) und (92).

Setzen wir nun die Gl. (92) in Gl. (90) ein, so erhalten wir

$$\frac{e}{0{,}7\,C} \sim \frac{E}{B}\cdot\left(2\cdot\frac{\nu_h}{f} - \frac{B}{r^*}\right)\;. \qquad (93)$$

In diese Abschätzungsformel setzen wir die oben abgeleiteten Normgrößen ein; B nach Gl. (76), $\nu h/f \sim 0{,}7$ und $r^* = 6375$ km. So erhalten wir:

$$C \sim 1{,}5\cdot\frac{e}{E}\cdot B\;. \qquad (94)$$

Hier steht noch die Frage offen: Wie verhält sich die kurze Gleitverschiebungsstrecke e (Abb. 11) zur Bogenhöhe E (Abb. 10) des antizyklonalen Strombahnbogens? Sicher ist $e < E$, wenn die Horizontalisobarlinien antizyklonal gekrümmt sind. Bei guter Adaptation muß $e << E$ sein. Also liegt e/E zwischen 0 und 1, normalerweise erheblich näher an 0 als an 1. Wenn wir daher $e/E = 0{,}3$ in Gl. (94) einsetzen, dürften wir nahe an der Norm sein. Mit diesem Zahlenwert und B nach Gl. (76) ergibt sich $C \sim 1300$ km, was ungefähr mit der normalen Breite der Frontalzonen übereinstimmt. Dieserhalb dürfen wir, wie bereits oben (S. 64) bemerkt, annehmen, daß die „Einschubwellen" durch die typischen Gleitstörungen der Strahlströme angeregt werden. Jedenfalls liegt die Vorticity-Gleichung nicht im Widerspruch mit dieser Annahme.

VII. Synoptisches Beispiel und Schlußfolgerungen

1. Gleichgewichtsstörung

Wie bereits eingangs erörtert, ist die Störung des Gleichgewichts wesentlich für die Veränderung (Entwicklung) eines Druck- und Stromfeldes. Ein synoptisches Beispiel, welches diese Entwicklung demonstriert, muß vor allem die entsprechende Gleichgewichtsstörung erkennen lassen. Hierin liegt die große Schwierigkeit, der die synoptische Untersuchung der Feldänderungen begegnet; meistens sind die Abweichungen vom Gleichgewicht so gering, daß man sie in den Beobachtungen nicht direkt erkennen kann.

Das gilt uneingeschränkt für das statische Gleichgewicht. Statische Gleichgewichtsstörungen sind nur in kleinräumigen Feldern erheblich. Die synoptischen Beobachtungen nehmen überhaupt keine Notiz von ihnen. Denn alle aerologischen Aufstiege werden im synoptischen Dienst so ausgewertet, als ob das statische Gleichgewicht streng erfüllt ist.

Dagegen kann man die Abweichungen vom Gradientwindgleichgewicht in den synoptischen Beobachtungen erkennen, wenn das Wind- und Druckfeld unabhängig voneinander beobachtet werden, das erstere durch Windsonden, das letztere durch Temperatursonden (dieses also statisch). Dabei gehen zwar die Abweichungen vom statischen Gleichgewicht als Fehler ein, doch darf man diesen Fehler vernachlässigen, weil er geringer als die normalen Temperaturbeobachtungsfehler ist.

So spitzt sich also das synoptische Problem der Gleichgewichtsstörungen auf die Unterschiede zwischen dem direkt beobachteten Wind ($\mathfrak{v}$) und dem Gradientwind ($\mathfrak{v}'$) des beobachteten Druckfeldes zu. Einen synoptischen Einblick in den Feldänderungsmechanismus darf man nur dann und dort erwarten, wo solche Unterschiede zuverlässig erkennbar sind.

Um diese Voraussetzung erfüllt zu finden, muß man schon lange suchen. Normalerweise sind die synoptischen Beobachtungsfehler von gleicher Größenordnung wie die in der freien Atmosphäre vorkommenden Abweichungen vom Gradientwind. Aber ein Zufall lenkte die Aufmerksamkeit des Verfassers auf besonders starke Abweichungen von Gradientwind, welche am 15. 2. 1953 in den USA am Ostrande der westlichen Gebirge (Rocky Mountains) bzw. am Westrande der „Great Plains“ (105° westl. Länge) im 850 mb-Niveau beobachtet wurden. Sicherlich handelt es sich dabei um Störungseffekte, die dort primär in der bodennahen Reibungsschicht des Gebirges entstanden und insofern keine ganz besondere Seltenheit waren. Aber die Verhältnisse lagen hier so, daß die gebirgsbeding-

Fortsetzung Seite 80

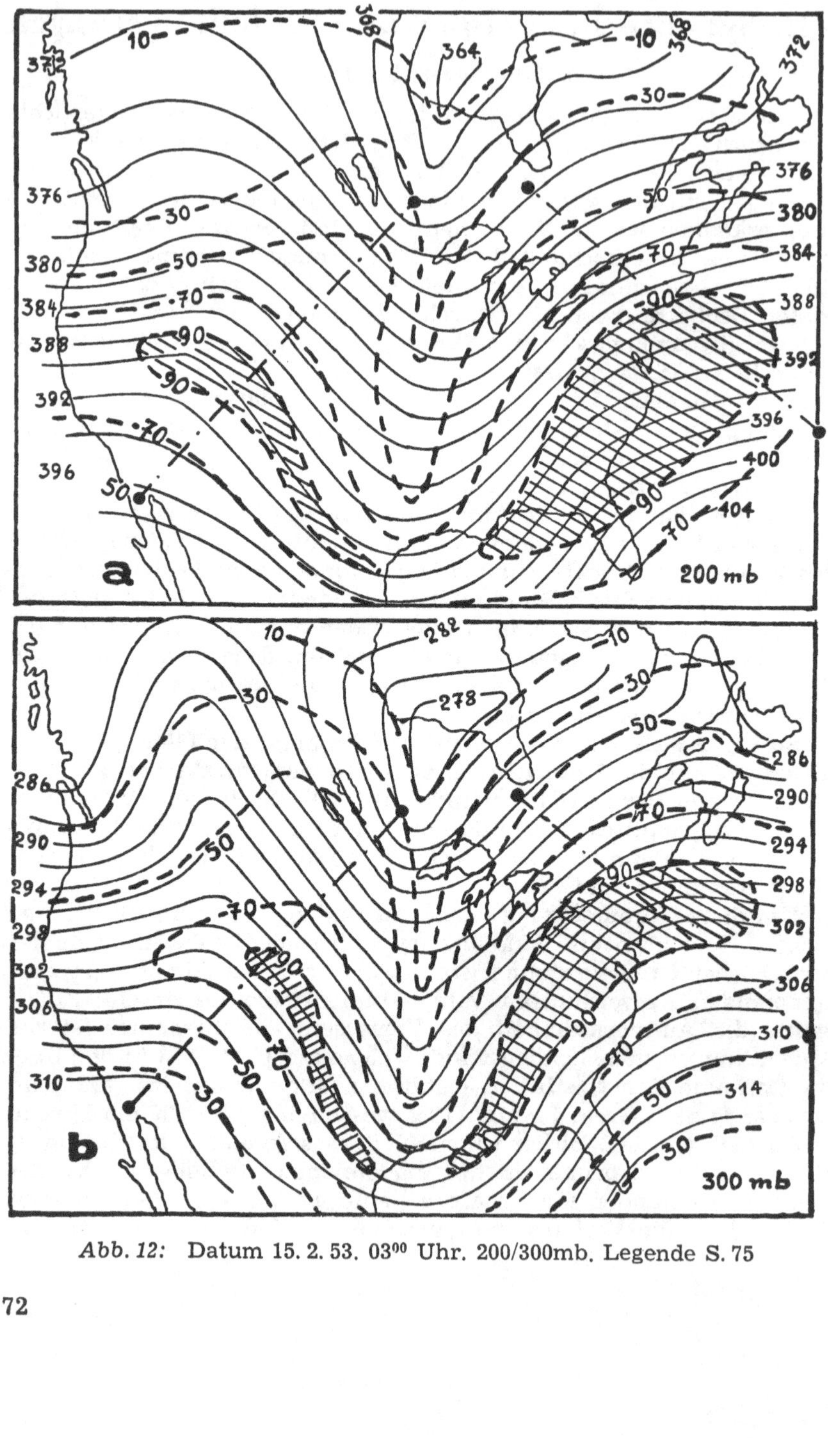

Abb. 12: Datum 15. 2. 53. 03⁰⁰ Uhr. 200/300mb. Legende S. 75

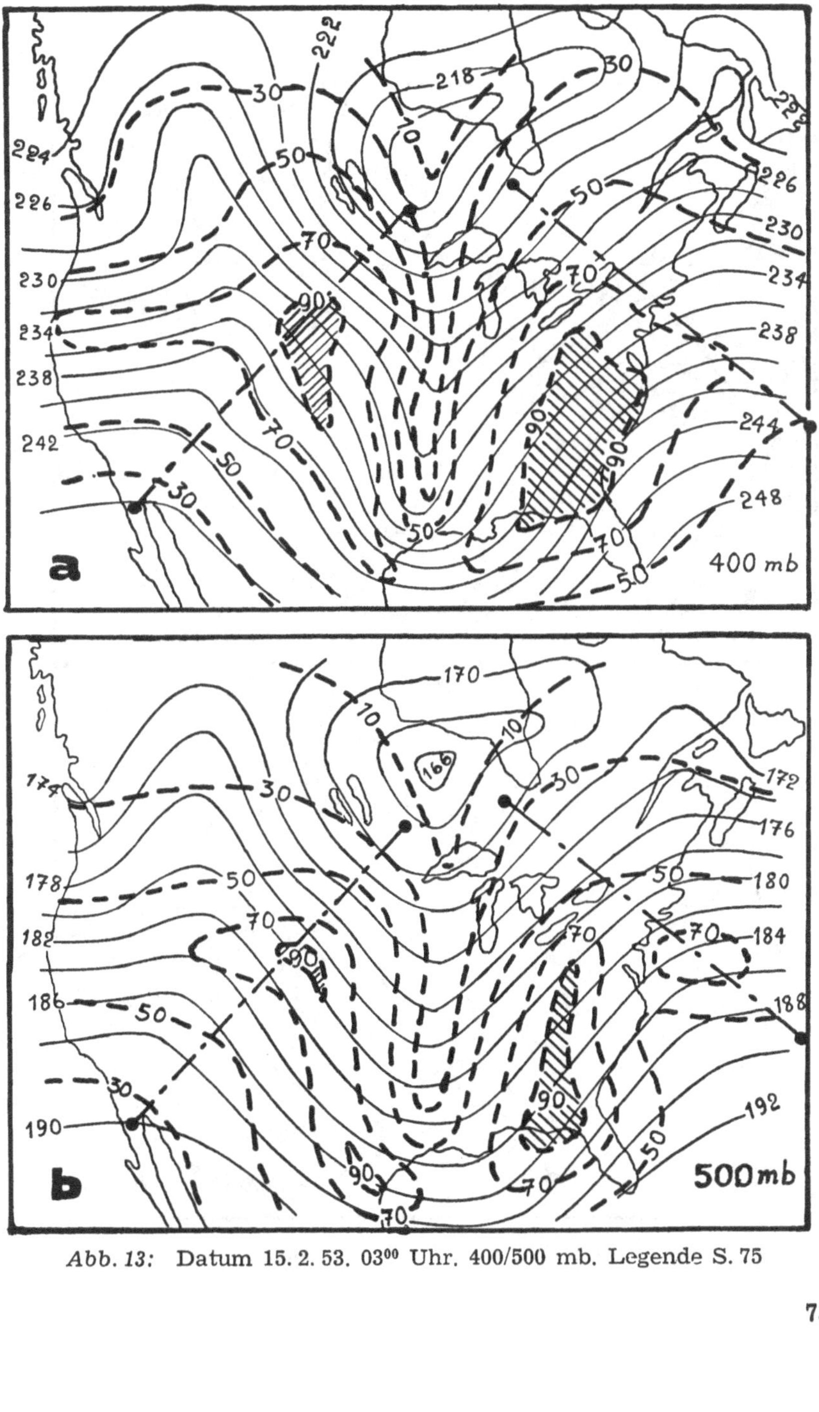

Abb. 13: Datum 15. 2. 53. 03^{00} Uhr. 400/500 mb. Legende S. 75

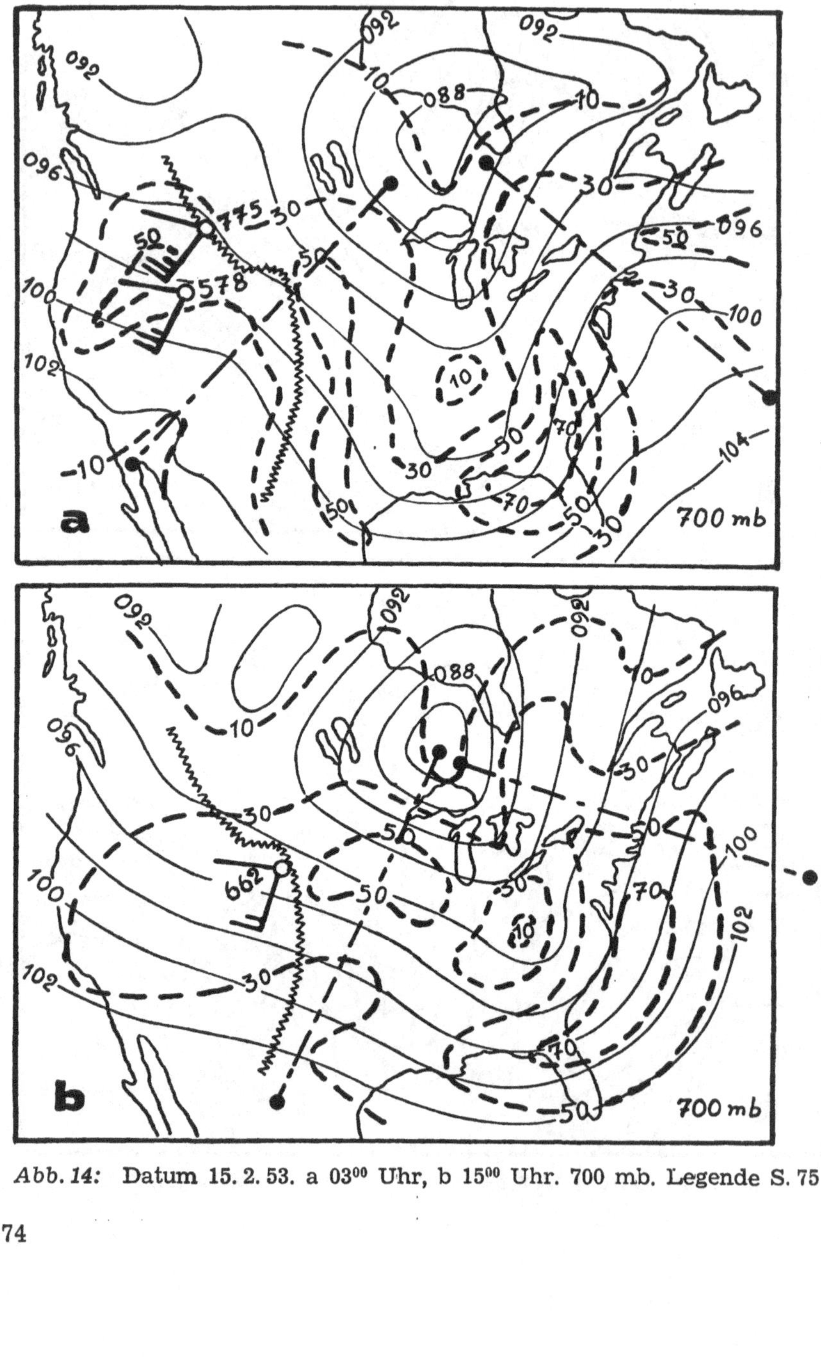

Abb. 14: Datum 15. 2. 53. a 03^{00} Uhr, b 15^{00} Uhr. 700 mb. Legende S. 75

Abb. 12: Höhenwetterkarte [6] des a) 200 mb-, b) 300 mb-Niveaus am 15. 2. 53 03^{00} Greenwich-Zeit über Nordamerika. Umrisse des Kontinents und der großen Seen dünn ausgezogen. Gleichfalls dünn ausgezogen die Isohypsen der Isobarfläche; dreistellige Zahlen am Rand bezeichnen die Höhe über Meer in der Einheit 100 geodynamische Fuß. Fett gestrichelt die Windisotachen (nach Radarbeobachtungen); zweistellige Zahlen im Feld geben die Windgeschwindigkeit in Knoten an. Schraffiert die Gebiete mit mehr als 90 Knoten. Strichpunktiert die Schnittlinien der Vertikalschnitte (Vorder- und Rückseite).

Abb. 13: Höhenwetterkarte [6] des a) 400 mb-, b) 500 mb-Niveaus am 15. 2. 53 03^{00} Greenwich-Zeit über Nordamerika. Linien, Schraffur und Zahlen wie in Abb. 12.

Abb. 14: Höhenwetterkarte [6] des 700 mb-Niveaus am 15. 2. 53 über Nordamerika und zwar a) um 03^{00}, b) um 15^{00} Greenwich-Zeit. Die Zick-Zack-Linie bezeichnet den Ostrand des Hoch- und Berglands mit mehr als 4000 Fuß (1220 m) Höhe über Meer. Die drei Windfahnen in den Stationen 775 (25 Knoten), 578 (25 Knoten) und 662 (15 Knoten) geben den dortigen Wind im 850 mb-Niveau an. Die Richtung der 850 mb-Isohypse ist in diesen 3 Stationen mit je einem fetten Balken eingezeichnet, um die Winkelabweichung vom Gradientwind im 850 mb-Niveau zu zeigen. Sonst alle Linien, Schraffur und Zahlen wie in Abb. 12.

Abb. 15: Höhenwetterkarte [6] des a) 200 mb-, b) 300 mb-Niveaus am 15. 2. 53 15^{00} Greenwich-Zeit über Nordamerika. Linien, Schraffur und Zahlen wie in Abb. 12.

Abb. 16: Höhenwetterkarte [6] des a) 400 mb-, b) 500 mb-Niveaus am 15. 2. 53 15^{00} Greenwich-Zeit über Nordamerika. Zwei überfette, antizyklonal gekrümmte Pfeile bezeichnen die 12stündige Aufgleitbahn (Anfang im Kreis, Ende in der Spitze) zweier Luftquanten, deren „Initialstörung" um 03^{00} Greenwich-Zeit im 850 mb-Niveau der bezeichneten Stationen (Nullenkreise) beobachtet wurde. Das Ende der Gleitbahn (Pfeilspitze) liegt im 500 mb-Niveau. Im übrigen alle Linien, Schraffur und Zahlen wie in Abb. 12.

Abb. 17: Höhenwetterkarte [6] des a) 200 mb-, b) 300 mb-Niveaus am 16. 2. 53 03^{00} Greenwich-Zeit über Nordamerika. Linien, Schraffur und Zahlen wie in Abb. 12.

Abb. 18: Höhenwetterkarte [6] des a) 400 mb-, b) 500 mb-Niveaus am 16. 2. 53 03^{00} Greenwich-Zeit über Nordamerika. Ein überfetter antizyklonal gekrümmter Pfeil wie in Abb. 16b. Im übrigen alle Linien, Schraffur und Zahlen wie in Abb. 12.

NB. Die Höhenwetterkarten Abb. 12 bis 18, wie auch die Vertikalschnitte Abb. 1, 19, 20, 21 wurden 1955 im Department of Meteorology and Oceanography der New York University vom Verfasser hergestellt im Rahmen des von Dr. Jerome Spar geleiteten Projekts „SCUD" und mit Forschungsmitteln des Office of Naval Research, Washington [6].

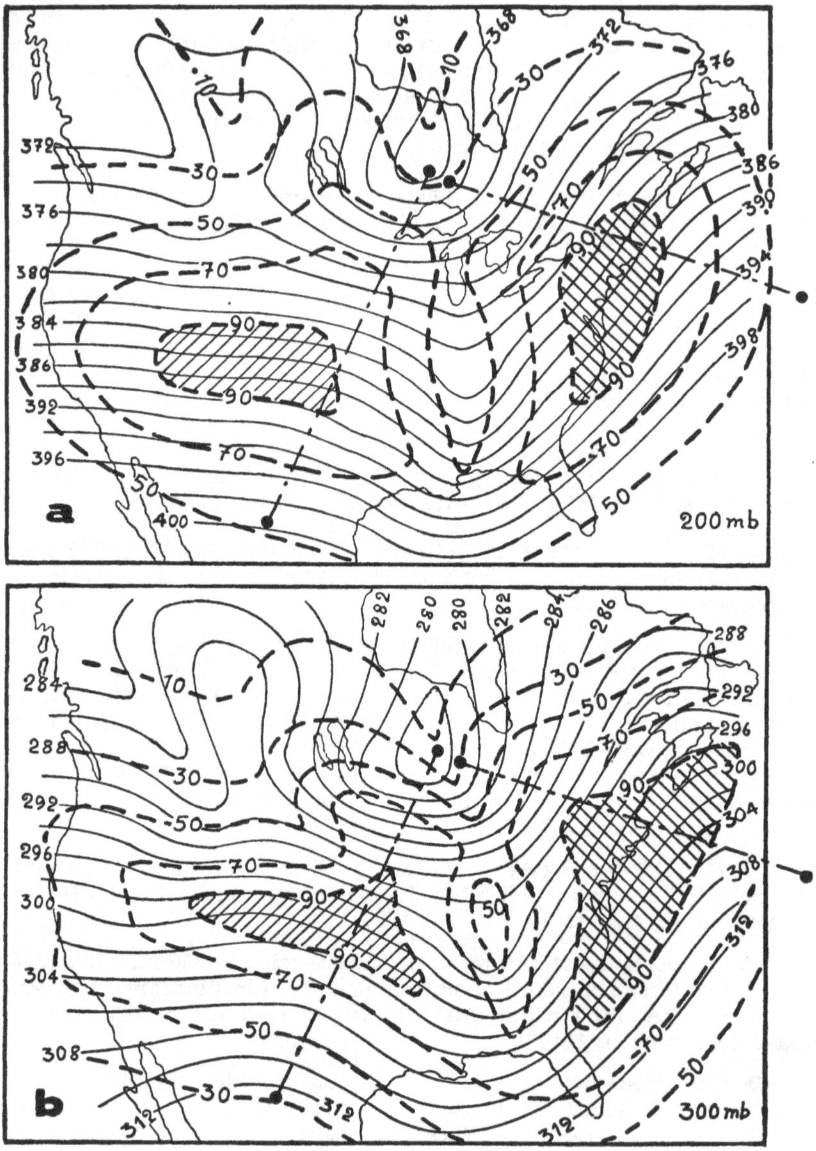

Abb. 15: Datum 15. 2. 53. 15⁰⁰ Uhr. 200/300 mb. Legende S. 75

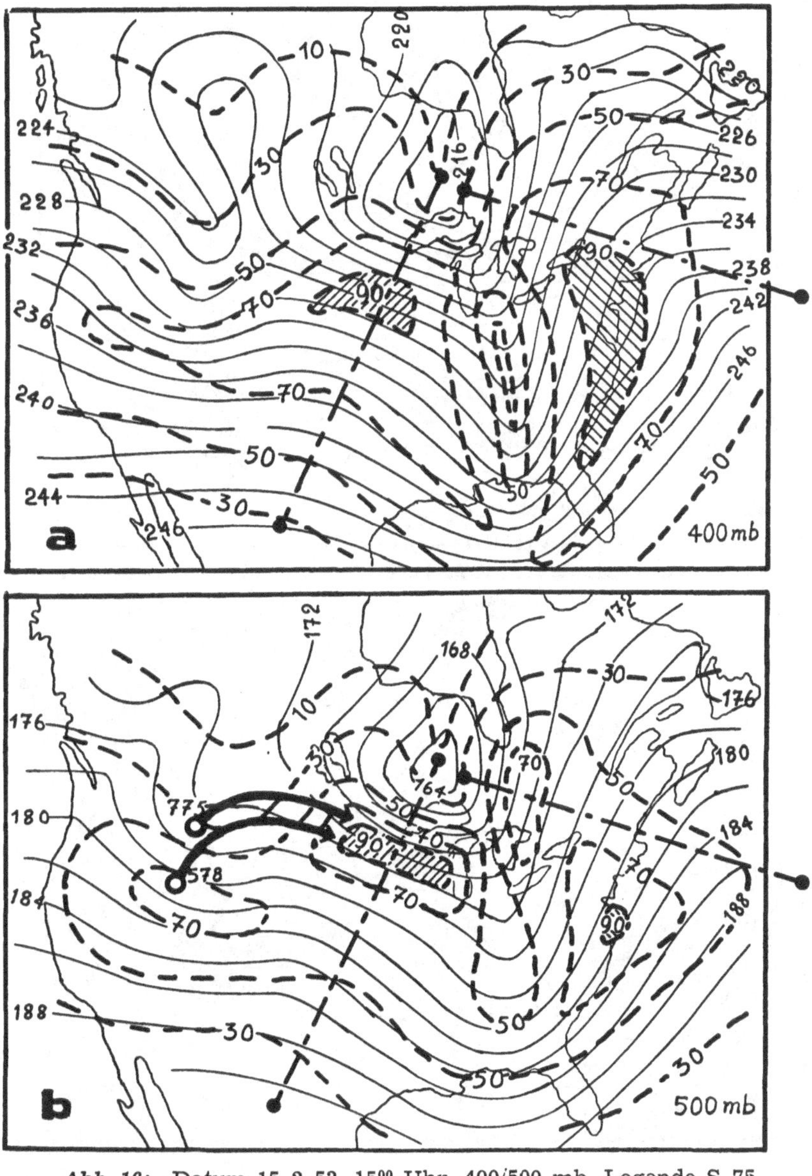

Abb. 16: Datum 15. 2. 53. 15^{00} Uhr. 400/500 mb. Legende S. 75

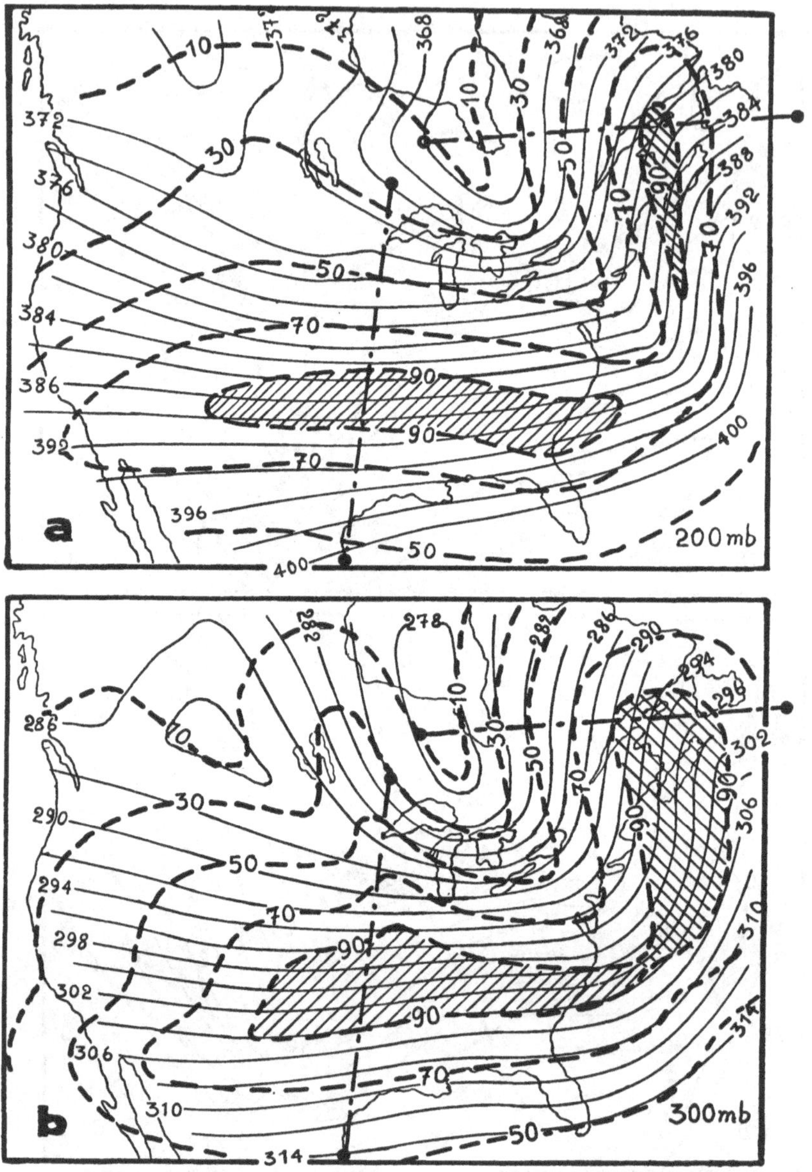

Abb. 17: Datum 16. 2. 53. 03⁰⁰ Uhr. 200/300 mb. Legende S. 75

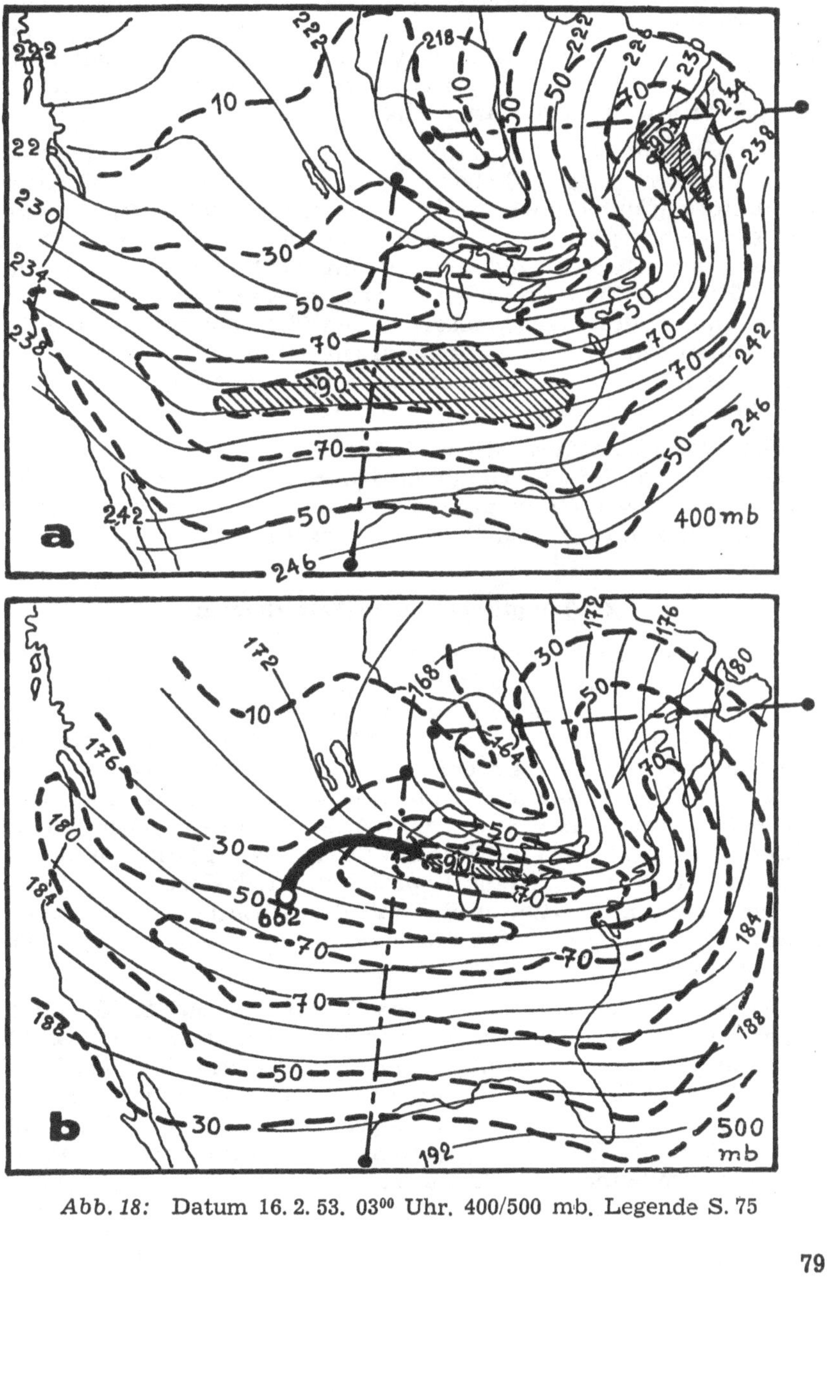

Abb. 18: Datum 16. 2. 53. 03^{00} Uhr. 400/500 mb. Legende S. 75

ten Gleichgewichtsstörungen mit der allgemeinen Winddrift sofort über dem ostwärts vorgelagerten Tiefland in die „freie“ Atmosphäre getragen wurden. Dieser Störungsmechanismus war zwar nicht identisch mit dem in Kap. V 1 beschriebenen „Initialimpuls“, aber es handelte sich doch um einen reibungsbedingten Störimpuls, der plötzlich in die freie Atmosphäre eintrat.

Der genannte Fall (15. 2. 53) ist gut geeignet für die synoptische Demonstration einer „Gleitstörung“, einerseits weil die Gleichgewichtsstörung durch die schroffen Gebirge besonders heftig, plötzlich und einmalig gegeben war, andererseits weil der dadurch bedingte Gleitstörungseffekt in ein Gebiet mit zahlreichen aerologischen Beobachtungen fiel. Nur in einem sehr großen Gebiet mit einheitlichen und zuverlässigen Beobachtungen (d. h. nur in Nordamerika) liegen diese günstigen Beobachtungsverhältnisse vor und glücklicherweise liefert hier die Grenze zwischen dem Bergland und Tiefland besonders kräftige Störungsbedingungen.

Die Wetterkarte des 850 mb-Niveaus vom 15. 2. 53 03^{00} Greenwich-Zeit zeigte an der Bergland-Grenze mehrere Windpfeile, die sehr erheblich vom Gradientwind abwichen und daher die Annahme zuließen, daß hier „Initialstörungen“ gegeben sind.

2. Synoptische Lage (Wetterkarten)

Die Großwetterlage ist eine ausgesprochene Höhentrog-Situation, dargestellt in den Abbn. 12, 13 und 14a für den 15. 2. 53 03^{00} Uhr, im den Abbn. 14b, 15 und 16 für denselben Tag 15^{00} Uhr, in den Abbn. 17 und 18 für den 16. 2. 53 03^{00} Uhr (Greenwich-Zeit). Die Troglinie erstreckt sich am ersten dieser drei Termine vom Mittelpunkt der Hudson-Bay nach Galveston am Golf von Mexiko. Dann schwenkt sie mit ihrem Südflügel ostwärts um den genannten Mittelpunkt, erreicht nach 12 Stunden Talahassee (Florida) und steht nach weiteren 12 Stunden dicht vor den Bermuda-Inseln. Diese Trog-Schwenkung um die Hudson-Bay mit der deutlichen Tendenz einer Ausrichtung quer zur großen Küstenlinie findet man häufig, besonders bei zyklogenetisch aktiven Trögen.

Die Karten des 200- und 300 mb-Niveaus (Abbn. 12, 15 und 17) zeigen zu allen drei Terminen die in kräftigen Trögen normale Anordnung der oberen Stark-Windgebiete, welche hier als Windstärke über 90 Knoten schraffiert sind: Je ein Starkwindgebiet auf der Vorder- und Rückseite des Troges. Aber die 400 und 500 mb-Karten (Abbn. 13, 16 und 18) enthalten eine Absonderlichkeit: Abb. 13 hat noch einigermaßen normale Trogeigenschaften, aber Abb. 16 bringt (12 Stunden später) eine große Überraschung: Das (schraffierte) Starkwindgebiet der Rückseite hat sich in den letzten 12 Stunden plötzlich und eigenwillig nach Norden verlagert. Die Abb. 18 (weitere 12 Stunden später) zeigt wieder eine deutliche Tendenz zur Normalisierung: Im 400 mb-Niveau liegt das 90-Knotengebiet der Rückseite jetzt wieder normal zum Trog, nur die 500 mb-Karte hat noch ein schmales, nach Norden verschobenes Starkwindgebiet.

Hier entwickelt sich also innerhalb der ersten 12 Stunden (am 15. 2. 53 von 03^{00} bis 15^{00} Uhr) ein neues kräftiges Starkwindgebiet, welches während der nächsten 12 Stunden beinahe wieder verschwindet. Fürwahr eine dramatische Feldänderung! Sollte diese Feldänderung im Zusammenhang mit der vorher beschriebenen Gleichgewichtsstörung stehen? Entspricht vielleicht das plötzlich entstandene Starkwindgebiet dem Punkt 3 (Abb. 7, S. 47) des „antizyklonalen Störungsbogens“?

3. Vertikalschnitte

Um diese Frage zu klären, mußten zunächst die „Gleitflächen“ bestimmt werden, in denen eine „Gleitstörung“ vor sich gehen kann, d. h. die Isentropenflächen des Gleichgewichtsfeldes. Hierfür wurden zahlreiche Vertikalschnitte quer zum Strahlstrom gezeichnet, von denen je ein Vorder- und Rückseitenschnitt für jeden Termin wiedergegeben ist.

Diese Querschnitte, Abb. 19 und 20, zeigen die Gleichgewichtsneigung der Isentropenflächen (ausgezogen) und ihr Konvergieren nach der kalten Seite des Feldes. Ebenso sieht man darin die in sich geschlossenen Isotachen (gestrichelt) des direkt beobachteten Windes, welche den jet-Kern umschließen, von 20 zu 20 Knoten Windgeschwindigkeit abgestuft.

Die T r o p o p a u s e ist in diesen Schnitten als (ausgezogene) Verbindungslinie kleiner Kreispunkte eingetragen (nachdem ihre unregelmäßigen Schwankungen mit Hilfe der Isentropen ausgeglichen worden sind). Man erkennt deutlich ihre mit dem jet stream verbundene Bruchstelle (vgl. Kap. I 2). Die Tropopause liegt auf der kalten Seite des jet stream zwischen 300 und 450 mb, auf der warmen zwischen 200 und 300 mb. Charakteristischerweise findet man oberhalb der letzteren noch eine zweite (in den Abbn. nicht eingetragene) höher gelegene Tropopause bei etwa 100 mb (wie in Abb. 1, S. 8), welche regelmäßig am Golf von Mexiko, weniger deutlich am Atlantik erschien. Wahrscheinlich hat diese oberste Tropopause keine dynamische Bindung an den jet stream, sondern ist wohl mehr thermisch durch das betreffende Klimagebiet bedingt.

Auch Längsschnitte durch beide Starkwindgebiete wurden gezeichnet, sind aber hier nicht wiedergegeben.

Fortsetzung Seite 84

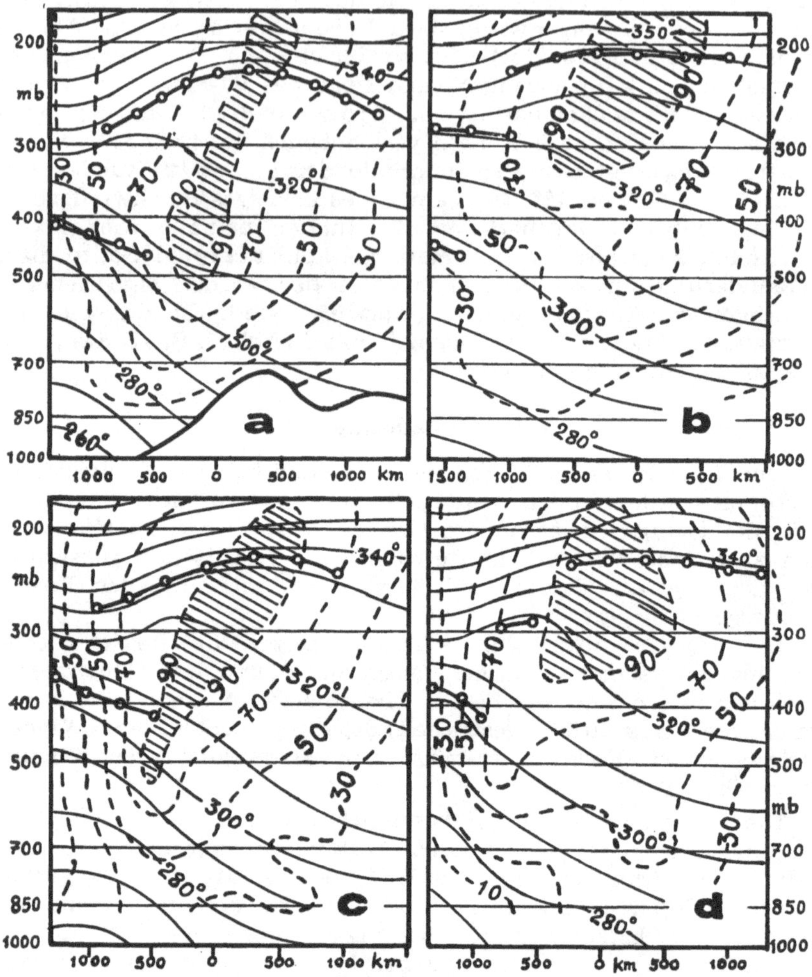

Abb. 19: Vertikalschnitte [6] durch den nordamerikanischen jet stream am 15. 2. 53. Die Blickrichtung des Betrachters geht mit dem Winde. Die vertikale Koordinate bezeichnet ungefähr die Höhe, genauer das Druckniveau (Einteilung in mb am Rande). Die horizontale Koordinate (unten) bezeichnet den Abstand vom jet-Kern. Ausgezogene Kurven sind Isentropen; dreistellige Zahlen geben die absolute potentielle Temperatur (Celsius-Grade, vom absoluten Nullpunkt gerechnet) an. Gestrichelte Kurven sind Wind-Isotachen; zweistellige Zahlen geben die Windgeschwindigkeit in Knoten. Gebiete mit mehr als 90 Knoten schraffiert. Die fett ausgezogene Linie mit Nullenkreisen bezeichnet die Tropopause.

a) Rückseitenschnitt um 03^{00} Greenwich-Zeit
b) Vorderseitenschnitt um 03^{00} Greenwich-Zeit
c) Rückseitenschnitt um 15^{00} Greenwich-Zeit
d) Vorderseitenschnitt um 15^{00} Greenwich-Zeit.

Die Lage der Schnitte ist in den entsprechenden Höhenwetterkarten (Abbn 12 bis 16) strichpunktiert eingezeichnet.

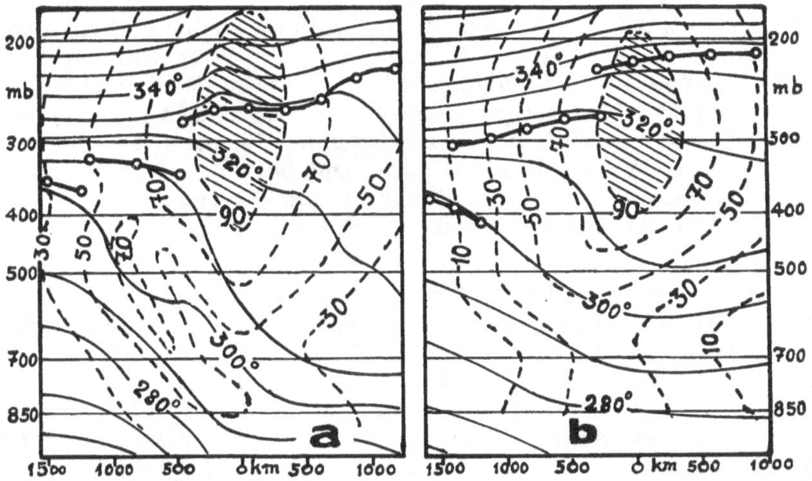

Abb. 20: Vertikalschnitte [6] wie Abb. 19, aber am 16. 2. 53 03^{00} Greenwich-Zeit. a) Rückseite, b) Vorderseite. (Schnittlage Abb. 17 und 18.)

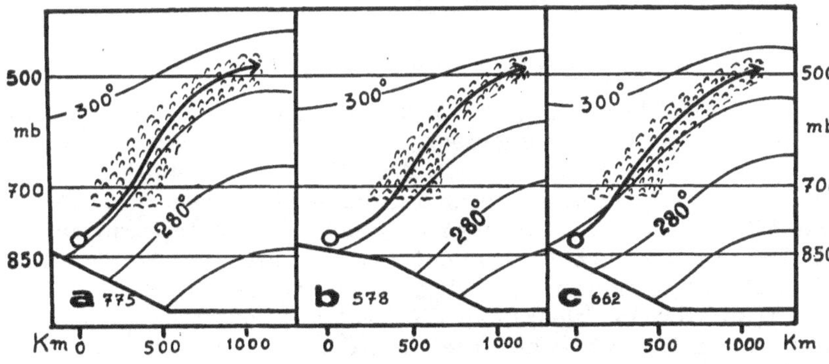

Abb. 21: Vertikalschnitte [6] durch die drei 12stündigen Aufgleitbahnen, welche in den Abbn. 16b und 18b als überfette, antizyklonal gekrümmte Pfeile eingezeichnet sind. Kondensationsniveau etwa bei 725 mb. Koordinaten und Kurven wie in Abb. 19.
a) und b) am 15. 2. 53 während der Zeit 03^{00} bis 15^{00}.
c) während der Zeit vom 15. 2. 53 15^{00} bis 16. 2. 53 03^{00}.

Schließlich wurde der hier am meisten interessierende Vertikalschnitt durch drei antizyklonale Störungsbögen dargestellt, nachdem die letzteren mit Hilfe der dynamischen Gleichungen im Grundriß konstruiert worden sind. Diese Vertikalschnitte der Aufgleitbahn sieht man in Abb. 21. Es handelt sich um das Aufgleiten zweier gestörter Luftmassenelemente am 15. 2. 53 (in der Zeit von 03^{00} Uhr bis 15^{00} Uhr) und eines Luftquantums in der Zeit vom 15. 2. 53, 15^{00} bis 16. 2. 03^{00} Uhr. Die am Ausgangspunkt angeschriebenen Zahlen (775, 578 und 662) sind Kennummern der Windsonde-Aufstiegstelle, welche die „Initialstörung" im 850 mb-Niveau (am 15. 2. 03^{00} Uhr bzw. 15^{00} Uhr) gemessen hat (Windpfeile in Abb. 14). Man sieht, daß die beiden Luftmassenelemente 775 und 578, welche am 15. 2. 53 in aller Frühe am Gebirgsrand (mit der „Initialstörung") gestartet sind, 12 Stunden später im 500 mb-Niveau eintreffen, desgleichen das Luftquantum 662, welches am 15. 2. 53 um 15^{00} Uhr gestartet ist.

Abb. 21 zeigt die im 12 Stunden-Intervall durchlaufenen Gleitbahnen als fett ausgezogene Pfeile, dazu die Isentropenflächen dünn ausgezogen, letztere im gleichen 12 Stunden-Intervall. Diese Isentropen sind also nicht einem bestimmten Beobachtungstermin entnommen. Zu jedem Punkt der Aufgleitbahn (des fetten Pfeiles) gehört ein bestimmter Zeittermin des 12 Stunden-Intervalls und jeweils diesem Termin ist die Isentropenlage zugeordnet (durch Interpolation der Isentropenhöhe im 12stündigen Intervall). So zeigt also die Abb. 21, auf welcher Isentrope das aufgleitende Quantum sich jeweils befindet.

4. Dynamische Analyse

In Abb. 14 bezeichnet die Zick-Zack-Linie den Ostrand eines Hoch- und Berglandes mit mehr als 1220 m (4000 Fuß) Höhe über Meer. Östlich davon liegen die „Great Plains" erheblich niedriger. Am 15. 2. 53, 03^{00} Uhr, beobachteten die aerologischen Stationen 775 und 578 im 850 mb-Niveau Winde, welche in Richtung und Stärke erheblich vom Gradientwind verschieden waren. Diese Abweichung ist selbstverständlich ein Effekt der Reibung am Erdboden. In Abb. 14a sieht man die beiden Windpfeile des 850 mb-Niveaus mit den üblichen Symbolen der Wetterkarte eingetragen. Die Windrichtung steht fast senkrecht auf der Horizontalisobarlinie (850 mb) und ist vom (horizontal verglichen) höheren zum tieferen Druck gerichtet. Solange diese beiden Luftquanten in der bodennahen Reibungsschicht verbleiben, werden sie nur unwesentlich beschleunigt. Sobald sie aber in die „freie" Atmosphäre übertreten (Abb. 21), gewinnen sie schnell kinetische Energie, während ihre

Bewegung eine Komponente in Richtung des horizontalen Druckgefälles besitzt.

Die Grundriß-Strecken der 12stündigen Gleitbahn sind antizyklonal gekrümmt und als überfette Pfeile in Abb. 16b eingetragen. Beide Luftquanten, 775 und 578, laufen im 12 Stunden-Intervall etwa 1100 km weit und befinden sich um 15^{00} Uhr im 500 mb-Niveau unmittelbar vor dem (schraffierten) 90 Knoten-Gebiet (Abb. 16b). Sie haben dort ebenfalls 90 Knoten Geschwindigkeit, weil ihre Gleitbewegung die ganze Zeit (12 Stunden) eine Komponente in Richtung des horizontalen Druckgefälles gehabt und daher kinetische Energie gewonnen hat. Die in Abb. 16b eingetragenen überfetten Pfeile stellen also einen Teil des in Kap. V 2 beschriebenen „antizyklonalen Störungsbogens" dar, etwa den Teil von der Mitte zwischen Punkt 1 und 2 bis zum Punkt 3 der Abb. 7 (S. 47). Dasselbe gilt für den überfetten Pfeil der Abb. 18b. Auch diese Aufgleitmasse hat im 12 Stunden-Intervall eine Geschwindigkeit von 90 Knoten gewonnen.

Die Konstruktion der Horizontalbahnen und die Berechnung des Geschwindigkeitszuwachses in der freien Atmosphäre geschah mit Hilfe der dynamischen Grundgleichungen. Deren bahnsenkrechte x-Komponente

$$-\frac{1}{\varrho}\cdot\frac{\partial p}{\partial x} = -f\cdot\left(1-\frac{v}{f\cdot r}\right)\cdot v \qquad (95)$$

liefert den horizontalen Krümmungsradius r der Bewegungsbahn. Mit diesem wurde jeweils die Bahnlinie der nachfolgenden Teilstrecke als Verlängerung der vorhergehenden in die Wetterkarte eingezeichnet. Dagegen liefert die bahntangentiale y-Komponente

$$-\frac{1}{\varrho}\cdot\frac{\partial p}{\partial y} = \frac{dv}{dt} \qquad (96)$$

bzw. ihre mit v erweiterte Form

$$v\cdot dv = -\frac{dp}{\varrho} \qquad (97)$$

den Geschwindigkeitszuwachs dv auf einer Teilstrecke, die zwischen ihrem Anfang und Ende die horizontale Druckdifferenz $-dp$ durchmißt. [6]

5. Thermodynamische Analyse

Im Vertikalschnitt beruht die Gleitbahnbestimmung auf der Forderung statischen Gleichgewichts (Kap. IV). Die thermodynamische Temperaturänderung des aufgleitenden Luftelements wurde im Adiabatenblatt (Tephigramm) festgestellt [6]. Daraus ergab sich für jedes Druckniveau eine bestimmte Temperatur T (p). Diese muß an jedem Ort der Gleitbahn übereinstimmen mit der Temperatur T' des Vertikalschnitts (zum entsprechenden Termin).

Übrigens enthält diese Methode bereits eine Art von Verifikation. Nicht jedes Temperaturfeld T' gestattet es, bei gegebener Temperaturkurve $T(p)$ die vorstehende Forderung über gegebener Horizontalbahn zu erfüllen. Daß es in diesem Fall möglich war, ist zwar kein bündiger Beweis, aber vielleicht ein Hinweis darauf, daß die so ermittelte Gleitbewegung w i r k l i c h stattgefunden hat.

Außer den drei genannten Luftmassenelementen, welche am 15. 2. 53, 03^{00} Uhr und 15^{00} Uhr, die entsprechenden Radiosondestationen passierten, wurden noch mehrere andere in gleicher Weise untersucht. Auch diese lieferten glaubhafte Gleitbahnen im Grundriß und Vertikalschnitt. Aber die drei vorstehend beschriebenen sind besonders instruktiv durch folgende Umstände: Erstens wurde ihre Gleichgewichtsstörung in dem Zeitpunkt festgestellt, als sie vom Gebirge in die „freie" Atmosphäre übertraten. Zweitens durchliefen sie ein sehr erhebliches horizontales Druckgefälle, so daß ihre Geschwindigkeit auf ungefähr 90 Knoten anwuchs. Drittens endigte ihre Gleitbahn in dem neu entstandenen Starkwindgebiet. So demonstrieren sie die Art und Weise, wie hohe Windgeschwindigkeiten aus einem hemmenden Initialimpuls entstehen. Denn es kann wohl kaum als Zufall gedeutet werden, daß die d y n a m i s c h und thermodynamisch konstruierte 12stündige Gleitbahn einen i n d i v i d u e l l e n Geschwindigkeitszuwachs liefert, welcher mit der an ihrem Ende synoptisch beobachteten Feldgeschwindigkeit übereinstimmt. Hier ist durch synoptische Beobachtungen bestätigt, was die dynamischen Gleichungen fordern.

6. Adaptation des Druckfeldes

Charakteristischerweise findet man die stärkste Gleichgewichtsstörung a m A n f a n g der antizyklonalen Gleitbahn. Offenbar geht die Adaptation des Druckfeldes sehr schnell vonstatten. Bei der Zeichnung der Vertikalschnitte zeigten sich im neu entstandenen Starkwindgebiet der Abb. 16b enorm starke Neigungen der Isentropenflächen, welche allerdings in Abb. 19c ausgeglichen worden sind. Der Verfasser gewann den Eindruck, daß die Adaptation des Druckfeldes an das neu entstandene Starkwindgebiet hier folgendermaßen vor sich ging:

Auf der linken Seite des plötzlich entstehenden Starkwindes wurden die unteren Isentropenflächen angehoben, auf der rechten Seite etwas gesenkt. So entstand zunächst sehr schnell das Temperaturfeld, welches im Gleichgewicht zum neuen jet stream gehört. Das Gleichgewichtsdruckfeld ergab sich daraus durch horizontale Massendivergenz im plötzlich abgekühlten und -Konvergenz im plötzlich erwärmten Gebiet.

Doch ist dieses Adaptationsschema weder synoptisch belegt noch dynamisch bewiesen. Wie die Adaptation im Einzelnen vor sich ging, liegt noch im Bereich der Vermutung. Sicher darf man aus der synoptischen Erfahrung schließen, daß die Adaptationszeit normalerweise sehr kurz ist, jedenfalls nicht länger als etwa 6 Stunden dauert.

7. Schlußfolgerungen

Dieses synoptische Beispiel entspricht zwar nicht genau aber doch ungefähr dem weiträumigen und wetterwirksamen Vorgang, welchen wir in der vorher behandelten Theorie untersucht haben. In dem Beispiel handelt es sich um einen kleinen jet stream, der am Rande eines großen plötzlich entsteht und ebenso schnell wieder vergeht. Er ist offensichtlich weniger durch Konvektion als durch Gebirgseinfluß entstanden, daher auch sogleich wieder verschwunden, als das jet-Feld sich von dem Gebirgsrand weiter entfernte. Aber die sehr schnelle Feldänderung unseres Beispiels macht es möglich, den Zusammenhang mit der „Initialstörung“ synoptisch zu erweisen. Anders ausgedrückt: Die sehr kräftige Gleichgewichtsstörung („Initialstörung“), welche plötzlich vom Gebirge aus in die freie Atmosphäre gegeben wird, liefert eine auffallende Feldänderung im 500 mb-Niveau.

Da der „Initialimpuls“ dieses Beispiels in geringer Höhe (etwa 1300 m) auftritt, beschränkt sich die Feldänderung auf mittelhohe Schichten (etwa 400 bis 600 mb). Da er nur sehr vorübergehend wirksam ist, verschwindet der neu entstandene jet stream ebenso schnell, wie er entstanden ist. Aber gerade diese schnellen Änderungen offenbaren hier deutlich den Zusammenhang zwischen Ursache und Wirkung, und man darf annehmen, daß die langsamere Entstehung eines sehr weiträumigen jet stream hoher Schichten gleichermaßen aus entsprechenden (länger anhaltenden aber milderen) „Initialstörungen“ hervorgehen kann. Die langsameren und besonders weiträumigen Feldänderungen haben zwar mehr Bedeutung für die Wetterentwicklung, aber das vorstehend beschriebene Beispiel ist dynamisch besser zu durchschauen.

Vor allem beweist es, daß ein weiträumiges Starkwindfeld durch das Zusammenwirken zahlreicher Konvektionskörper entstehen kann, welche (jeder für sich) aus der bodennahen Reibungsschicht plötzlich in höhere Schichten übertreten und dort einen antizyklonalen Störungsbogen durchlaufen. Dieserhalb haben die Rocky Mountains besonderen Einfluß auf das Wetter der nordamerikanischen Ostküste. Denn in den Tälern eines Gebirges liegen jederzeit größere windschwache Luftmassen bereit, welche unter der Einwirkung einer statischen Labilisierung plötzlich in höhere Schichten übertreten können.

Selbstverständlich handelt es sich bei diesen Konvektionskörpern um Massen von der Größenordnung eines Cumulonimbus, d. h. um „Turbulenzelemente“ von etwa 10 km Durchmesser, welche als Wolkenluft plötzlich in mittelhohe Schichten übertreten und dort ihren Gleitstörungsweg antreten. Im typischen Bewölkungsbild auf der warmen Seite des jet streams sieht man daher die langgezogenen schmalen Wolkenstreifen, welche V. Schaefer [8] mehrfach beobachtet hat. Der Polarfront-jet besteht, wie man heute weiß, oft aus zahlreichen schmalen „Fingern“, von denen jeder eine größere Geschwindigkeit besitzt als seine unmittelbare Umgebung. Diese „Finger“ sind Impulsträger, welche dem Gesamtsystem des Gleichgewichtsjet neue Windimpulse zuführen.

Wenn die Starkwind-Finger bis in dasjenige Gebiet des weiträumigen Gleichgewichtsjet vorstoßen, welches zyklonale Scherung besitzt, ergeben sich dort enorm starke Windgeschwindigkeitsunterschiede zwischen dem „Finger“ und seiner Umgebung: Geschwindigkeitsdifferenzen auf engem Raum, welche sich schnell in noch kleinere Turbulenzkörper auflösen. Sicherlich kann dieser Vorgang zur Ursache einer besonders heftigen „clear air turbulence“ werden, welche nach J. K. Bannon [9] überwiegend im zyklonalen Schergebiet des jet stream beobachtet worden ist. Daß im übrigen auch am antizyklonalen (warmen) Scherungsrand Turbulenz vorkommt, ist durch die „Initialstörungen“ hinreichend erklärt.

Natürlicherweise tritt der Turbulenz-Effekt besonders energisch dann auf, wenn die „Initialimpulse“ durch Konvektion aus einem Gebirge gegeben sind, und weniger energisch dann, wenn die Initial-Konvektion aus einer Ebene oder von der Meeresoberfläche hervorgeht.

In der nachfolgenden Abhandlung bringt Herr O. Höflich zahlreiche Beispiele der Druckfeldänderung über Europa und dem Atlantischen Ozean, welche sämtlich den Zusammenhang der in Konvektionsfronten auftretenden Initialstörung mit antizyklonalen Gleitstörungen der oberen Troposphäre (im 300 mb-Niveau) aufzeigen. Dieser Zusammenhang ist also in gemäßigten Breiten täglich wirksam. Wenn und wo erhebliche Wolkenmassen plötzlich aus unteren windschwachen Schichten in ein oberes Starkstromfeld eintreten, ist eine entsprechende Impulsstörung des letzteren gegeben.

Hieraus erkennt man, daß die Stromfelder des 500- oder 300 mb-Niveaus nicht immer als reibungslos behandelt werden dürfen. Denn überall dort, wo die konvektiven „Initialstörungen" auftreten, wird ein Reibungseffekt aus der unteren Reibungsschicht in obere Troposphäre überpflanzt. Da dieses, wie gesagt, ziemlich häufig vorkommt, ist es sicher, daß die zeitliche Veränderung der oberen Druck- und Stromfelder mit einer konvektionsfreien und reibungslosen Theorie nicht richtig berechnet wird. Auch „Elektronengehirne" liefern falsche Ergebnisse, wenn sie mit einer falschen Formel rechnen.

In letzter Zeit ist oft die bedauerliche Erfahrung besprochen worden, daß die mathematische Wettervorhersage („numerical prediction") trotz weitgehender Verfeinerung des Rechenmodells keine große Verbesserung mehr erzielt hat. Auch heute noch leistet das „barotrope" Modell, welches C. G. Rossby vor etwa 10 Jahren eingeführt hat, praktisch ebenso viel wie die zahlreichen später erprobten „baroklinen" Modelle. Hieraus ist zu schließen, daß ein entscheidender Fortschritt nicht auf diesem Wege erzielt werden kann.

Die mathematischen Fehlvorhersagen beruhen offenbar auf einer wesentlichen Abweichung des Rechenmodells vom wirklichen atmosphärischen Vorgang. Wahrscheinlich ist es der konvektive Impulsübergang aus der bodennahen Reibungsschicht in die oberen Troposphärenschichten, welcher diesen entscheidenden Unterschied ausmacht. Denn die bisher gebrauchten mathematischen Modelle wissen davon nichts.

Oft ergibt sich eine Fehlvorhersage dadurch, daß eine gewaltige, innerhalb 24 bis 36 Stunden ablaufende Veränderung des weiträumigen Druckfeldes zu spät erkannt wird, nämlich erst dann, wenn sie deutlich in den Druckfeldkarten erscheint. Demgegenüber beweist die vorstehende Theorie, daß eine fronthafte Konvektion (mit Niederschlag) schon 24 Stunden früher die „Initialstörung" für solche Umstellungen der Großwetterlage liefert. Die zahlreichen Beispiele des Herrn O. Höflich zeigen, daß dieses oft vorkommt. Vielleicht sollte man die fronthafte Konvektion auf der warmen Seite der Strahlströme aufmerksamer beobachten und dementsprechende „Initialstörungen" in die Rechenmaschine oder in die sonstige Vorhersage-Kalkulation hineingeben?

Literatur

1. R o s s b y , C. G., Über die Vertikalverteilung von Windgeschwindigkeit und Schwerestabilität in Freistrahlbewegungen der oberen Troposphäre.
   Arch. Met. Geoph. Biokl. A, Bd. IV, 3—23, 1951.
2. P a l m é n , E. und C. W. N e w t o n , A study of the mean wind and temperature distribution in the vicinity of the polar front in winter.
   Journ. of Met. 5, 220—226, 1948.
3. R a e t h j e n, P., Kurzer Abriß der Meteorologie dynamisch gesehen, Teil III: Zirkulationen der Atmosphäre. Geophysikalische Einzelschriften, Heft 3.
   (Hamburg 1954, Geophysikalisches Institut der Universität.)
4. B e r g e r o n , T., Über die dreidimensional verknüpfende Wetteranalyse. Erster Teil: Prinzipielle Einführung in das Problem der Luftmassen- und Frontenbildung.
   Geofys. Publ. 5, Nr. 6, Oslo 1928.
5. R a e t h j e n , P., Einführung in die Physik der Atmosphäre, Bd. II. (Leipzig 1942).
6. R a e t h j e n , P., The upper trough in two cases of east coastal cyclogenesis.
   New York University 1956, Technical Paper No. 4 Project SCUD,
7. R a e t h j e n , P., Dynamik der Zyklonen.
   Leipzig 1953.
8. S c h a e f e r , V. J., Cloud forms of the jet stream.
   Tellus 5, 27—31 (1953).
9. B a n n o n , J. K., Weather systems associated with some occasions of severe turbulence at high altitude. Meteor. Mag. London, 81, 97 (1952).
10. R a e t h j e n , P., Trägheitsellipse und jet stream.
    Geophysica 6, 3/4, 439—453, Helsinki 1958.
11. R a e t h j e n , P., Über den „Scale"-Unterschied vertikaler und horizontaler Störbewegungen.
    Beitr. Phys. Atm. 32, 257 (1960).
12. M a l k o w s k i , G., voraussichtlich in Meteorologische Abhandlungen des Instituts für Meteorologie und Geophysik der Freien Universität Berlin.

Konvektionsfronten und Druckfeldänderungen im jet stream*)

von O. Höflich

Inhaltsübersicht

*) Diese Abhandlung ist am 7. Dez. 1960 von der Mathematisch-Naturwissenschaftlichen Fakultät der Universität Hamburg als Dissertation zur Erlangung des Doktorgrades angenommen worden.

I. Einleitung und Fragestellung

Die nachstehend untersuchte Fragestellung ergibt sich aus einer jet-stream-Theorie von P. Raethjen. In seiner Abhandlung „Über die konvektiven Gleichgewichtsstörungen des nichtstationären jet stream und die dadurch bedingte Umgestaltung des Druckfeldes“ (vorstehend in Hamburger Geophysikalische Einzelschriften Heft 4 publiziert, nachstehend kurz „jet-stream-Theorie“ genannt) legt er dar, daß weiträumige Druckfeldänderungen sich spontan ergeben, wenn ein jet stream auf seiner warmen Seite durch kräftige und anhaltende feuchtlabile Umlagerungen gestört wird (S. 42). Demnach besteht die auslösende Ursache dieser Feldänderungen in organisierten Konvektionsvorgängen, die sich jeweils an der „weichsten“ Stelle des energiebeladenen jet-stream-Feldes ereignen (S. 45). Die Theorie zeigt, daß diese „weiche“ Stelle sich auf der Vorderseite eines Druckfeldtroges (S. 44 u. 57) im Bereich antizyklonaler Scherung des jet stream (S. 23 u. 55) befindet.

Die auf diese Art ausgelöste Feldänderung ist (nach der Theorie) nicht nur „weiträumig“, sondern auch „lang dauernd“ in dem Sinne, daß sie synoptisch erst etwa 24 Stunden nach der auslösenden Konvektion erscheint. Wenn man also die auslösende Ursache (die feuchtlabile Umlagerung) beobachten kann, gestattet diese Beobachtung eine 24stündige Prognose über eine bevorstehende weiträumige Feldänderung.

Hierdurch ergibt sich die synoptische Aufgabe, festzustellen, ob tatsächlich die von der Theorie geforderten Zusammenhänge zwischen solchen Konvektionsvorgängen und einer nachfolgenden weiträumigen Druckfeldänderung in Erscheinung treten. Das ist die in dieser Abhandlung untersuchte Frage.

Um diese Frage näher zu präzisieren, muß zunächst erörtert werden, wie man die Konvektionsvorgänge (als auslösende Ursache) in der Wetterkarte erkennen kann, d. h. wo man in der vorstehend beschriebenen Situation ergiebige feuchtlabile Umlagerungen annehmen darf. Organisierte Konvektionsvorgänge, die großräumig und langandauernd auftreten, gibt es nur im Bereich der

Zyklonenfronten. Wann aber sind die Fronten einer Zyklone in diesem Sinne „aktiv", so daß man berechtigt ist, in ihrem Bereich ergiebige feuchtlabile Umlagerungen anzunehmen?

Im allgemeinen entziehen sich die Vertikalumlagerungen der quantitativen synoptischen Beobachtung. Wir können lediglich vermuten, daß sie in größerem Umfang dort stattfinden (bzw. stattgefunden haben), wo ergiebiger Niederschlag fällt (S. 36), also an den Niederschlagsfronten. Allerdings bleibt der Niederschlag auf dem Meer meist unbeobachtet.

Aber erfahrungsgemäß hat eine Zyklone mit markant ausgebildetem Warmsektor ergiebige Niederschläge, wenn sie in Vertiefung begriffen ist [1]. Andererseits ist bekannt, daß starke Zyklogenese sich bevorzugt auf der Vorderseite eines Troges des Höhendruckfeldes [2, 3] und in einer kräftigen Frontalzone mit einem starken jet stream [4, 5, 6] ereignet und daß „junge" (noch nicht verwirbelte) Zyklonen mit breitem Warmsektor sich normalerweise auf der warmen Seite der Frontalzone (im antizyklonalen Scherbereich des jet stream) befinden [7, 8]. In diesen ergibt sich also die Konvektion an der „weichen" Stelle des Feldes. Daher darf man vermuten, daß das Frontensystem einer solchen Zyklone im vorstehend genannten Sinne „aktiv" ist.

Entscheidend für die synoptische Untersuchung ist auch die Frage nach den typischen Merkmalen der theoretisch geforderten Druckfeldänderung. Diese sind auf S. 45 bis 61 ausführlich erörtert. Soweit sie synoptisch erkennbar sind, handelt es sich um folgendes:

1. Das wichtigste Merkmal ist die Verstärkung der antizyklonalen Krümmung der Isohypsen des Höhendruckfeldes (300 mb-Topographie) stromabwärts der „aktiven" Front („antizyklonaler Störungsbogen", S. 23 u. 50; „Aufwölbung" eines Rückens, S. 61) mit einer jet-Verstärkung im Bereich der Rückenlinie des „Störungsbogens" (S. 51).
2. Stromaufwärts dieser Front vertieft oder verschärft sich der Trog des Höhendruckfeldes (S. 56 f.), auf dessen Vorderseite die Front „aktiv" geworden ist. Dieser Trog soll fortan „primärer" Trog genannt werden, weil er unmittelbar mit der „Initialstörung" (S. 24) verbunden ist.
3. Am Ende des „antizyklonalen Störungsbogens" ergibt sich die Möglichkeit, daß sich ein weiterer Trog verschärft oder vertieft. Diesen wollen wir als „sekundären" Trog bezeichnen [9].

In der Abb. 4 E (S. 19) oder Abb. 7 (S. 47) markiert der Punkt 3 die Rückenlinie des „antizyklonalen Störungsbogens"; die beiden Punkte 1 sind hier die Troglinien des „primären" und „sekundären" Troges (vgl. auch Fig. 3 bei Ch. W. Newton [10]).

4. Außerdem enthält die Dynamik der „Gleitstörungen" eine Periodizität (S. 48), welche allerdings durch Adaptation und andere Wettervorgänge erheblich gedämpft oder überdeckt wird (S. 61). Doch könnte diese Periodizität vielleicht zu weitergehenden „sekundären" Feldänderungen führen, die sich erst in einer zweiten Periode (stromabwärts des „sekundären" Troges) ereignen (S. 58).

5. Die Feldänderung ist (nach der Theorie) einerseits „lang dauernd" (in den Wetterkarten sieht man sie erst 24 Stunden später); andererseits pflanzt sie sich stromabwärts fort. Deshalb erscheint sie im „sekundären" Trog mit einer weiteren Verzögerung [9], die auch prognostisch bedeutsam ist.

Demgegenüber ist aber das theoretisch wichtigste Kennzeichen dieser Feldänderungen, nämlich die Abweichung des wirklich auftretenden Höhenwindes vom Gradientwind (S. 71) [11, 12], synoptisch nicht zu verwerten (S. 10). Selbst wenn hinreichend zahlreiche Radar-Windmessungen verfügbar wären, würden diese kaum geeignet sein, Abweichungen vom Gradientwind als zeitlich-räumliche Mittelwerte (über einer Grundfläche von 100 × 100 km und in dem Zeitraum einer Stunde) festzustellen. Denn auch das synoptisch bestimmte Druckfeld ist mit erheblichen Ungenauigkeiten behaftet, nicht nur mangels genauer Temperaturbeobachtungen, sondern auch infolge der barometrischen Höhenformel, die stets bei der synoptischen Druckfeldbestimmung angewandt wird.

Die Abweichungen vom Gradientwind und die damit verbundenen Beschleunigungen können also mit dem heute verfügbaren synoptischen Material nicht unmittelbar nachgeprüft werden. Dennoch dürfte es nützlich sein, festzustellen, ob die daraus folgende Feldänderung, d. h. der Zusammenhang zwischen der konvektiven „Initialstörung" und der nachfolgenden weiträumigen Druckfeldänderung in den synoptischen Karten zu erkennen ist. Denn die schließlich eintretende Feldänderung und die Zyklogenese im Bereich der „Initialstörung" sind ohne die genannten Gradientwindabweichungen nicht denkbar (S. 10) [5, 13].

Es handelt sich also um die Frage, ob diejenigen Feldänderungserscheinungen, welche die Theorie fordert, wirklich vorkommen. Durch diese Frage ist auch die Untersuchungsmethode gegeben, nämlich in den Wetterkarten nachzusehen, ob und wann man solche Erscheinungen findet. Man muß also nach Beispielen (Abbn. 22 bis 59) suchen, welche die theoretisch geforderten Merkmale miteinander vereinigen oder nicht. Gibt es viele der erstgenannten Beispiele, so ist die Theorie bestätigt.

Gibt es dagegen viele Beispiele, in denen eine „aktive" Front die typischen Feldänderungen nicht nach sich zieht, so ist die Theorie nicht synoptisch bestätigt und daher synoptisch nicht verwertbar. Dies könnte u. a. darin begründet sein, daß die Fronten, die synoptisch als „aktiv" angesprochen sind, tatsächlich keine (erhebliche) feuchtlabile Umlagerung enthalten. Auch könnten die Effekte der Theorie durch andere Wettervorgänge überdeckt sein. Ein negativer Befund würde also zunächst die Erkenntnis nicht weiterführen.

Wenn aber die synoptischen Karten in zahlreichen Fällen wirklich den theoretisch geforderten Zusammenhang zeigen, hat dieser prognostischen Wahrheitswert. Vermuten darf man dies schon aus der allgemeinen synoptischen Erfahrung, welche zeigt, daß eine Zyklogenese, die zur Okkludierung führt, oft mit „antizyklonaler Aufwölbung" vor der Front und mit Trogverstärkung hinter der Front verbunden ist [2,8]. Wenn andererseits die Zyklogenese Konvektionsvorgänge enthält, welche als auslösende Ursache („Initialstörung") für die Feldänderungen in Frage kommen, so weist schon die bisherige synoptische Erfahrung darauf hin, daß die theoretisch erschlossenen Zusammenhänge in der Natur realisiert sind.

II. Synoptische Beispiele

A. Material und Methode

Nachstehend werden 27 Beispielfälle in 76 Abbildungen aufgezeigt. In allen Fällen sind feldändernde Wirkungen der Konvektion im Bereich „aktiver" Fronten einer sich vertiefenden Zyklone deutlich zu erkennen. Entnommen sind diese Fälle, nachdem bereits Erfahrungen an älterem Material gesammelt waren, einem einjährigen Zeitraum vom 1. März 1958 bis zum 28. Februar 1959. Die Beschränkung auf dieses eine Jahr soll zugleich die Häufigkeit der anzuzeigenden Ereignisse demonstrieren und die Willkür der Auslese einschränken.

Zunächst wurden die täglichen Bodenwetterkarten sowie Höhenkarten des 500 mb- und 300 mb-Niveaus daraufhin durchgesehen, welche Wetterlagen als Beispiele in diesem Zusammenhang in Frage kommen. Es fanden sich im Bereich von Nordamerika bis Sibirien insgesamt 293 brauchbare Fälle, welche bei flüchtiger Betrachtung in den Wetterkarten die oben erörterten Zusammenhänge aufzuzeigen schienen.

Da diese Fälle nicht vollzählig ausgewertet werden konnten, wurden von ihnen 104 zur genaueren Bearbeitung ausgewählt. Sie umfassen jeweils so viele Tage, wie zur Beschreibung der betreffenden Entwicklung nötig ist, die 104 Fälle zusammen 316 Tage.

Für alle diese Tage wurden zum 0-Uhr-Termin 300 mb-Höhenkarten des jeweils benötigten Bereichs mit Hilfe der Höhen- und Winddaten der „Daily Series, Synoptic Weather Maps, Northern Hemisphere Data Tabulations" konstruiert. Dieses Niveau wurde gewählt, weil es die mittlere Höhe des polaren jet stream ist [14], in welcher der größte ageostrophische Massenfluß angenommen werden darf [12], so daß dort die stärksten Feldänderungen (auf Grund der ageostrophischen Störbewegungen) zu erwarten sind.

In diese Karten wurden die jet-Achsen eingetragen, desgleichen die in der zugehörigen Bodenwetterkarte analysierten Zyklonenfronten. Letztere markieren, soweit sie als „aktiv" hervorgehoben werden, das Konvektionsgebiet (S. 92), in dem die „Initialstörungen" (S. 24 u. 40 f) wirksam sind. Die Lage der Strahlströme relativ zu den Fronten [7,8] ermöglicht einen Einblick in die Strömungs- und Windscherungsverhältnisse im Bereich der „Initialstörungen" sowie des „antizyklonalen Störungsbogens".

Diese Wetterkarten kombinieren also obere und untere Wettererscheinungen. Daher vermögen sie zugleich die auslösenden Ursachen und die nachfolgenden Wirkungen der (in der Theorie untersuchten) Störbewegungen anzuzeigen, also festzustellen, ob der von der Theorie geforderte Zusammenhang zwischen Konvektionsvorgängen (an der betreffenden Front) und Druckfeldänderungen (in der 300 mb-Topographie) in Erscheinung treten.

Bei der Beschreibung dieser Wetterkarten ist es nötig, eindeutig zu unterscheiden, ob Erscheinungen der Höhen- oder der Bodenwetterkarte gemeint sind. Deshalb bezeichnen wir weiterhin das zu den Fronten zugehörige Tiefdruckgebiet der Bodenwetterkarte stets als „Zyklone" [5], während die Ausdrücke „Hoch", „Tief", „Rücken", „Hochkeil" und „Trog" (S. 12 f) sich nur auf die Formationen des Höhendruckfeldes (300 mb-Niveau) beziehen sollen (um Ausdrücke wie „Höhentief", „Höhentrog", „Höhenrücken" usw. zu vermeiden).

Unsere Wetterkarten haben den Zweck, Änderungen im Höhendruckfeld erkennbar zu machen. Aus diesem Grunde wurden

„Ä n d e r u n g s k a r t e n“ gezeichnet, die jeweils z w e i einander überdeckende Wetterkarten (zweier Termine in ein- oder mehrtägigem Abstand) enthalten. Die nachstehend veröffentlichten Abbn. 22 bis 59 sind solche „Änderungskarten“, in denen die Wetterkarte vom „Vortag“ gestrichelt, diejenige des „Nachtages“ in ausgezogenen Linien dargestellt ist. Die meisten abgebildeten „Änderungskarten“ enthalten die Wetterkarten aufeinanderfolgender Tage, weil die Zeitdifferenz von 24 Stunden ungefähr der Zeitspanne zwischen dem Zeitpunkt der auslösenden Konvektion und demjenigen der nachfolgenden Feldwirkung entspricht (S. 92), so daß beides in derselben Abbildung zugleich erscheint (die auslösende Konvektion in der gestrichelten Wetterkarte, die nachfolgende Feldwirkung in der ausgezogenen Wetterkarte).

Der erste Schritt für diese vergleichende Darstellung bestand darin, die beiden Wetterkarten in ein und demselben (geographischen) Koordinatensystem übereinanderzuzeichnen. Solche Überlagerungen nennen wir „e r d f e s t“. Von den Abbn. 22—59 sind diejenigen mit „erdfester“ Überlagerung daran kenntlich, daß die geographischen Koordinaten dünn punktiert eingetragen sind.

Die „erdfeste“ Darstellung konnte aber meistens nicht das Wesentliche herausbringen, weil die atmosphärischen Felder im Laufe von 24 Stunden ihre geographische Lage verändern (Drift der Felder). So verlagern sich Trog- und Rückenlinien des Höhendruckfeldes im Laufe eines Tages oft erheblich, desgleichen die Zyklonenfronten [2,15]. Es soll aber in unserer Darstellung nicht die „großräumige Feldverlagerung“ (S. 26), sondern die „Deformation“ der Felder zum Ausdruck kommen. Hierfür ist die „erdfeste“ Überlagerung meistens unzweckmäßig.

Statt dessen mußte eine „k o o r d i n a t e n v e r s c h o b e n e“ Darstellung gesucht werden, in welcher die geographischen Koordinaten der einander überlagerten Wetterkarten gegeneinander verschoben sind. Im Sinne der „jet-stream-Theorie“ ist eine solche Koordinatenverschiebung anzuwenden, welche die Tröge und Rücken sowie die Fronten vom Vor- und Nachtag so weit als möglich miteinander zur Deckung bringt. Denn der Deformationseffekt des Feldes soll in Beziehung zum Ort der „Initialstörung“ gesetzt werden, ähnlich wie sich in Abb. 6 b (S. 44) der antizyklonale Wolkenbogen in seiner Lage relativ zum selbst bewegten Gewitter darstellt.

Selbstverständlich konnte dieser Zweck durch eine starre Koordinatenverschiebung oder Drehung, wie sie der Mitbewegung des Koordinatensystems in der Theorie (S. 25 f) entspricht, nur ungefähr erreicht werden. Ein gewisser Spielraum mußte freibleiben. In jedem einzelnen Wetterfall kamen diesbezüglich spezielle Gesichtspunkte zur Geltung, die erst weiter unten im einzelnen erläutert werden können. Wie man in den Abbildungen die Größe und Richtung der Koordinatenverschiebung erkennt, ist in der Legende beschrieben.

Insgesamt wurden 1151 Überlagerungen (die oben genannten 104 Fälle) gezeichnet, welche aber aus Raummangel nicht alle publiziert werden können. Die in dieser Abhandlung veröffentlichten Abbn. 22 bis 59 stellen nur eine Auswahl dar. Sie enthalten 27 Fälle (mit insgesamt 76 Tagen). Die Auswahl wurde so vorgenommen, daß die einzelnen Phänomene der theoretisch zu erwartenden Effekte an besonders guten Beispielen demonstriert werden können, aber auch möglichst verschiedene Anfangssituationen der Großwetterlage und verschiedenartige Auswirkungen auf die weitere Wettergestaltung in Erscheinung treten, ferner alle Monate des einjährigen Zeitabschnitts und alle Gegenden zwischen Nordamerika und Sibirien vertreten sind. Die Fälle sind in der nachfolgenden Beschreibung nicht zeitlich, sondern so geordnet, daß sich die charakteristischen Phänomene, vom einfacheren zum komplizierteren Fall fortschreitend, bequem erläutern lassen.

B. Legende der Beispielkarten

Die Abbn. 22 bis 59 sind „Änderungskarten", die (wie oben beschrieben) jeweils die Wetterlage zweier Tage enthalten, zwischen denen die Veränderungen dieser Wetterlage aufgezeigt wird. Um die beiden Termine voneinander unterscheiden zu können, bezeichnen gestrichelte Linien jeweils die Wetterkarte des „Vortages", ausgezogene diejenige des „Nachtages".

Die Datumsangabe steht in der Mitte zwischen zwei Abbildungen, wenn sie sich auf beide zugleich bezieht, andernfalls in der unteren rechten Ecke der Abbildung. Sie enthält immer die beiden Tage der jeweils überlagerten Wetterkarten („Vortag" und „Nachtag"). Die Termine sind stets 0 Uhr mittlere Greenwich-Zeit. Sind Vor- und Nachtag aufeinanderfolgende Tage (wie in den meisten Fällen), so zeigt die „Änderungskarte" die 24stündige Veränderung der Wetterlage im Verlauf des Vortages (nämlich bis 0 Uhr des Nachtages).

Die dünn punktierten Linien bezeichnen die geographischen Koordinaten in stereographischer Projektion (Maßstab $1 : 5{,}7 \cdot 10^7$ in 60^0 Breite). Die Meridiane sind im Abstand von je 20^0, Breitenkreise im Abstand von je 10^0 eingetragen. Bei den Meridianen sind die Gradzahlen mit einem +-Zeichen versehen, wenn es sich um östliche Länge (östlich Greenwich) handelt, mit einem —-Zeichen bei westlicher Länge. Nur die „erdfesten" Darstellungen enthalten geographische Koordinaten, so daß diese jeweils für b e i d e Tage gelten. In den anderen Abbildungen sind keine Koordinaten eingetragen, weil das Bild durch deren Duplizität allzu kompliziert geworden wäre. Statt dessen sind in Tab. 1 (S. 170) die Koordinaten der Abbildungs-Eckpunkte angegeben, gültig für die Wetterkarte des Nachtages.

Viele 24stündige „Änderungskarten" sind sowohl mit „erdfester" (Abb. a) als auch mit „koordinatenverschobener" Überlagerung (Abb. b derselben Abbildungsnummer) wiedergegeben. Zur Kennzeichnung der gewählten Koordinatenverschiebung enthält die erdfeste Darstellung zwei einander entsprechende, mit N u l l e n k r e i s e n begrenzte g e r a d e S t r e c k e n (die eine gestrichelt, die andere ausgezogen). Diese beiden Strecken kommen in der koordinatenverschobenen Darstellung miteinander zur Deckung (mit der gestrichelten Strecke verschiebt sich das Feld des „Vortages", mit der ausgezogenen dasjenige des „Nachtages"). Diese Strecken sind so gewählt, daß die a u s g e z o g e n e am Nachtag die T r o g l i n i e des „primären" Troges markiert, während die gestrichelte Strecke nur ganz ungefähr den Ort des Troges am Vortag angibt.

48stündige „Änderungskarten" sind nur in „koordinatenverschobener" Darstellung wiedergegeben. Ihre Koordinatenverschiebung ist nicht in den Abbildungen eingetragen, sondern im beschreibenden Text erläutert.

D ü n n e Kurven bedeuten I s o h y p s e n der 300 mb-Topographie im gegenseitigen Abstand von je 8 geopotentiellen Dekametern (gDm). Die Z a h l e n an den Isohypsen geben die jeweilige H ö h e (in gDm) an. Sie sind bei gestrichelten Isohypsen schräg geschrieben, bei den ausgezogenen Isohypsen mit aufrecht stehenden Ziffern.

F e t t e Linien mit Frontensymbolen bezeichnen Warm- und Kalt f r o n t e n sowie Okklusionen der zugehörigen Bodenwetterkarte.

Ü b e r f e t t e Kurven mit Pfeilspitze markieren die j e t-A c h s e, die Lage des jet-stream-Kerns im 300 mb-Niveau, ermittelt aus den Windbeobachtungen (mindestens 60 Knoten [14], meistens höhere Windstärken), notfalls unter Berücksichtigung der Lage der Frontalzone in der 500 mb-Fläche [16]. Die P f e i l s p i t z e weist in die Richtung der Windkomponente längs der jet-Achse. In Abbn. 37 u. 45 gibt die überfett p u n k t i e r t e Kurve die jet-Achse im 200 mb-Niveau an.

C. Beschreibung der Beispiele

Fall 1, 10.—11. Juni 1958, Abb. 22 a

Am 10. Juni liegt ein Tief mit zwei Kernen über Kanada (im 300 mb-Niveau). An seiner Südseite erstreckt sich ein ziemlich geradliniges Stromfeld von den Rocky Mountains bis nach Neu-Fundland mit Windgeschwindigkeiten bis 115 Knoten (kn). Über Mexiko hat sich eine Wellenstörung gebildet, die sich (im Meeresniveau) mit vielen Gewittern und breitem Regenband ostwärts bewegt (am 10. bei 48^0 N, 102^0 W) und sich unter Vertiefung um 10 mb zur selbständigen Zyklone entwickelt, deren Fronten am 11. okkludieren.

Die beschriebene „Aktivität" der Fronten am Ostrand der Rocky Mountains und über der Prairie sowie die fortschreitende Einengung des anfangs breiten Warmsektors der sich vertiefenden Zyklone bezeugen eine kräftige, großräumige Konvektion in diesem Gebiet. Überdies fällt auf, daß die Fronten s ü d l i c h des jet stream, also auf der w a r m e n Seite der Frontalzone im a n t i z y k l o n a l e n Scherbereich des jet stream liegen. Hier sind also die Voraussetzungen der von P. R a e t h j e n mitgeteilten jet-stream-Theorie (vorstehend im gleichen Heft publiziert) erfüllt (S. 92).

Wie verhält es sich mit den demnach zu erwartenden W i r k u n g e n (vgl. die auf S. 93 beschriebenen Merkmale)? Da die Verlagerung der beiden Tiefkerne nur gering ist, sind die Feldänderungen bereits bei „erdfester" Überlagerung beider Wetterkarten (Abb. 22a) gut zu erkennen:

1. Vor der Warmfront entsteht ein H o c h k e i l, der beide Tiefkerne trennt, so daß sie sich in selbständige Tiefs verwandeln. Dadurch nehmen die vormals geradlinigen Isohypsen eine a n t i z y k l o n a l e Krümmung an, ebenso der dortige jet stream, der auch im Hochkeil gut belegt ist (105 kn in 53^0 N, 70^0 W).

2. Hinter der Kaltfront stößt der westliche Tiefkern südwärts vor, so daß sich dort ein Trog bildet und die Fronten am 11. Juni auf seiner Vorderseite liegen. Dieser ist also der „p r i m ä r e" T r o g des Systems.

3. Das östliche Tief nimmt beim Übertritt auf den Atlantik ebenfalls Trogcharakter an und begrenzt den entstandenen Hochkeil stromabwärts, entwickelt sich also zum „s e k u n d ä r e n" T r o g. Dessen Zyklone vertieft sich über dem Atlantik um über 15 mb. Hinter ihrer Kaltfront strömt Polarluft von Labrador weit auf den Atlantik hinaus.

Jenseits des „sekundären" Troges erfolgt am 11. Juni ebenfalls eine „antizyklonale Aufwölbung", so daß dort auch ein Hochkeil

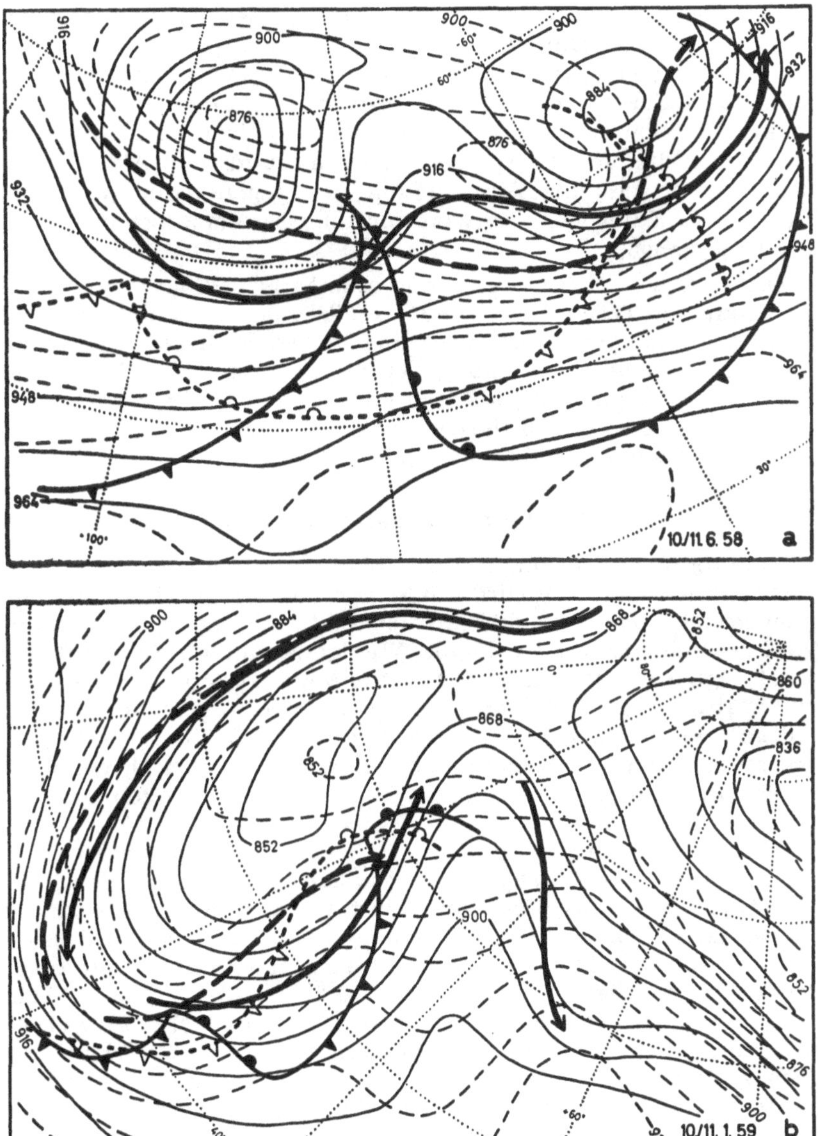

Abb. 22: „Ortsfeste" Beispiele.

a) Fall 1, b) Fall 2. Legende S. 98—99.

entsteht, dessen Rückenlinie am 12. von Madeira bis nach Island reicht. Diese Aufwölbung (hier nicht publiziert) dürfte aber nicht nur die zweite Periode der Störbewegung widerspiegeln (Merkmal 4, S. 94), sondern auch „primär“ durch die Konvektion im Bereich des Warmsektors der atlantischen Zyklone verursacht sein, wobei aber die Vertiefung dieser Zyklone und die „Aktivierung“ ihrer Fronten mit der Verschärfung des zugehörigen Troges als „Sekundärwirkung“ der Entwicklung über Nordamerika in Zusammenhang stehen.

Durch diese „Aktivierung“ der atlantischen Fronten wird also der atlantische Trog (als „sekundärer“ Trog des amerikanischen Systems) zugleich „primärer“ Trog eines neuen Systems. Die zugehörige antizyklonale Aufwölbung vor diesen Fronten erscheint aber einen Tag später (am 12.) als jene des amerikanischen Systems (am 11., Abb. 22a). Diese Zeitdifferenz entspricht der als Merkmal 5 (S. 94) herausgestellten Verzögerung.

Fall 2, 10.—11. Januar 1959, Abb. 22b

Ein großräumiger, langer Trog überdeckt Europa vom Nordmeer bis zum Mittelmeer. Er wird auf seiner Vorder- und Rückseite von je einem jet stream (70—120 kn) flankiert, während in der markanten Troglinie nur relativ kleine Windgeschwindigkeiten auftreten (S. 14; vgl. Abb. 12 b, S. 72). Die Vorderseite dieses Troges weist eine kräftige Frontalzone auf mit verbreiteten Regenfällen in Polen und auf dem Balkan. Eine zunächst schwache Zyklone zieht in ihr unter Vertiefung um 10 mb von Polen zur Ostsee (am 11. bei 58° N, 19° E). An ihrer Kaltfront bildet sich über dem Mittelmeer eine Wellenstörung.

Wieder befinden sich die Fronten, insbesondere die neue Wellenstörung, im Gebiet antizyklonaler Windscherung. Die mit den Fronten verbundene Konvektion führt auch bei diesem Beispiel zur Zunahme antizyklonaler Isohypsenkrümmung an der Trogvorderseite. Man erkennt am 11. Jan. einen neuen Hochkeil mit einem Druckanstiegsgebiet über Nordskandinavien (24stündige Höhenänderung in der 300 mb-Fläche bis + 22 gDm in 68° N, 13° E). Diese antizyklonale Aufsteilung setzt sich am 11. über Rußland bis zum Eismeer fort. An der Ostseite des neuen Hochkeils deutet sich ein neuer schwacher „sekundärer“ Trog als Ausläufer des asiatischen Tiefs an. An ihm erfolgt jenseits des Urals ein Kaltluftvorstoß südwärts, der am 13. Jan. die Mongolei erreicht („induzierte“ Zyklogenese [17]).

Auch der „primäre“ Trog verstärkt sich im Kern und hinter der Kaltfront. Dreht man die Abb. 22 b so, daß der linke Rand nach unten kommt (und der Nordpol oben links in der Karte liegt), so sieht man, wie die Aufsteilung des Hochkeils den „primären" Trog im Norden „abschnürt", so daß über Europa ein allseits abgeschlossenes Tief entsteht. Dies ist eine („primär" erzeugte) „cut-off" - Bildung, die sich am 11. Jan. vollendet. Hierbei zeigen sich die Grundzüge der „blocking action" [2, 5, 18] (vgl. Abb. 62 der Publikation [19] von P. Raethjen).

Vergleicht man die Fälle 1 und 2 miteinander, so erkennt man: In beiden Fällen sind die Voraussetzungen (S. 92) und die Erwartungen (S. 93) der „jet-stream-Theorie" erfüllt. Kräftige Konvektion, verbunden mit Zyklogenese, tritt auf der Vorderseite des („primären") Troges im antizyklonalen Scherungsbereich einer kräftigen Strahlströmung auf. Der „antizyklonale Störungsbogen" erscheint als neu entstandener Hochkeil mit beiderseitiger Trogverstärkung.

Die Fälle 1 und 2 unterscheiden sich aber sehr in der Anfangssituation und in der weiteren Entwicklung der Großwetterlage. Während dort (Abb. 22 a) die „antizyklonale Aufwölbung" ein Druckfeld mit geradlinigen Isohypsen in einen Hochkeil verwandelt und ein Tief in zwei Tröge zerteilt, setzt sie hier (Abb. 22 b) auf der Vorderseite eines großräumigen, scharfen Troges an und verstärkt die schon vorhandene antizyklonale Isohypsenkrümmung, wobei der „primäre" Trog zum „cut off" entartet. Dabei neigt die Zyklogenese am flachen Trog (Abb. 22a) zur Entwicklung einer „Zentralzyklone" (mit einem tiefen Zentrum, das sich dem Kern des Troges nähert [8]), dagegen am scharfen Trog (Abb. 22 b) zur Neubildung von Wellenstörungen [3]. Die „Druckfeldwelle" (S. 63) ist im Fall 1 rein zonal (west-östlich) gerichtet und nur von kurzer Lebensdauer, während sie im Fall 2 eine meridional (nach Norden) gerichtete Höhenströmung deformiert (der Hochkeil wölbt sich westwärts vor), was zur völligen „Meridionalisierung" der Höhenströmung („blocking action") führt. Der Fall 1 entspricht mehr dem geostrophischen Idealfall (Abb. 4, S. 19); aber auch der Fall 2 gibt einen synoptisch häufig vertretenen Typus wieder.

Bei allen Unterschieden in der weiteren Entwicklung ist doch zunächst für die theoretisch zu erwartenden Effekte offenbar nicht so sehr die Konfiguration des Stromfeldes in der Ausgangssituation maßgebend, als vielmehr die Lage und Stärke der „Initialstörung" in diesem Stromfeld. Jene erlangt erst Bedeutung für eine Anwendung der Theorie in der synoptischen Praxis, welch letztere weniger nach dem Phänomen selbst fragt als nach seiner wettermäßigen Auswirkung.

Fall 3, 14.—16. Mai 1958, Abbn. 23

Eine kräftige Frontalzone reicht von Nordamerika bis Rußland mit einer zunächst nur leichten zyklonalen Ausbuchtung bei Irland. In dieser Frontalzone wandert eine Zyklone rasch über den Atlantik ostwärts. Im Bereich des irländischen Troges verlangsamt sie ihr Tempo und vertieft sich über der Nordsee (56° N, 5° E am 15.). Dabei treten in Westeuropa verbreitet Niederschläge und Gewitter auf. Da der „primäre" Trog sich kaum verlagert, genügen auch hier „erdfeste" Darstellungen.

Alle Fronten liegen wiederum auf der rechten Seite des kräftigen jet stream. Entsprechend der starken Konvektion an den Fronten verschärft sich der „primäre" Trog (unter Einbeziehung eines über Spanien gelegenen schwachen Tiefs). Gleichzeitig wölben sich die 300 mb-Isohypsen über Europa antizyklonal aus, verbunden mit einer 48stündigen Höhenänderung bis zu + 30 gDm (60° N, 30° E). Deutlich geht mit dieser „Aufwölbung" am 14. Mai (Abb. 23 a) die Bildung eines „sekundären" Troges über Rußland einher, der sich am 15. (Abb. 23 b) verschärft, so daß am 16. ein großräumiger, scharfer Trog vom Eismeer bis nach Turkestan existiert. Dabei mobilisiert sich auch dort eine Zyklone mit einem großräumigen Kaltluftausbruch. Der jet stream ist auch im Hochkeil am 16. mit Geschwindigkeiten bis 120 kn (59° N, 40° E) gut belegt, allerdings in der Rückenlinie nicht als scharfes Band.

Dieser Fall enthält noch einen besonderen Hinweis über den Ort verstärkter Konvektion. Während sich die Zyklonen über dem Atlantik in geradliniger, starker Höhenströmung rasch ostwärts bewegen (Schnelläufer [18]), ist eine nennenswerte konvektive Wirkung nicht zu beobachten. Sie setzt erst ein, als diese Störungen den westeuropäischen Trog erreichen, wo sich ihre Verlagerung verlangsamt. Dabei scheint der spanische „Kaltlufttropfen" (38° N, 3° W in Abb. 23 a) die Konvektion durch Heranführung feuchtlabiler Luftmassen zu beleben. Wir werden hierauf noch an Hand anderer Beispiele zurückkommen.

Das Auflaufen der nachfolgenden Zyklonen (die man an ihren Fronten in den Abbildungen erkennt) ist vielleicht auch ein Ansaugeffekt des Troges als adaptive Wirkung seiner durch die Konvektion auf seiner Vorderseite erzeugten Verschärfung (S. 56). Hierfür spricht, daß sich der Rückseiten-jet-stream verstärkte (bis zu 160 kn am 16.).

Die Darstellung dieses Falles über 48 Stunden in zwei Phasen gestattet eine Beschreibung des Ablaufs der Entwicklung. In der ersten Phase (am 14. Mai, Abb. 23 a) überwiegt die Verstärkung des „primären" Troges und erzeugt die „antizyklonale Aufwölbung"

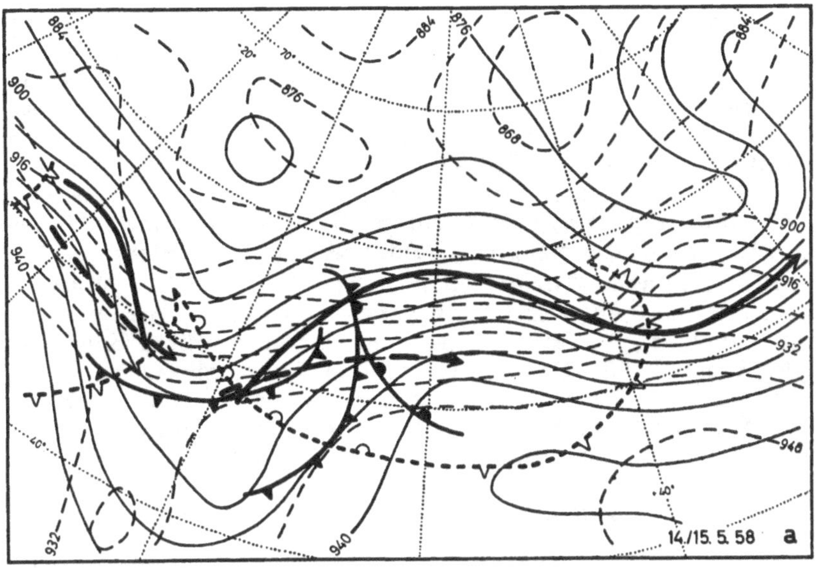

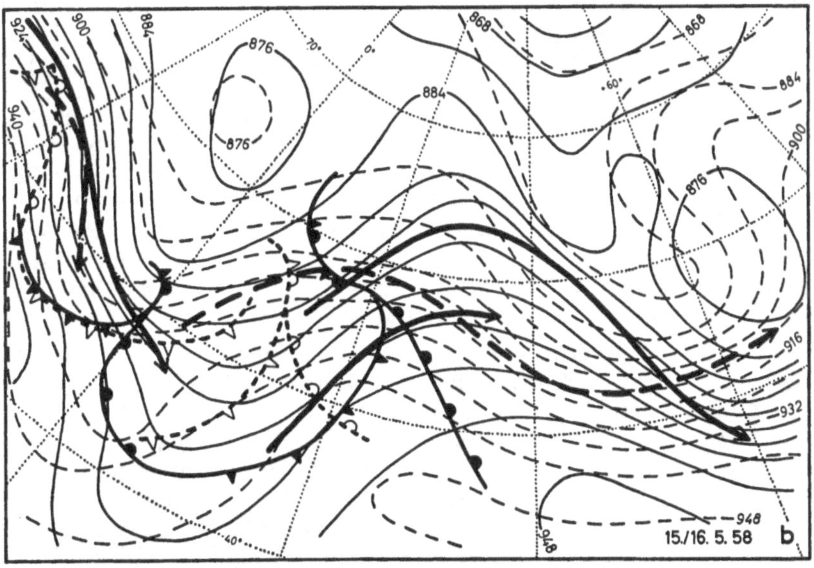

Abb. 23: Fall 3. Zunehmende Mäanderung.

a) „Aufbauende" Phase, b) „Maximal"-Phase. Legende S. 98—99.

einen großräumigen Rücken mit einem kräftigen antizyklonal gekrümmten jet stream (vgl. Abb. 16, S. 77). Demgegenüber führt in der zweiten Phase (am 15., Abb. 23 b) die weitere Aufsteilung des Rückens zu einem Hochkeil, in dem die jet-Achse (durch Auffächerung des jet stream) unscharf wird (vgl. Abb. 22 b); ferner verstärkt sich der „sekundäre" Trog und verlagert sich das ganze System ostwärts. Während beider Phasen wandert das jet-Maximum vom „primären" zum „sekundären" Trog stromabwärts [2], entsprechend auch die maximale Feldänderung (vgl. 5. Merkmal, S. 94).

Die „jet-stream-Theorie" beschreibt von diesen Vorgängen nur die erste Phase, in welcher sich der „antizyklonale Störungsbogen" mit verstärktem jet stream in der Rückenlinie bildet (vgl. 1. Merkmal, S. 93). Die in der zweiten Phase einsetzende Auffächerung des jet stream in der sich verschärfenden Rückenlinie deutet darauf hin, daß hier noch andere Einflüsse wirksam sind, die nicht näher behandelt werden können.

Fall 4, 19.—20. Mai 1958, Abb. 24

Die im Fall 3 erwähnte kräftige Frontalzone über dem Atlantik wurde im Westen durch einen großräumigen Trog an der Ostküste Nordamerikas begrenzt. An dessen Vorderseite entstanden die Zyklonen, die dann (im Fall 3) nach Europa liefen. Diese vereinigen sich bis zum 19. Mai zu einem Zentraltief über Finnland (64° N, 32° E). Dabei bringt eine weitere Zyklone vorübergehend stärkere „Aufwölbung" der Frontalzone zustande (dieser Fall wird hier nicht veröffentlicht), entartet dann aber zur zweiten Kaltfront des Zentraltiefs (rechts in der Abb. 24). Eine neue Wellenstörung hat sich zum 19. Mai über dem Atlantik auf der Vorderseite des erwähnten Troges zur Zyklone entwickelt (Warmsektor links in der Wetterkarte) und überquert nun unter weiterer Vertiefung die Britischen Inseln. An ihren Fronten meldeten viele Stationen Niederschlag.

Die Abb. 24 a mit „erdfester" Überlagerung der Wetterkarten zeigt, wie mit den Fronten dieser Zyklone das ganze Höhendruckfeld und die Strahlströme ostwärts abwandern, im Mittel etwa 1000 km in 24 Stunden (20 kn). Diese Feldverlagerung verdeckt in „erdfester" Darstellung alle mit der Konvektion zusammenhängenden Effekte. Daher ist hier eine „koordinatenverschobene" Darstellung (Abb. 24 b) am Platze (S. 97). Die Verschiebung der Koordinaten ist in Abb. 24 a mit Hilfe der beiden Strecken mit begrenzenden Nullenkreisen gekennzeichnet (siehe Legende S. 99). Es handelt sich in diesem Fall um rein westöstliche Verschiebung längs der Breitenkreise (Drehung um den Nordpol).

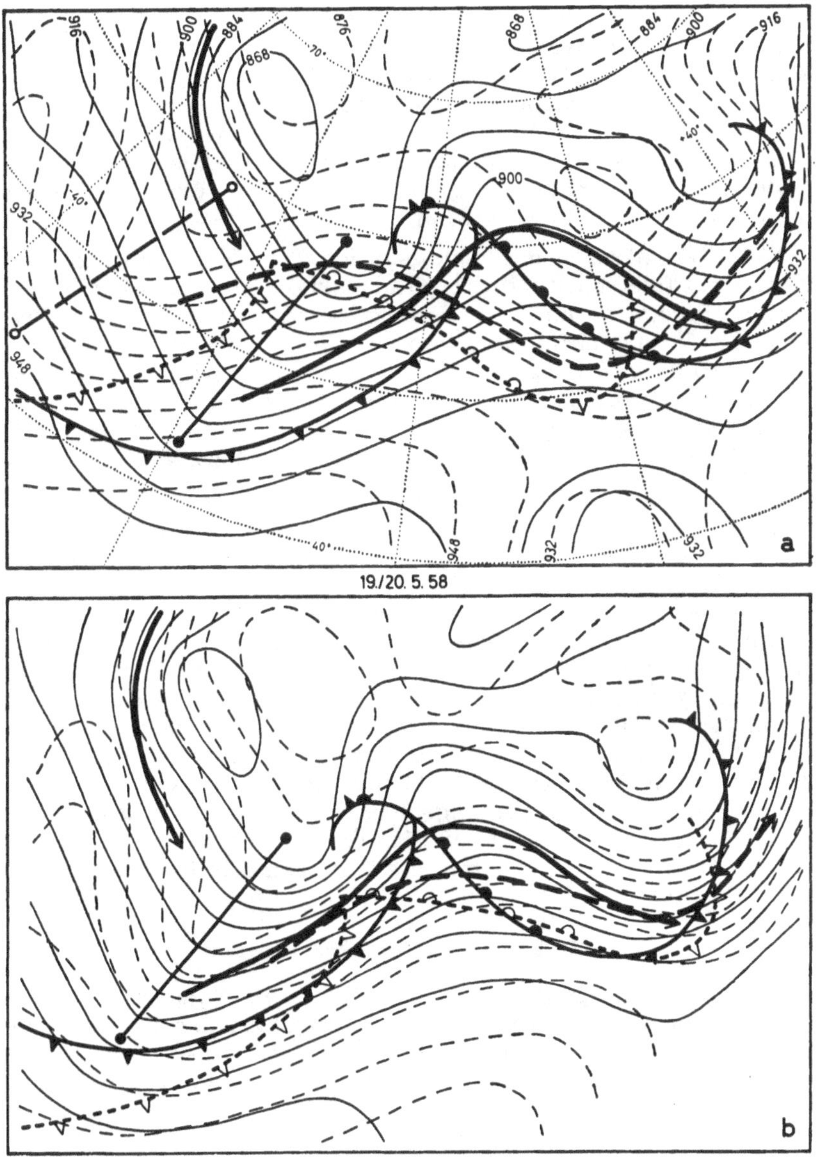

Abb. 24: Fall 4. Beispiel für Koordinatenverschiebung.
a) „Ortsfest", b) „koordinatenverschoben". Legende S. 98—99.

Die Abb. 24 b zeigt deutlich, daß der Rücken zwischen „primärem“ und „sekundärem“ Trog nicht nur passiv mitwandert, sondern sich verstärkt (Höhenänderung bis 15 gDm in der Rückenlinie im koordinatenverschobenen Fall). Auch die jet-Achse weist eine gut belegte stärkere antizyklonale Krümmung am Nachtag auf (wobei sich aber das Starkwindband in der Rückenlinie merklich verbreitert). Der „primäre“ Trog vertieft sich (vgl. die 876 gDm-Isohypsen beider Tage in Abb. 24 a).

Eine Verschärfung des „sekundären“ Troges tritt aber erst am 21. Mai auf (hier nicht veröffentlicht), als die konvektive Phase der Zyklone bereits vorüber ist; denn diese altert schnell über Westeuropa, während sich der „primäre“ Trog abflacht. Aber gerade diese Verzögerung der Wirkung am „sekundären“ Trog (vgl. Fall 1 oder 3) bestätigt die Theorie (5. Merkmal, S. 94), gemäß welcher die Störbewegung den „sekundären“ Trog erst nach etwa einem Umlauf um die Trägheitsellipse erreicht (S. 20).

Zwischen dem „primären“ und dem „sekundären“ Trog läßt sich längs den antizyklonal gekrümmten Isohypsen (vom Wendepunkt auf der Vorderseite des „primären“ Troges bis zum Wendepunkt auf der Rückseite des „sekundären“ Troges, vgl. Abb. 7, S. 47) eine Bogenlänge B bestimmen. Diese gibt in dem Bereich des jet stream, in dem (nach der Theorie) die Störbewegung abläuft (zwischen x_2 und x_3 gemäß Abb. 8, S. 54), die Länge des „antizyklonalen Störungsbogens“ an. Ihre Abschätzung ergibt in diesem Fall am 20. Mai $B = 3000$ km. Längs dieses „antizyklonalen Störungsbogens“ kann in dem angegebenen Bereich eine mittlere relative Windgeschwindigkeit von $v = 60$ kn (unter Berücksichtigung der Feldverlagerung von 20 kn) angenommen werden. Aus diesen Daten berechnet sich nach Gl. (75) (S. 54) die Periode der Störbewegung zu $\tau = 27$ Std., die mit der auftretenden Verzögerung gut übereinstimmt.

Fall 5, 21.—22. März 1958, Abb. 25 a

Der „primäre“ Trog ist ein Tief über dem Atlantik mit einem Ausläufer über dem Seegebiet der Azoren. An der Kaltfront der zugehörigen Zentralzyklone hat sich eine Wellenstörung gebildet (am 21. bei 43° N, 22° W), die sich am 21. März um 25 mb vertieft, wobei die okkludierenden Fronten die Stelle der Okklusion des Zentraltiefs einnehmen.

Man sieht in Abb. 25 a die Aufsteilung des Hochkeils (maximale Höhenänderung + 12 gDm in 58° N, 18° W) vor den Fronten. Auffällig ist aber eine Drehung der „primären“ Troglinie hinter den Fronten um 30° gegen den Uhrzeigersinn (zyklonal, nach links), wie

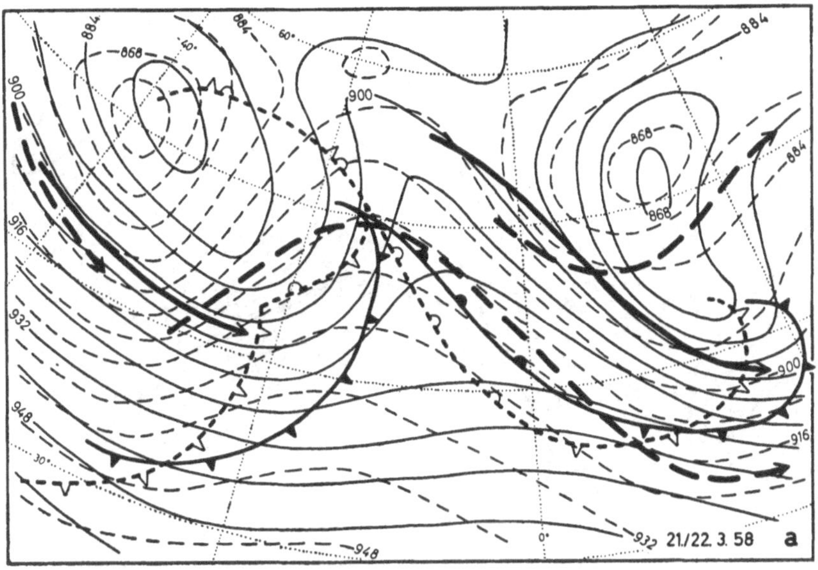

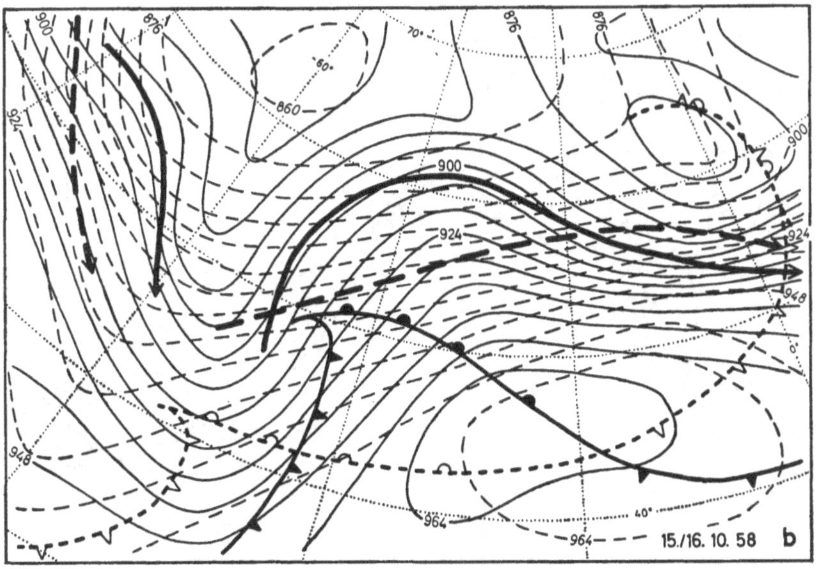

Abb. 25: Drehung des „primären“ Troges.

a) Fall 5, b) Fall 6, „aufbauende“ Phase. Legende S. 98—99.

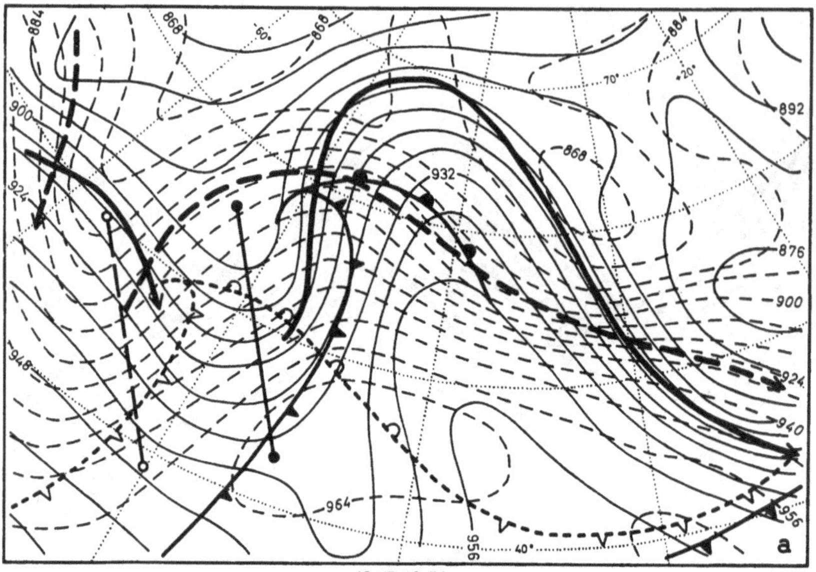

16./17. 10. 58

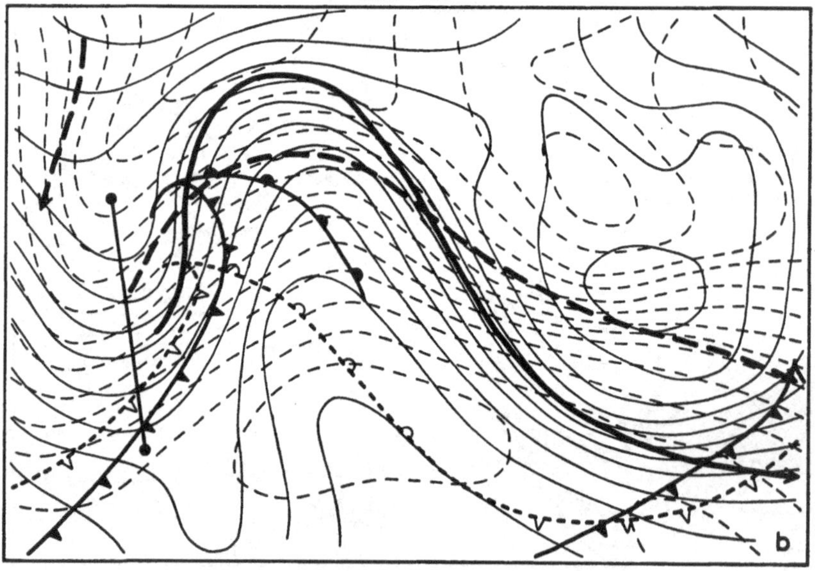

Abb. 26: Fall 6. „Maximal"-Phase.

a) „Ortsfest", b) „koordinatenverschoben". Legende S. 98—99.

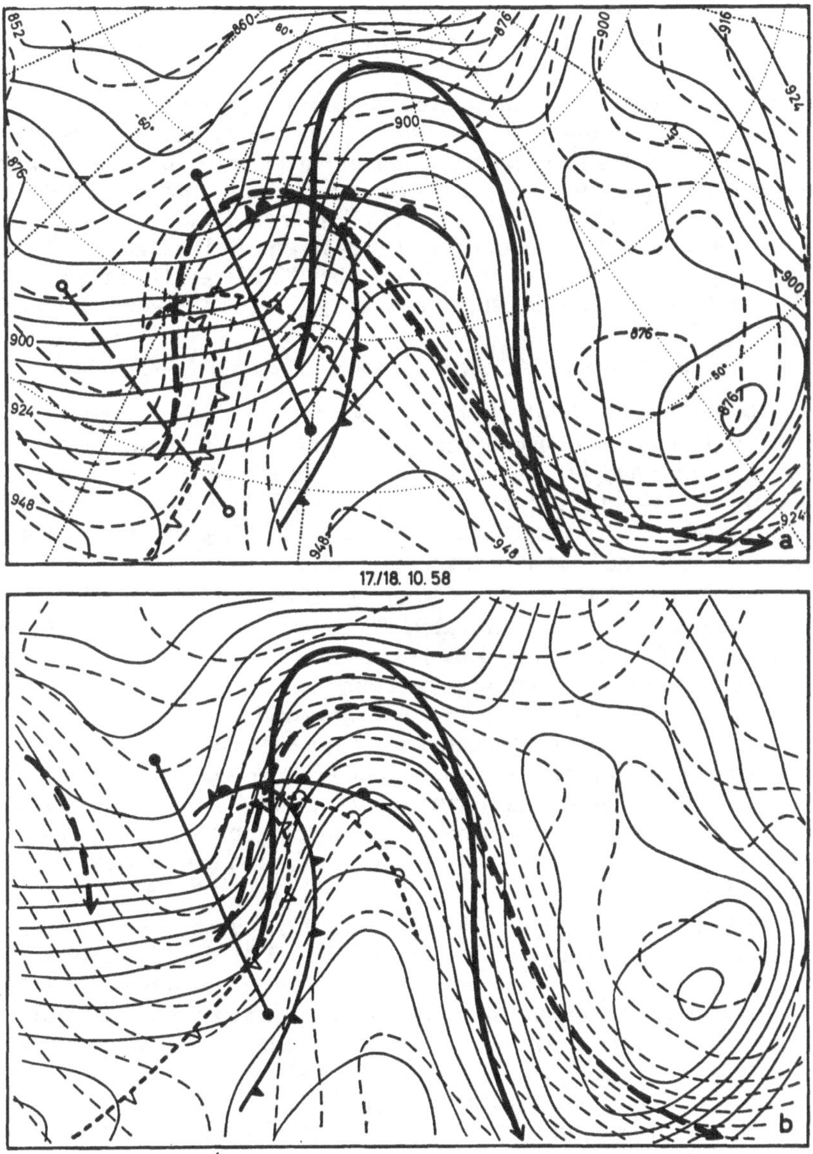

Abb. 27: Fall 6. „Abklingende“ Phase.

a) „Ortsfest“, b) „koordinatenverschoben“. Legende S. 98—99.

sie oft bei Zyklogenesen beobachtet wird (S. 80). Der Kern des Troges (das Tief selbst) bleibt dabei am Ort liegen (so daß hier die „erdfeste" Überlagerung genügt).

Durch diese Trogdrehung wird die antizyklonale Krümmung der Isohypsen im Hochkeil noch verstärkt, die allerdings so stark wird, daß in der Rückenlinie kein jet stream mehr vorhanden ist. Dieser reißt dort ab, wobei das jet-Maximum auf die Rückseite des „sekundären" Troges wandert (bis 140 kn; vgl. Fall 3). Dabei verschärft sich dieser Trog und erfolgt hier ein Kaltluftausbruch, der am 23. März Nordafrika und am 24. den Vorderen Orient erreicht. Währenddessen schwächt sich das sonstige System wieder ab.

Fall 6, 15.—18. Oktober 1958, Abbn. 25 b—28 a

Dieser Fall verfolgt eine Entwicklung über vier Tage in drei Phasen. Die erste Phase erscheint in Abb. 25b nur in „erdfester" Darstellung, dagegen die zweite und dritte Phase in Abbn. 26 u. 27 jeweils als Abbildungspaar, bei dem (wie bei Abb. 24) die obere Abbildung (a) eine „erdfeste", die untere Abbildung (b) eine „koordinatenverschobene" Änderungskarte darstellt.

Am 15. Okt. (Abb. 25b) liegt ein mächtiges Tief über Grönland mit einem schwächeren, schmalen Trog, der zur Nordsee weist, und einem großräumigen Trog über Neu-Fundland bis zum Westatlantik. Zwischen beiden Trögen erstreckt sich eine etwa 4000 km lange geradlinige Höhenströmung mit Windgeschwindigkeiten bis 160 kn. In der zugehörigen Frontalzone über dem Atlantik vertieft sich eine Wellenstörung, die sich am amerikanischen Trog gebildet hat (am 15. bei 40^0 N, 55^0 W gelegen), zur selbständigen Zyklone. Die kräftige Zyklogenese ist von verbreiteten Niederschlägen begleitet, insbesondere auch im Bereich antizyklonaler Windscherung der Höhenströmung.

Ihre Wirkung ist trotz Feldverlagerung bereits bei „erdfester" Überlagerung gut zu erkennen (Abb. 25b): Vor den Fronten wölbt sich ein Rücken auf (maximale Höhenänderung +33 gDm in 60^0 N, 35^0 W). Die jet-Achse ist am 16. Okt. deutlich antizyklonal gekrümmt und gut belegt (130 kn in 62^0 N, 33^0 W). Hinter den Fronten verschärft sich der „primäre" Trog, wobei die Troglinie (wie bei Fall 5) um fast 30^0 dreht, der Kaltfront folgend. Diese Trogverschärfung ist zugleich die „Sekundärwirkung" einer Zyklonenentwicklung über Nordamerika, so daß auch die Rückseitenströmung des Troges antizyklonaler wird. So entsteht hier ein typischer scharfer Trog (vgl. Abbn. 12b, 22b) mit zwei flankierenden, antizyklonal gekrümmten jet-Achsen. Jenseits des neuen Rückens entwickelt sich der „sekundäre“ Trog zu einem Tief über der nördlichen Nordsee (Höhenänderung —30 gDm im Druckfallzentrum 56^0 N, 4^0 W).

Am 16. Okt. (Abb. 26) wandert die Sturmzyklone, sich noch vertiefend, (mit verbreiteten Niederschlägen im Bereich der Fronten) gegen die Südspitze Grönlands (Kerndruck von 975 mb am 17.). Der „primäre“ Trog schwächt sich etwas ab. Seine Troglinie dreht aber wiederum etwa 30^0 nach links. Deutlich nimmt die Aufsteilung des Rückens zum Hochkeil zu, so daß sich der „sekundäre“ Trog zum umfangreichen Tief über Europa entwickelt. Die jet-Achse beschreibt am 17. einen Kreisbogen mit einem Radius von nur 600 km, wird aber in der Rückenlinie unscharf (vgl. Abbn. 22b, 23b, 24). Hier wurden maximale Winde von 90 kn beobachtet, am „sekundären“ Trog bis zu 160 kn (vgl. das in den Fällen 3 und 5 beschriebene Wandern des jet-Maximums stromabwärts).

Am 17. Okt. (Abb. 27) okkludieren die Fronten vor Grönlands Ostküste, wobei die Zyklone sich wieder aufzufüllen beginnt. Dementsprechend wird auch der „primäre“ Trog wesentlich flacher. Dominierend ist der Hochkeil, so daß auch die mittlere Feldverlagerung (laut Koordinatenverschiebung) bereits eine antizyklonale Steuerung um dieses Hoch zeigt mit einer starken Nordkomponente beim „primären“ Trog. Die Strahlströme auf beiden Seiten des Hochkeils sind nur 1500 km voneinander entfernt mit Winden bis 155 bzw. 135 kn, während in der Rückenlinie grönländische Stationen 85 und 75 kn (82^0 N, 18^0 W bzw. 77^0 N, 19^0 W) meldeten. Der „sekundäre“ Trog am europäischen Tief verschärft sich. Dabei erfolgt über dem Mittelmeer ein kräftiger Kaltluftausbruch (wie auch in den vorigen Beispielen).

In der weiteren Entwicklung (hier nicht abgebildet) zerfällt mit der Zyklone das ganze System. Das europäische Tief entartet zum „cut off“. Der „primäre“ Trog erneuert sich zufolge der Belebung einer neuen Zyklone.

Dieser Fall zeigt den typischen Ablauf einer kräftigen Entwicklung in drei verschiedenen Phasen. Wir wollen sie als „aufbauende“ Phase, „Maximal“-Phase und „abklingende“ Phase unterscheiden, welche allgemeinere Bedeutung haben dürften:

1. In der „aufbauenden“ Phase (Abb. 25b) entwickelt sich die Wellenstörung zur Zyklone, verbunden mit verbreitetem Niederschlag, verschärft sich der „primäre“ Trog und wölbt sich ein breiter Rücken auf mit maximalen Windgeschwindigkeiten und scharfer, antizyklonal gekrümmter jet-Achse in der (unscharfen) Rückenlinie. Jenseits des Rückens formiert sich der „sekundäre“ Trog. (Vgl. 1. Phase des Falles 3, Abb. 23a).

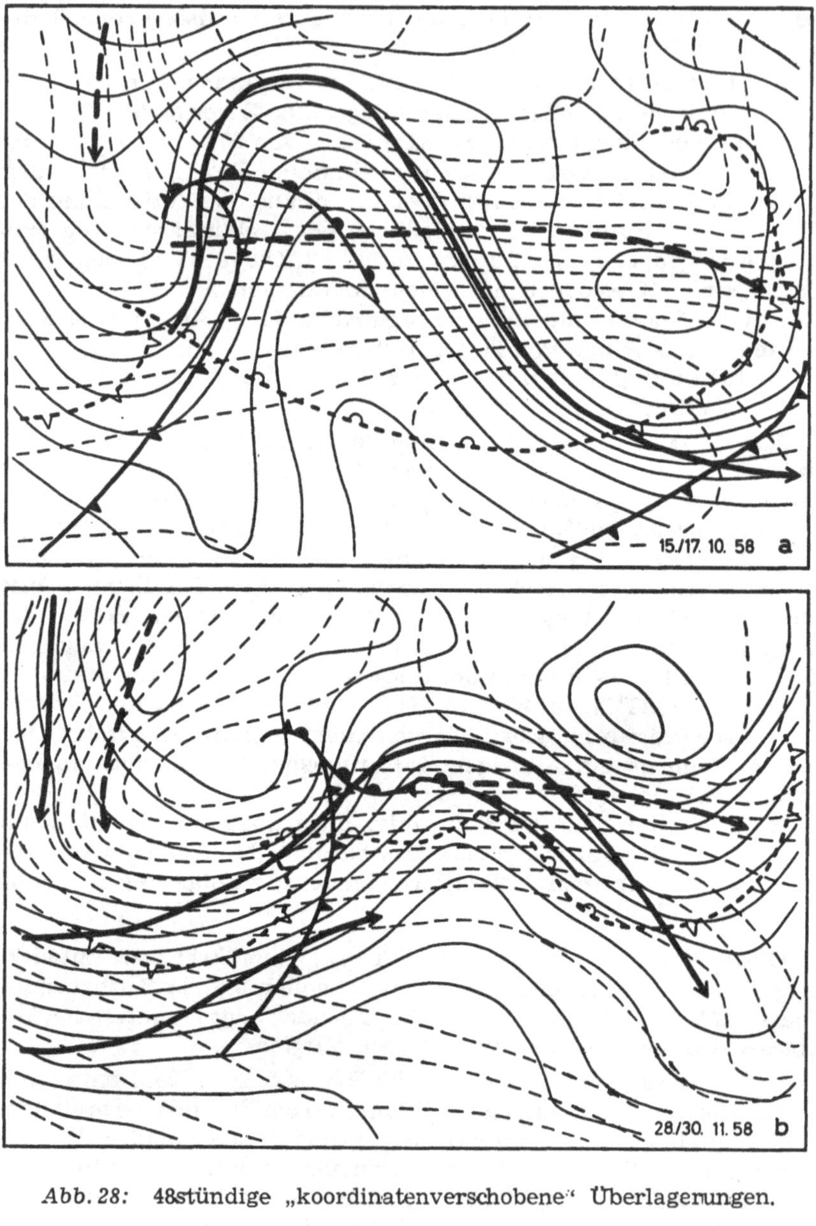

Abb. 28: 48stündige „koordinatenverschobene" Überlagerungen.
a) Fall 6 (Abbn. 25 b u. 26 b), b) Fall. 7. Legende S. 98—99.

2. In der „M a x i m a l“ - P h a s e (Abb. 26) vertieft sich die Zyklone weiter. Der „primäre“ Trog folgt ihr nach, zyklonal drehend. Der Rücken steilt sich auf zu einem Hochkeil mit breiterer, schwächerer jet-Achse in der markanten Rückenlinie. Der „sekundäre“ Trog verstärkt sich. (Vgl. 2. Phase des Falles 3, Abb. 23b)

3. In der „a b k l i n g e n d e n“ P h a s e (Abb. 27) okkludieren die Fronten und werden wetterunwirksam. Die Zyklone zerfällt. Der „primäre“ Trog wird wieder flacher. Der Hochkeil hält sich noch einen Tag. Der „sekundäre“ Trog verschärft sich. Der Kaltluftausbruch auf seiner Rückseite hat erst in dieser Phase seinen Höhepunkt. (Vgl. die weitere Entwicklung der Fälle 2 und 5)

Hier äußert sich insbesondere wieder die schon in den Fällen 1, 3 und 4 aufgezeigte V e r z ö g e r u n g der Entwicklung am „sekundären“ Trog. Die ihr entsprechende Periode der Störbewegung berechnet sich hier am 17. Oktober ungefähr zu $\tau = 30$ Std. (mit einer Bogenlänge $B = 4000$ km und einer mittleren Relativgeschwindigkeit $v = 70$ kn nach Gl. (75), S. 54; vgl. Fall 4, S. 108).

Die starke Krümmung der Achse des kräftigen jet stream im Hochkeil läßt vielleicht den Verdacht aufkommen, daß das Gradientwindfeld dort nicht mehr stabil sein könne. Man muß aber berücksichtigen, daß zufolge der großräumigen Feldverlagerung (25 kn) die Krümmung der Bahnlinien weit geringer ist als diejenige der Isobarisohypsen. Eine Berechnung der dynamischen Stabilität [20, 21] ist an Hand der synoptischen Daten nicht möglich (aus denselben Gründen, wie eingangs (S. 94) in Bezug auf den synoptischen Nachweis von Gradientwindabweichungen ausgeführt wurde).

Abb. 28a: Die „aufbauende“ und die „Maximal“-Phase dieses Falles sind noch einmal zusammenfassend mit Hilfe einer zweitägigen „koordinatenverschobenen“ Überlagerung der Wetterkarten vom 15. u. 17. Okt. in Abb. 28a dargestellt. Die Koordinatenverschiebung ist eine Parallelverschiebung (Translation, ähnlich derjenigen am 16./17. in Abb. 26b, aber fast doppelt so groß), bei welcher längs des 70. Breitengrades die Koordinatenpunkte 26° W (Vortag) und 21° E (Nachtag) zur Deckung gebracht wurden, längs des 40. Breitengrades entsprechend die Punkte 11° W und 7° E.

Man sieht in Abb. 28a die mächtige Aufsteilung der vorher geradlinigen 300 mb-Isohypsen vor den Fronten, die das Tief in „primären“ und „sekundären“ Trog zerteilt (vgl. Abb. 22a). Auch die Drehung und Verschärfung des „primären“ Troges sind gut zu erkennen. Der „sekundäre“ Trog erscheint wie der Rücken als völlig neu entstandenes Gebilde.

Anmerkung: Die Beschreibung der Veränderungen an den Trögen an Hand dieser „koordinatenverschobenen“ Darstellung bedarf aber noch des Hinweises, daß es oft schwierig ist, diejenige Koordinatenverschiebung zu finden, welche alle Veränderungen gleichermaßen deutlich aufzeigt. Daher sei nochmals betont, daß jeweils die bestmögliche Überdeckung aller Systemteile („primärer“ Trog, Rücken und „sekundärer“ Trog) angestrebt wurde, ohne ein Systemteil einseitig zu bevorzugen oder zu benachteiligen (S. 97). Um dies objektiv zu erreichen, wurde gefordert, daß die Summe aller Höhenänderungen bei diesen Systemteilen (die sich rechnerisch nach der Koordinatenverschiebung ergibt) möglichst klein ist und die Bewegungsrichtung der Fronten und Zyklonen (deren Verlagerung im allgemeinen schneller ist als diejenige des ganzen Systems) möglichst dieselbe ist wie im „erdfesten“ Falle.

Fälle 7—11, Abbn. 28 b—30 b

Die Abb. 28a verfolgt aber noch einen weiteren Zweck. Diese Darstellung soll mit denen fünf weiterer Fälle verglichen werden, die der Kürze halber nur in solchen zweitägigen „koordinatenverschobenen“ Überlagerungen wiedergegeben sind. Die Koordinatenverschiebungen sind

im Fall 7 (Abb. 28b) eine fast parallele Verschiebung, bei der (wie in Abb. 28a) längs des 70. Breitengrades die Koordinatenpunkte 70^0 E und 126^0 E (des Vor- bzw. Nachtages) sowie längs des 40. Breitengrades die Punkte 86^0 E und 110^0 E zur Deckung kommen;

im Fall 8 (Abb. 29a) eine zyklonale Drehung von 28^0 um den Koordinatenpunkt 80^0 N, 22^0 W (oben außerhalb der Karte);

im Fall 9 (Abb. 29b) eine zyklonale Drehung von 14^0 um den Nordpol (also eine breitenkreisparallele Verschiebung wie bei Abb. 24b);

im Fall 10 (Abb. 30a) eine zyklonale Drehung von 39^0 um 71^0 N, 101^0 W (etwa im Zentrum des Tiefs oben außerhalb der Karte);

im Fall 11 (Abb. 30b) eine Translation (wie bei Abb. 28b), bei der die Koordinatenpunkte 70^0 N, 63^0 W und 70^0 N, 14^0 W sowie 40^0 N, 50^0 W und 40^0 N, 27^0 W zur Deckung kommen.

Diese Fälle sind insofern eine Ergänzung zu Abb. 28a (Fall 6), als sie verschiedene Jahreszeiten und andere Gegenden repräsentieren. So ereigneten sich der Fall 8 im Sommer, der Fall 9 im Frühjahr,

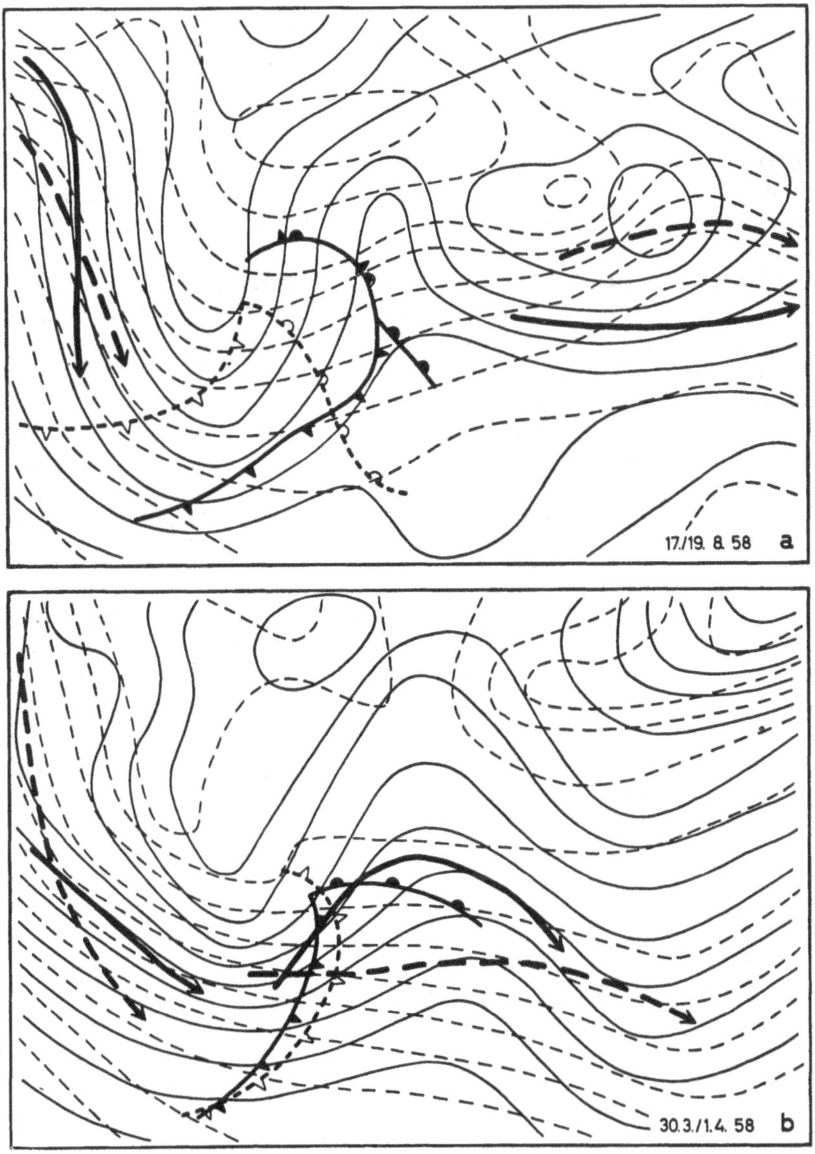

Abb. 29: 48stündige „koordinatenverschobene" Überlagerungen.

a) Fall 8, b) Fall 9. Legende S. 98—99.

dagegen die übrigen Fälle im Herbst. Die „Initialstörung" liegt im Fall 10 über Amerika, in den Fällen 6 und 11 über dem Atlantik, im Fall 8 über Westeuropa, im Fall 9 über dem Mittelmeer und im Fall 7 über Sibirien. Sonst aber zeigen sie alle eine Zyklone mit „aktiven" Fronten auf der Vorderseite eines Troges, vor dem sich ein Hochkeil aufwölbt, wenn auch nicht so kräftig wie in dem besonders ausgesuchten Fall 6. Im einzelnen seien nur noch wenige Bemerkungen angefügt und einige Besonderheiten erwähnt.

Fall 7, 28.—30. November 1958, Abb. 28b. Eine kräftige Entwicklung am 24./26. Nov. über dem Atlantik (hier aus Raummangel nicht aufgezeigt) erzeugte einen starken „sekundären" Trog über Europa mit einem Kaltluftausbruch, der am 28. Nov. Vorderasien erreicht. Bei diesem Vorstoß in südliche Breiten entsteht ein (kompensatorischer) Warmluftvorstoß auf der Vorderseite der zugehörigen Zyklone, der am 29. in Sibirien den 60. Breitengrad erreicht. Zum 30. wird der warme Sektor wieder eingeengt, indem die Kaltfront ostwärts bis zum 90. Längengrad vorstößt. Dabei vertieft sich die Zyklone auf einen Kerndruck von 980 mb.

Das Besondere dieses Falles ist, daß der „p r i m ä r e" T r o g a l s „s e k u n d ä r e r" T r o g einer stromaufwärts erfolgten Entwicklung entstand. Markant ist die Drehung der „primären" Troglinie, die antizyklonale Auswölbung der vorher geradlinigen Isobarisohypsen und die starke Verschärfung des „sekundären" Troges, der am 30. Nov. vom Ochotskischen Meer bis nach Korea reicht mit einem Kaltluftausbruch über Japan. Seine größte Schärfe erreicht er am 1. Dez. über Japan, wo eine Zyklogenese am Kaltluftausbruch diesen „s e k u n d ä r e n" T r o g z u m „p r i m ä r e n" T r o g eines neuen Systems über dem Pazifik macht (vgl. die Entwicklung am „sekundären" Trog des Falles 1, S. 102). Währenddessen zerfällt die Zyklone über Ostsibirien wieder.

Fall 8, 17.—19. August 1958, Abb. 29a. Eine Zyklone zieht vom Atlantik in die Biscaya und bringt Westeuropa zahlreiche Gewitter. Wieder zeigt sich eine deutliche Aufsteilung der vorher fast geradlinigen 300 mb-Isohypsen vor den Fronten und in diesem Beispiel auch eine Verschärfung des „primären" Troges. Die höchsten Windgeschwindigkeiten betragen in der Rückenlinie allerdings nur 50 kn am 18. Aug. und 45 kn am 19. (Sommer!)

Fall 9, 30. März — 1. April 1958, Abb. 29b. Über dem Mittelmeer entwickelt sich aus einer Wellenstörung an einem zunächst schwachen Trog in einer kräftigen Frontalzone eine Zyklone. Starke

Temperaturgegensätze und Gewittermeldungen lassen auf eine ergiebige Konvektion schließen. Wieder ergibt sich vor den Fronten die markante Aufwölbung eines Hochkeils, flankiert vom „primären" und „sekundären" Trog, die beide deutlich schärfer werden. Die antizyklonal gekrümmte jet-Achse ist durch zahlreiche Windmessungen über der Türkei und Südrußland (bis 105 kn) gut belegt. In der weiteren Entwicklung wird die Rückenlinie im Süden durchbrochen, während im Norden ein Hoch liegenbleibt.

Fall 10, 29. September — 1. Oktober 1958, Abb. 30a. In einer kräftigen Frontalzone über Amerika entwickelt sich eine Störung (am 29. Sept. über Nord-Dakota) zu einer Zyklone (Kerndruck von 980 mb am 1. Okt. über der James Bai). Deutlich zeigt sich wieder die „antizyklonale Aufwölbung". Bei der Verschärfung des „primären" Troges verbindet sich dieser mit einem über Kalifornien liegenden Tief (ähnlich wie im Fall 3, Abb. 23a). Die Verstärkung des „sekundären" Troges beruht mit auf dem „Primäreffekt" einer Entwicklung über dem Atlantik, die im nachfolgenden Fall 11 beschrieben wird.

Fall 11, 29. September — 1. Oktober 1958, Abb. 30b. Der über der Ostküste Nordamerikas gelegene „sekundäre" Trog des vorigen Falles ist „primärer" Trog dieses Falles (vgl. Abbn. 25b, 28b). Ein starker t r o p i s c h e r W i r b e l s t u r m (in Abb. 30b mit T gekennzeichnet) verwandelt sich am 29. Sept. über Neu-Fundland in eine Zyklone mit einem Kerndruck von 970 mb. Die Fronten okkludieren am 30. Sept. über dem Atlantik. Sie nehmen einen zweiten schwachen tropischen Wirbelsturm (am 29. am unteren Rand der Abb. 30b) in sich auf (am 1. Okt. im Okklusionspunkt).

Die am 29. Sept. nur schwache antizyklonale Krümmung der 300 mb-Isohypsen verstärkt sich so sehr, daß am 1. Okt. schließlich ein schmaler Hochkeil vor der Okklusion erscheint (wie in Abb. 29a). Aber selbst in dieser scharfen Rückenlinie ist ein jet stream (85 kn) nachweisbar. Auffällig ist auch eine starke Linksdrehung des „primären" Troges hinter der Okklusion (wie in Abbn. 25a, 28b).

Die u n t e r s c h i e d l i c h e V e r l a g e r u n g s g e s c h w i n d i g k e i t des „primären" Troges (35 kn) und des „sekundären" Troges (nur 15 kn, vgl. Abb. 27) führt dazu, daß die Tröge sich beiderseits des schmalen Hochkeils so nahe kommen, daß die Randstörung im Okklusionspunkt am 1. Okt. den Hochkeil durchbricht (vgl. Fall 9). Der nachfolgende „primäre" Trog verstärkt sich über dem Ostatlantik zufolge der „Sekundärwirkung" der amerikanischen Entwicklung (Fall 10) derart, daß die Fronten zum „sekun-

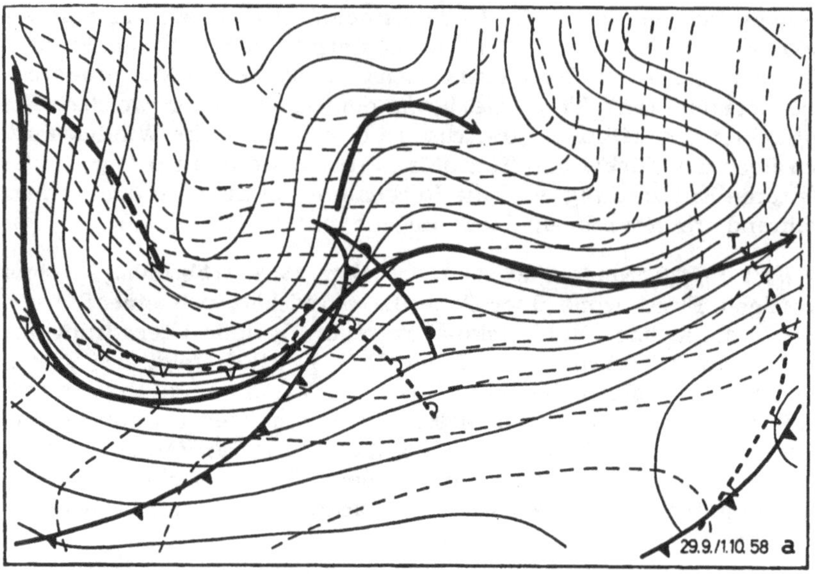

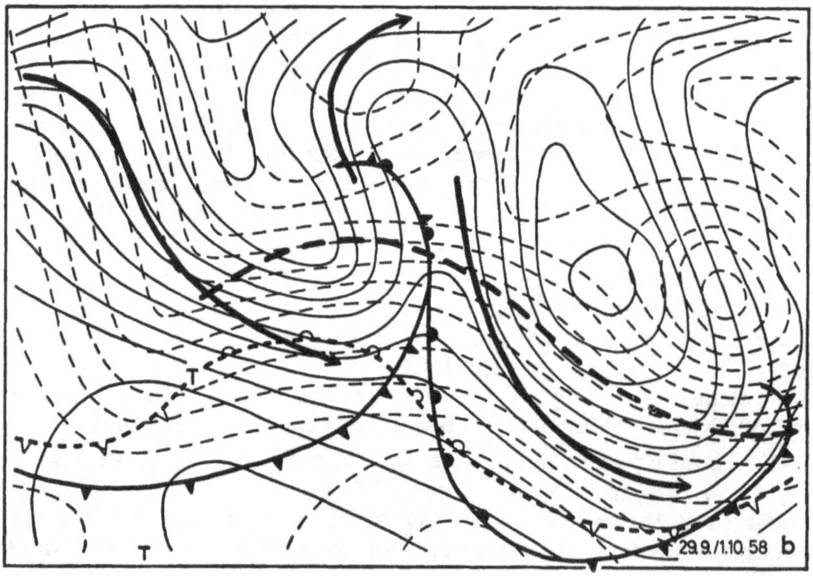

Abb. 30: „Kette" zweier Systeme, 48 std. „koordinatenverschoben".
a) Fall 10, b) Fall 11. Legende S. 98—99.

dären" Kaltluftausbruch jenes Systems entarten, wobei der Trog schließlich (am 2. Okt.) als „cut off" abgeschnürt wird (wie der „sekundäre" Trog des Falles 6). Die Vorhersagekarte des betreffenden Tages im „Täglichen Wetterbericht" zeigt, daß diese Entwicklung seinerzeit nicht prognostiziert wurde.

Ein Vergleich der hier beschriebenen „Sekundärwirkung" auf einen „primären" Trog mit ähnlichen Erscheinungen in den Fällen 6 und 7 deckt folgende Unterschiede auf:

1. Beim Fall 7 (Abb. 28b) wird ein „sekundärer" Trog nachträglich ein „primärer", weil sich zufolge der Sekundärwirkung eine Zyklone entwickelt, deren Fronten auf der Vorderseite dieses Troges „aktiviert" werden. Ähnlich ergeht es dem „sekundären" Trog des neuen Systems (vgl. auch Fall 1).

2. Beim Fall 6 (Abb. 28a) ist der „primäre" Trog gleichzeitig ein „sekundärer", wobei aber die Sekundärwirkung so schwach ist, daß die Zyklone auf der Vorderseite des Troges dadurch nicht wesentlich beeinflußt wird (Zugbahn nach der „Warmluftregel" [15]).

3. Beim Fall 11 (Abb. 30b) existiert vorher ein „primärer" Trog (zum tropischen Wirbelsturm zugehörig), der dann durch die mit Verzögerung erfolgende „Sekundärwirkung" eines nachfolgenden Systems (Fall 10) zum „sekundären" Trog dieses Systems entartet. Dabei ist die Sekundärwirkung in diesem Fall so kräftig, daß der Trog durch rasche Ostverlagerung sein eigenes System zerstört und die zugehörigen Fronten entsprechend antizyklonal umgesteuert werden (Zugbahn nach der „Kaltluftregel" [15]), bis der Trog durch die nachfolgende Aufsteilung im Norden abgeriegelt wird („sekundärer" cut off des Falles 10, vgl. Fall 6).

Nach diesen (mehr zu Abb. 28a vergleichsweise aufgeführten) Fällen 7—11 sollen nunmehr einige Fälle genauer analysiert werden, um die Entwicklung im einzelnen besser zu erkennen (wie bei Fall 6) und einige besondere Phänomene herauszustellen, die bei solchen Entwicklungen häufig auftreten.

Fall 12, 8.—11. November 1958, Abbn. 31—33

Am 8. Nov. (Abb. 31) besitzt ein kräftiges Tief über Kanada einen großräumigen Trog von Labrador bis zum Westatlantik. Eine Wellenstörung (43^0 N, 61^0 W) mobilisiert sich vor der amerikanischen Ostküste in der kräftigen Frontalzone (mit Winden bis 130 kn) auf

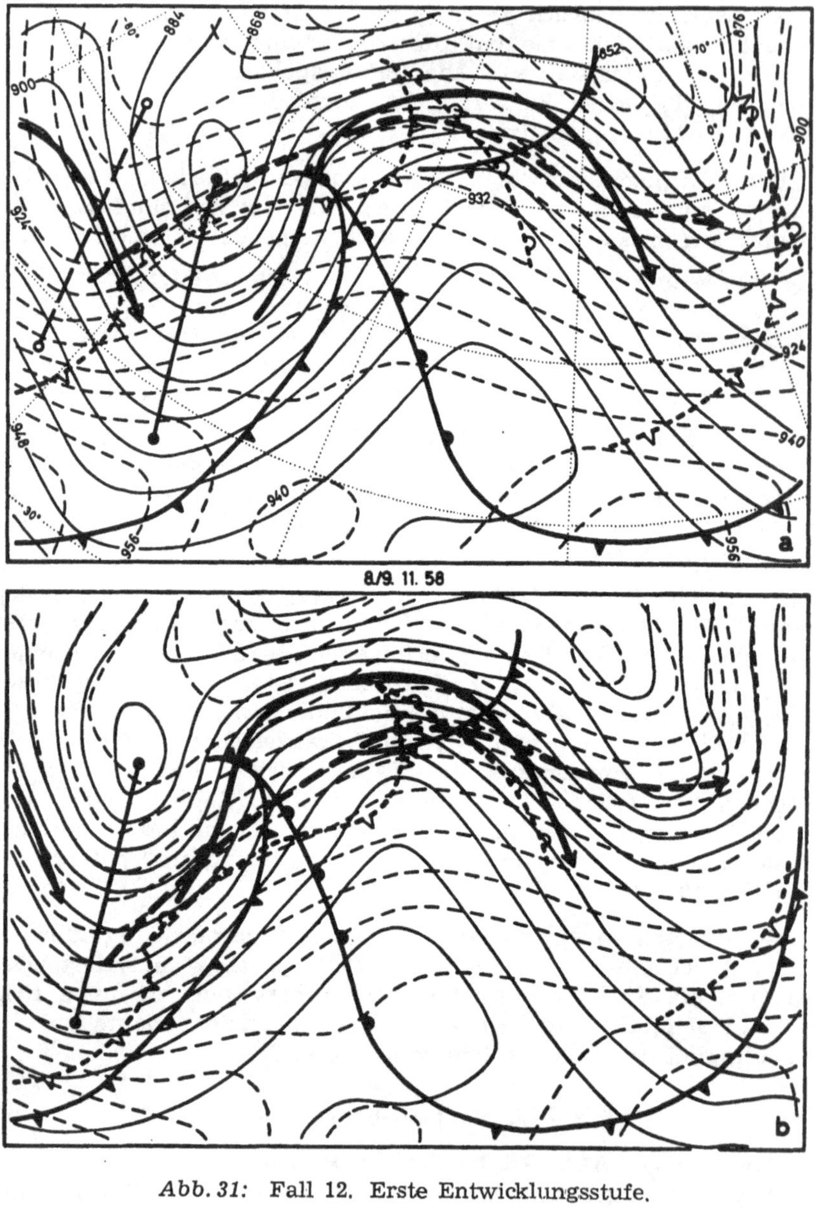

Abb. 31: Fall 12. Erste Entwicklungsstufe.

a) „Ortsfest", b) „koordinatenverschoben". Legende S. 98—99.

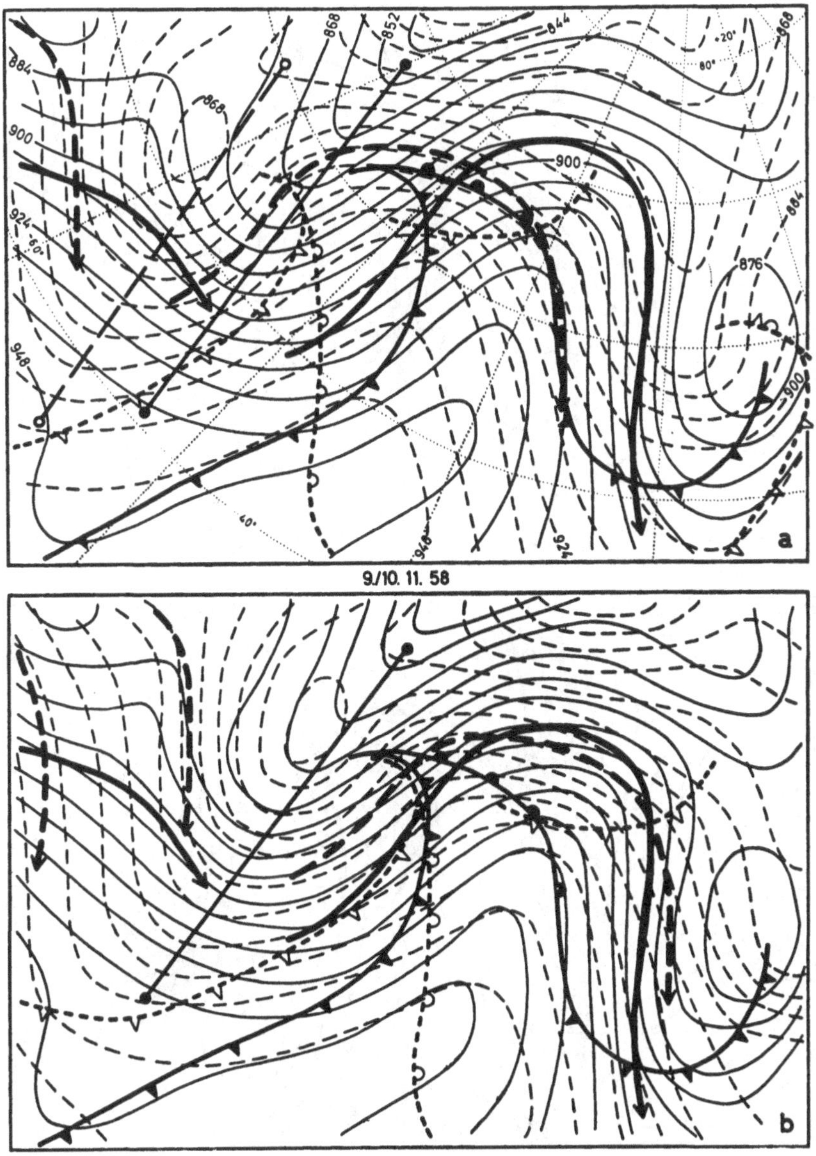

Abb. 32: Fall 12. Zwischenphase („Maximal"-Phase).
a) „Ortsfest", b) „koordinatenverschoben". Legende S. 98—99.

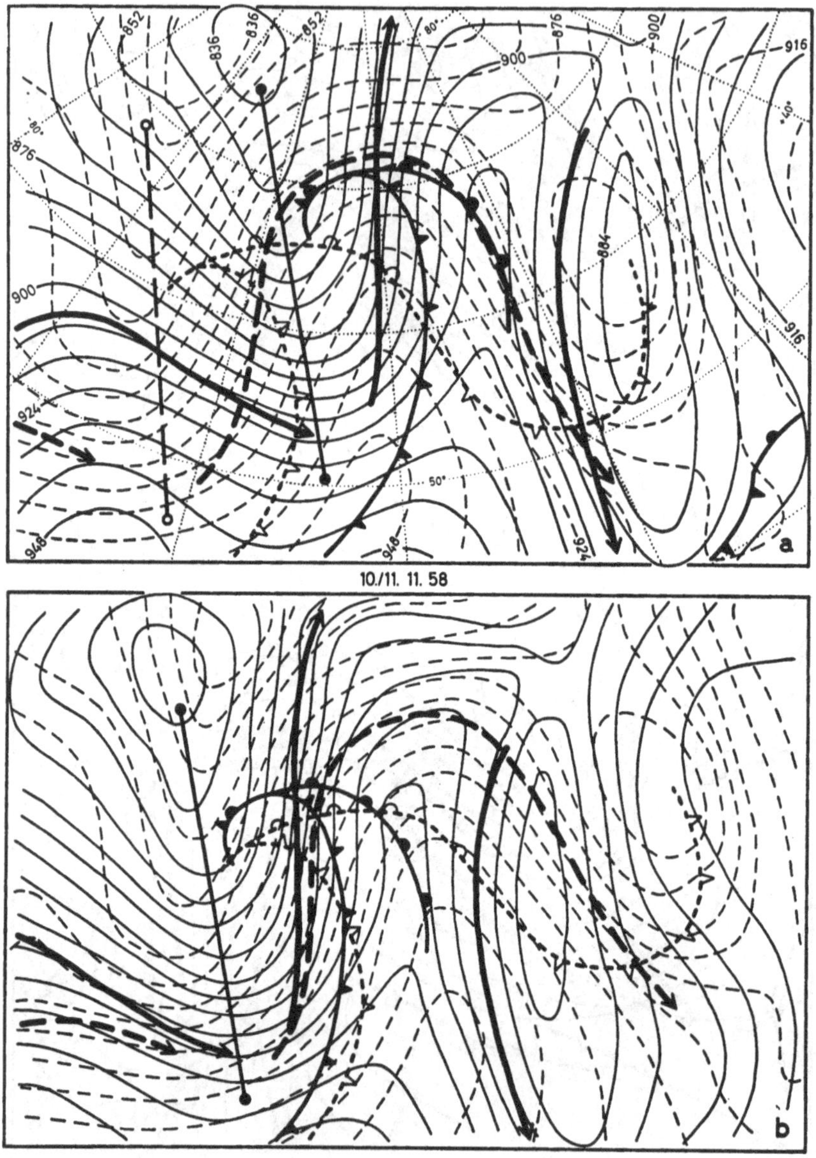

Abb. 33: Fall 12. Zweite Entwicklungsstufe, „cut-off"-Bildung. a) „Ortsfest", b) „koordinatenverschoben". Legende S. 98—99.

der Vorderseite des Troges zu einer neuen Zyklone. Die Wirkung dieser mit ergiebiger Konvektion verbundenen Zyklogenese ist eine Verschärfung des „primären" Troges, der einen bei 37° N, 40° W gelegenen Kaltlufttropfen mit aufnimmt (vgl. Abbn. 23a, 30a), und eine Aufsteilung des vorher nur schwachen Rückens. Der jet stream zeigt am 9. Nov. eine deutlich antizyklonal gekrümmte Achse im Rücken und ist durch Windbeobachtungen bis 100 kn gut belegt (aber in der Rückenlinie unscharf). Der „sekundäre" Trog schwächt sich im Kernbereich über dem Nordmeer ab, verstärkt sich aber im Südteil über Mitteleuropa, so daß er sich verschärft.

Am 9. Nov. (Abb. 32) zieht die Zyklone unter weiterer Vertiefung nach Grönland, an dessen Südspitze sie zweigeteilt wird. Eine vorlaufende Kaltfront erzeugt am „sekundären" Trog über Westeuropa einen Kaltluftausbruch, unterstützt durch die noch verstärkte Aufsteilung der 300 mb-Isohypsen zwischen „primärem" und „sekundärem" Trog. Der jet stream weist am 10. Nov. eine noch stärker antizyklonal gekrümmte Achse auf (Krümmungsradius etwa 800 km) mit Winden bis 140 kn (71° N, 8° W). Der „primäre" Trog verschärft sich im Kernbereich, flacht aber im südlichen Teil (Trogende) ab.

Am 10. Nov. (Abb. 33) belebt sich die Zyklone vor der Ostküste Grönlands. Sie vertieft sich zum 11. Nov. auf einen Kerndruck von 975 mb. Ihre Fronten okkludieren; jedoch verstärkt sich die Kaltfront durch Einbeziehung grönländischer Kaltluft. Der „primäre" Trog verschärft sich wieder. Der Hochkeil wird noch schärfer, so daß der Abstand zwischen der „primären" und der „sekundären" Troglinie sich verringert (und der „sekundäre" Trog bei „koordinatenverschobener" Überlagerung scheinbar rückläufig wird, vgl. Abbn. 27b, 30b). Auch der „sekundäre" Trog wird noch schärfer und entartet zu einer Zunge, die am 11. Nov. vom Eismeer bis nach Westafrika reicht.

Bei dieser Aufsteilung reißt die jet-Verbindung zwischen den Trögen ab, weil offenbar die antizyklonale Krümmung zu stark und die Stromlinien-Entfernung (Bogenlänge) zu lang wird. Daher bildet sich über dem Eismeer ein n e u e r „s e k u n d ä r e r" T r o g, der einen neuen Kaltluftausbruch nach Westsibirien vorbereitet, während aus dem alten schmalen Trog über dem Mittelmeer ein abgeschlossenes Tief entsteht („c u t o f f", vgl. Fall 6 oder 10). Hier wirkt eine Zyklogenese, angeregt durch den dortigen Kaltluftvorstoß (vgl. Fall 1 oder 7), mit, dieses Tief (als „primären" cut off, vgl. Fall 1) „abzuschnüren" [18].

Dieses Beispiel zeigt eine z w e i s t u f i g e E n t w i c k l u n g der Zyklone. Die e r s t e Entwicklungsstufe am 8./9. Nov. (Abb. 31) vor der amerikanischen Ostküste bringt eine Aufwölbung des Hochkeils und Verschärfung des „sekundären" Troges mit einem Kaltluftausbruch zum Mittelmeer. Die z w e i t e Entwicklungsstufe am 10./11. Nov. (Abb. 33) vor der grönländischen Ostküste ist mit einer weiteren Aufsteilung des ganzen Systems, einer cut-off-Bildung am alten „sekundären" Trog und einer neuen nördlichen „sekundären" Trogbildung mit einem (allerdings nur schwachen) Kaltluftausbruch jenseits des Urals verbunden. Diese zweite Entwicklung tritt auch in der mittleren Feldverlagerung (Koordinatenverschiebung) hervor, deren Nordkomponente beim „primären" Trog am 9./10. größer ist (60^0) als am 10./11. (35^0).

Fall 13, 18.—22. April 1958, Abbn. 34—37

Eine kräftige n ö r d l i c h e F r o n t a l z o n e mit jet-Geschwindigkeiten bis 120 kn erstreckt sich über Nordamerika etwa längs des 50. Breitengrades (Abb. 34). Weiter im Süden liegt über dem Westatlantik (32^0 N, 71^0 W) ein Tief, umgeben von einer s ü d l i c h e n F r o n t a l z o n e mit jet-Geschwindigkeiten bis 115 kn (unten außerhalb des Kartenbildes, besser in Abb. 35 zu sehen). Am 18. April wandert eine kanadische Zyklone in der nördlichen Frontalzone ostwärts nach Labrador (55^0 N, 65^0 W) und mit ihr das ganze zugehörige Trog-Rücken-System, wobei sich alle Teile etwas verschärfen (Abb. 34).

Da das südliche Tief und seine Zyklone währenddessen fast erdfest liegen bleiben, kann der „primäre" Trog der kanadischen Zyklone, als er am 20. April bei seiner Ostwanderung den 70. Längengrad erreicht, sich mit diesem Tief v e r b i n d e n (Abb. 35). Entsprechend wird die Kaltfront dieser Zyklone von der Rückseitenströmung des Tiefs erfaßt, so daß sie südwärts zur südlichen Frontalzone vorstößt. Demgegenüber bewegt sich nun die Zyklone des atlantischen Tiefs nordostwärts in den Warmsektor der kanadischen Zyklone, bis sich beide bei Neu-Fundland (am 20. bei 53^0 N, 51^0 W) unter Vertiefung auf 980 mb vereinigen. Diese Zyklogenese ähnelt den Fällen 3, 10 und 12 (Abbn. 23a, 30a bzw. 31); jedoch ist hier das südliche Tief weit kräftiger. Dieses verschmilzt mit dem „primären" Trog der nördlichen Frontalzone, so daß e i n großer, scharfer „primärer" Trog entsteht. Nur ein kleines Resttief bleibt cut-off-artig zurück (30^0 N, 64^0 W). Die Vorderseitenströmung des neuen Troges vereinigt die Strahlströme beider Frontalzonen (die aber mangels Windbeobachtungen nicht detailliert werden konnten).

Der Rücken vereinigt ebenfalls diejenigen beider Frontalzonen, so daß er wie ein mächtiger Hochkeil erscheint. Die mit der Verlängerung des „primären" Troges und Aufsteilung des Rückens verbundene Vergrößerung der Bogenlänge führt zu einer „cut-off"-Bildung am „sekundären" Trog über dem Ostatlantik, während der jet stream nur noch bis zum neuen „sekundären" Resttrog der nördlichen Frontalzone reicht (vgl. Abb. 33). Hier trennen sich polarer und subtropischer jet stream wieder.

Die amerikanische Zyklone zieht unter weiterer Vertiefung zur Südspitze Grönlands, wo sie am 22. April einen Kerndruck von 965 mb erreicht (64° N, 36° W; Abb. 37). Der zunächst weit offene Warmsektor okkludiert erst am 22. über Island. Der „primäre" Trog verstärkt sich am 20. (Abb. 36) unter Einbeziehung des grönländischen Tiefs und dreht um 40° nach links (bei der Koordinatenverschiebung geht ein Teil verloren), wird aber flacher. Demgegenüber verschärft sich der neue „sekundäre" Trog und dazwischen der Rücken, insbesondere am 21. (Abb. 37). Die stark antizyklonal gekrümmte jet-Achse am 21. ist an der grönländischen Ostküste durch Windstärken bis 100 kn (70° N, 22° W) gut belegt. Am 22. wird die Aufsteilung und damit die antizyklonale Krümmung in der Rückenlinie so stark, daß der jet stream dort abreißt und sich über Europa ein neuer „sekundärer" cut off bildet (vgl. Abb. 33). Zwar weist das 200 mb-Niveau noch einen jet stream in der Rückenlinie auf (fett punktiert in Abb. 37); jedoch ist dieser auch hier nur ein schwacher südlicher Ast (65 kn), während der Hauptast (115 kn) nach Norden weist, wo eine neue nördliche Frontalzone entsteht (vgl. Abb. 35). Diese Aufspaltung [7] geschieht hier (im Gegensatz zu Abb. 35) innerhalb des polaren jet stream, denn der subtropische jet stream verläuft weiterhin südlich des ersten cut off (dieser ist am unteren Rand der Abb. 37 angedeutet).

In der neuen Frontalzone bildet sich am 22. April (nicht mehr veröffentlicht) ein neuer Rücken (unter Einbeziehung eines Hochs, das in Abb. 37 oben rechts zu sehen ist) und ein neuer „sekundärer" Trog am sibirischen Tief. Die grönländische Zyklone zerfällt jedoch rasch, während der „primäre" Trog durch eine neue amerikanische Zyklone belebt wird, die dann die Rolle der vorigen übernimmt.

Dieses Beispiel zeigt die Wirkung einer Zyklogenese durch Vereinigung zweier kräftiger Zyklonen, die mit der Vereinigung zweier Frontalzonen und deren Trog-Rücken-Systeme verbunden ist. Die vormals nur flach gewellte Zonalströmung der nördlichen Frontalzone über dem Atlantik und Amerika deformiert sich derart, daß eine starke Mäande-

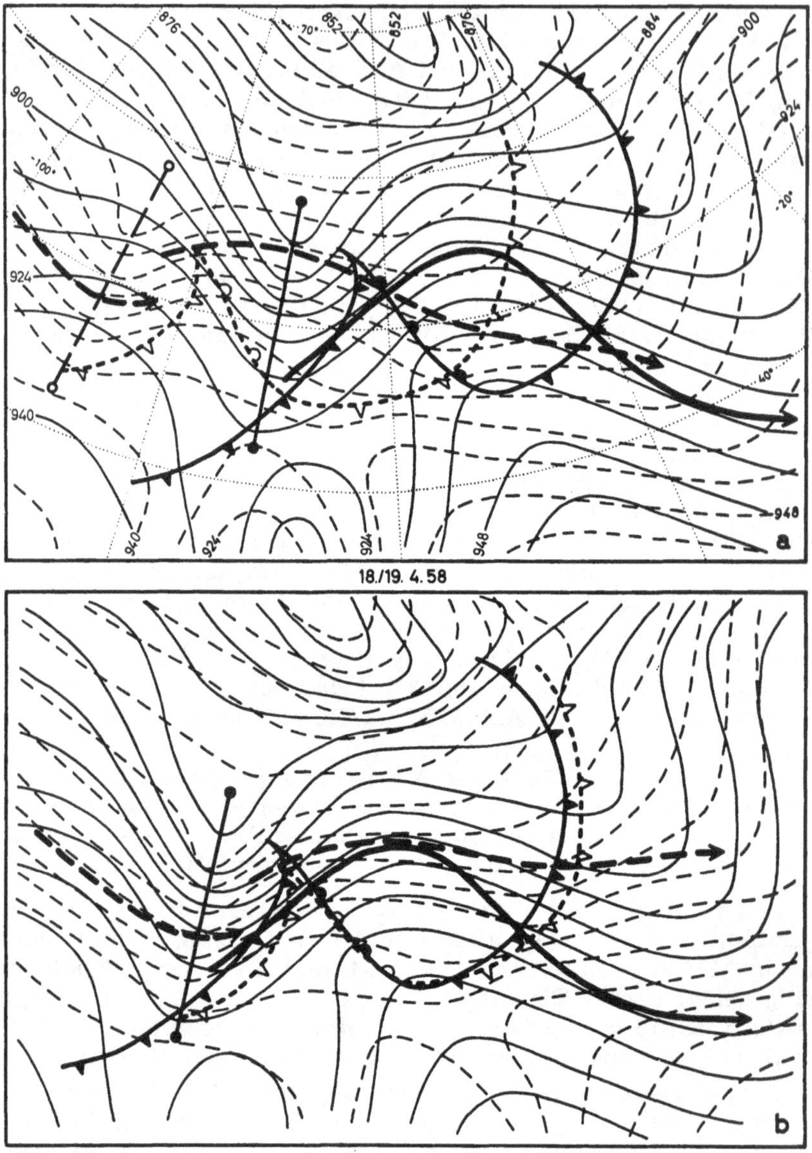

Abb. 34: Fall 13. Erste Phase, zwei Frontalzonen.

a) „Ortsfest", b) „koordinatenverschoben". Legende S. 98—99.

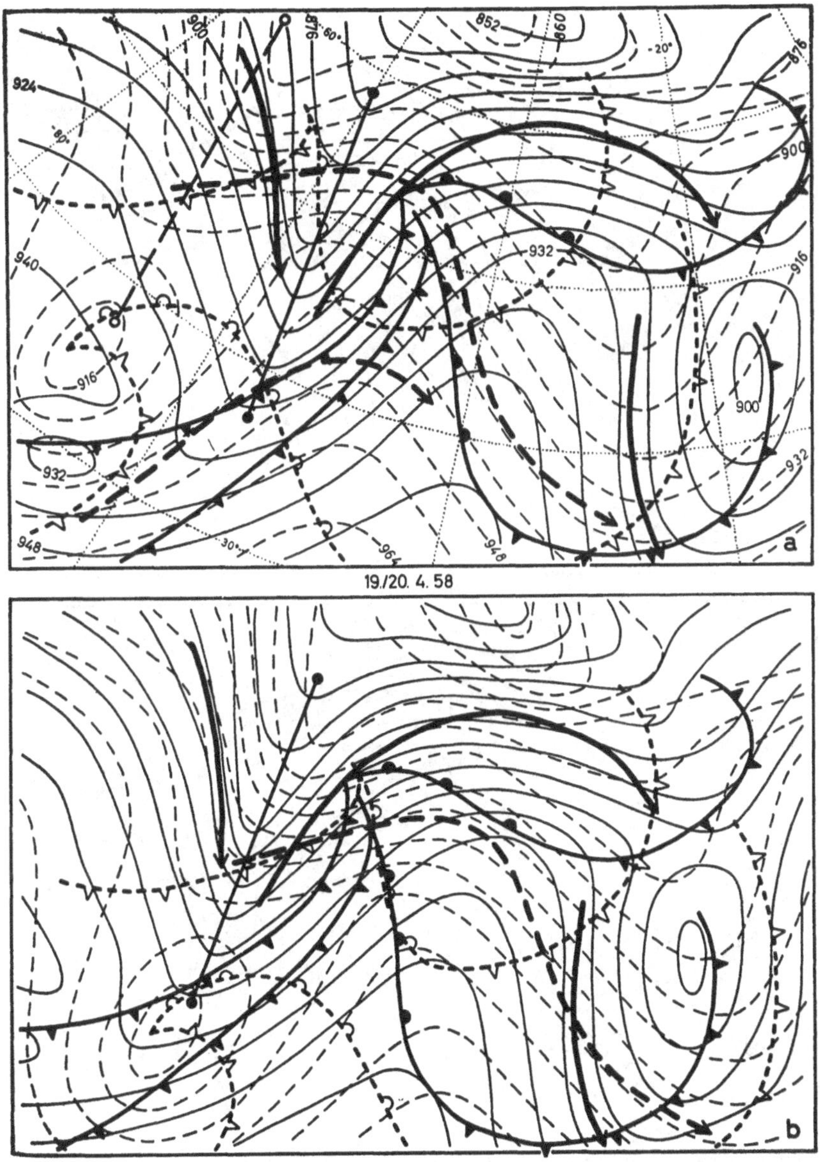

Abb. 35: Fall 13. Zweite Phase, Vereinigung zweier Systeme. a) „Ortsfest“, b) „koordinatenverschoben“. Legende S. 98—99.

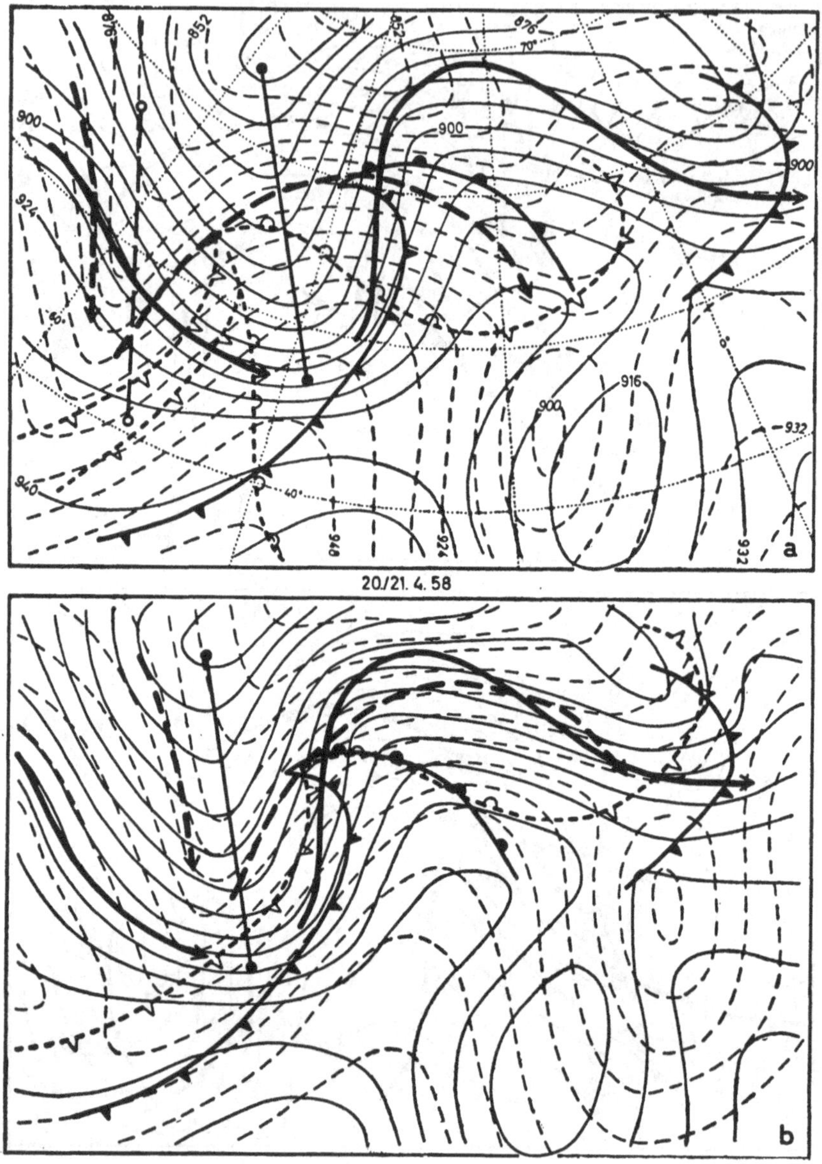

Abb. 36: Fall 13. Dritte Phase, „cut-off"-Bildung.

a) „Ortsfest", b) „koordinatenverschoben". Legende S. 98—99.

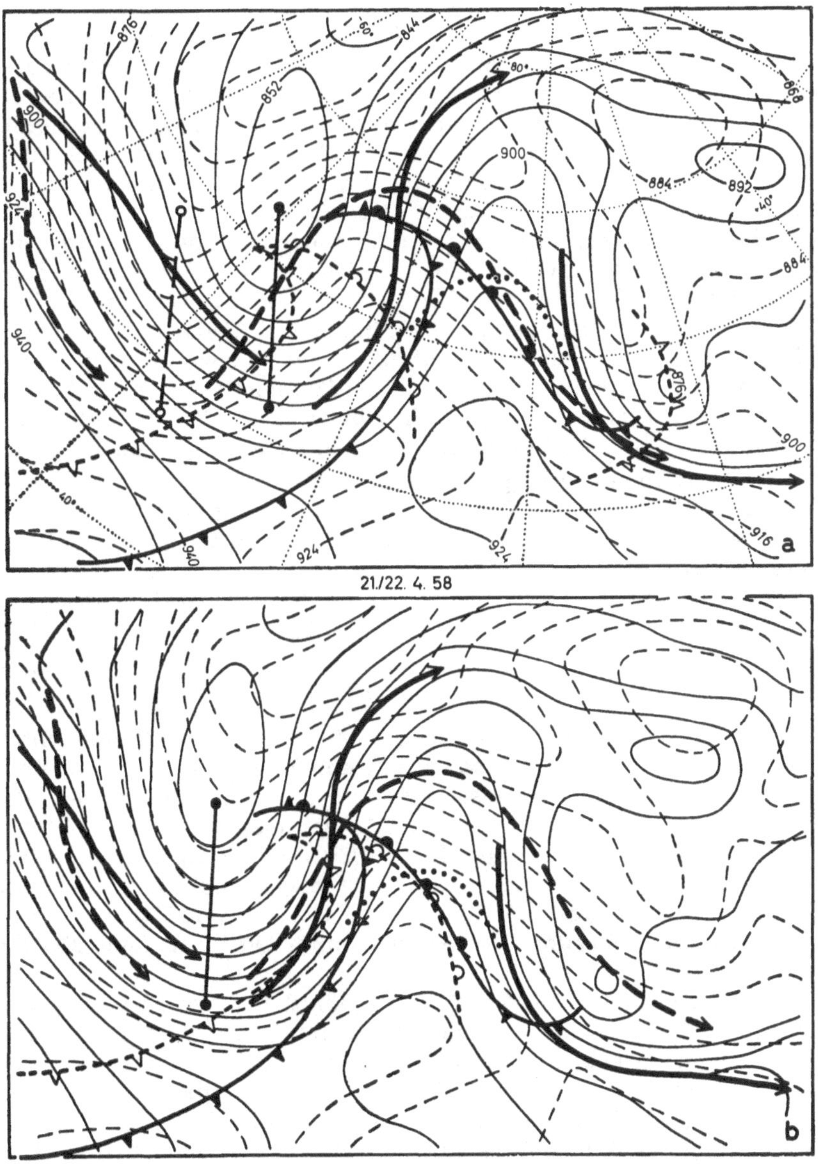

Abb. 37: Fall 13. „Abklingende“ Phase, Abreißen der jet-Achse.
a) „Ortsfest“, b) „koordinatenverschoben“. Legende S. 98—99.

rung entsteht mit einem Hochkeil, der am 23. April schließlich bis zum Nordpol reicht. Diese Aufsteilung ist verknüpft mit einer Verschärfung des „sekundären“ Troges, die zweimal nacheinander zum „cut off“ führt, wobei jeweils eine neue nördlichere Frontalzone entsteht, welche die Mäanderung vorübergehend überwindet. (Vgl. ähnliche Entwicklung am 14./16. Febr. 1948 in Fig. 15 u. 16 bei B. Bolin [18]). Wie im Fall 3 (Abb. 23a) wird eine zonale Strömung (high index) durch die kräftige Entwicklung in eine meridionale (low index) verwandelt [22], wobei die Vereinigung des „primären“ Troges mit dem südlichen Tief offenbar eine auslösende Ursache für die verstärkte Konvektion darstellt. Wie im Fall 12 (Abb. 33) entsteht bei der Aufsteilung des Rückens ein „sekundärer“ cut off, der die Frontalzone verläßt, während in dieser (im Norden) ein neuer (jüngerer) „antizyklonaler Störungsbogen“ entsteht (vgl. hierzu die cut-off-Entwicklung am 25./30. April 1951 in Abbn. 48—53 der Publikation [5] von P. Raethjen).

Der Meridionalisierung entspricht, daß die mittlere Feldverlagerung (laut Koordinatenverschiebung) zunächst (Abbn. 34 u. 35) rein zonal ist (Drehung um den Nordpol), in der weiteren Entwicklung (Abbn. 36 u. 37) aber beim „primären“ Trog eine nördlichere Komponente annimmt (vgl. Fall 12) und antizyklonaler wird (vgl. „abklingende“ Phase des Falles 6, Abb. 27).

Fall 14, 21.—24. Januar 1959, Abbn. 38—40

Über Kanada liegt ein mächtiges Tief mit einem ausgedehnten Trog über den Rocky Mountains und einem schwächeren Trog über Neu-Fundland. Eine Wellenstörung hat sich über Mexiko gebildet und formiert sich auf der Vorderseite des westlichen („primären“) Troges zur Zyklone (Kern am 21. bei 33° N, 98° W). Mit einem große Teile Ostamerikas bedeckenden Niederschlagsgebiet zieht sie unter Vertiefung um 25 mb und Einengung des weiten, kräftigen Warmsektors nach Labrador (Kerndruck unter 970 mb am 23. bei 57° N, 69° W).

Man erkennt am **21./22. Jan. (Abb. 38)** über Amerika eine mächtige, großräumige antizyklonale Auswölbung der vorher ziemlich geradlinigen 300 mb-Isohypsen und am 22./23. (Abb. 39) eine weitere starke Aufsteilung, die bis nach Grönland reicht. Die Zunahme antizyklonaler Krümmung stromabwärts der Fronten ist auch bei der jet-Achse gut belegt mit Windgeschwindigkeiten bis 160 kn am 22. (52° N, 60° W). Zufolge dieser kräftigen Strahlströmung ist der Rücken am 22. so weiträumig ($B = 4000$ km), daß die beiden begrenzenden Tröge nur in der „koordinatenverschobenen" Darstellung (Abb. 38b) gerade noch genügend Platz finden, nicht aber in der „erdfesten" (Abb. 38a) zufolge der Verlagerung der Tröge, so daß erstere auch hierfür vorteilhafter ist.

Die Aufsteilung am **22./23. Jan. (Abb. 39)** wird durch ein Hoch verlängert, das sich bereits über Grönland befand (gestrichelt am oberen Rand der Abb. 39a) und sich mit dem neuen Hochkeil verbindet. Da der jet stream dieses Hoch erfaßt, wird er geschwächt und nordwärts verschoben, so daß er beim „sekundären" Trog abreißt. Dieses Abreißen bedeutet offenbar zugleich eine Trennung in polaren und subtropischen jet stream [16], die am 21. Jan. im Rücken vereinigt waren. Man sieht in Abb. 39 den subtropischen jet stream an der Rückseite des „sekundären" Troges und den polaren jet stream am Hochkeil in einer neuen nördlichen Frontalzone (vgl. Abb. 35). Dort übernimmt ein Tief über dem Nordmeer (oben rechts in Abb. 39a) die Funktion eines neuen „sekundären" Troges.

Die Koordinatenverschiebung zeigt auch in diesem Falle die beim Fall 13 aufgezeigte Gesetzmäßigkeit, daß die mittlere Feldverlagerung in der Anfangsphase (Abb. 38) rein zonal ist, im Endstadium (Abb. 39) dagegen beim „primären" Trog nach Nordosten dreht und antizyklonaler wird (vgl. Abbn. 27 u. 37 sowie 32). Darin zeigt sich, daß der sich aufwölbende Hochkeil auch einen dominierenden Einfluß auf die großräumige Feldverlagerung gewinnt (steuerndes Hoch [2]).

Abb. 40a stellt die zusammenfassende Wirkung der kräftigen Konvektion der amerikanischen Zyklone dar, indem hier die Wetterlagen vom 21. und 23. Jan. „koordinatenverschoben" überlagert sind (vgl. Abb. 28a). Man erhält diese „Änderungskarte", indem man die Abbn. 38b und 39b so übereinanderlegt, daß die ihnen gemeinsame Wetterkarte vom 22. Jan. zur Deckung kommt (und nicht mit eingetragen wird). Die zugehörige Koordinatenverschiebung setzt sich also additiv aus denen der Abbn. 38b u. 39b zusammen und ergibt sich als eine fast parallele Verschiebung (wie bei Abb. 28a), bei der längs des 60. Breitengrades die Koordinatenpunkte 65° W (Vortag) und 32° W (Nachtag), längs des 20. Breitengrades die betreffenden Punkte 56° W und 39° W zur Deckung gebracht sind.

Man sieht in Abb. 40a die Lage der Fronten auf der Vorderseite des mächtigen Troges auf der rechten Seite der starken Strahlströmung (also im Gebiet antizyklonaler Windscherung) und das Zusammenschrumpfen des breiten Warmsektors. Die geradlinige Höhenströmung stromabwärts der Fronten verwandelt sich in einen scharfen Hochkeil, der das Tief im Norden in den „primären" Trog

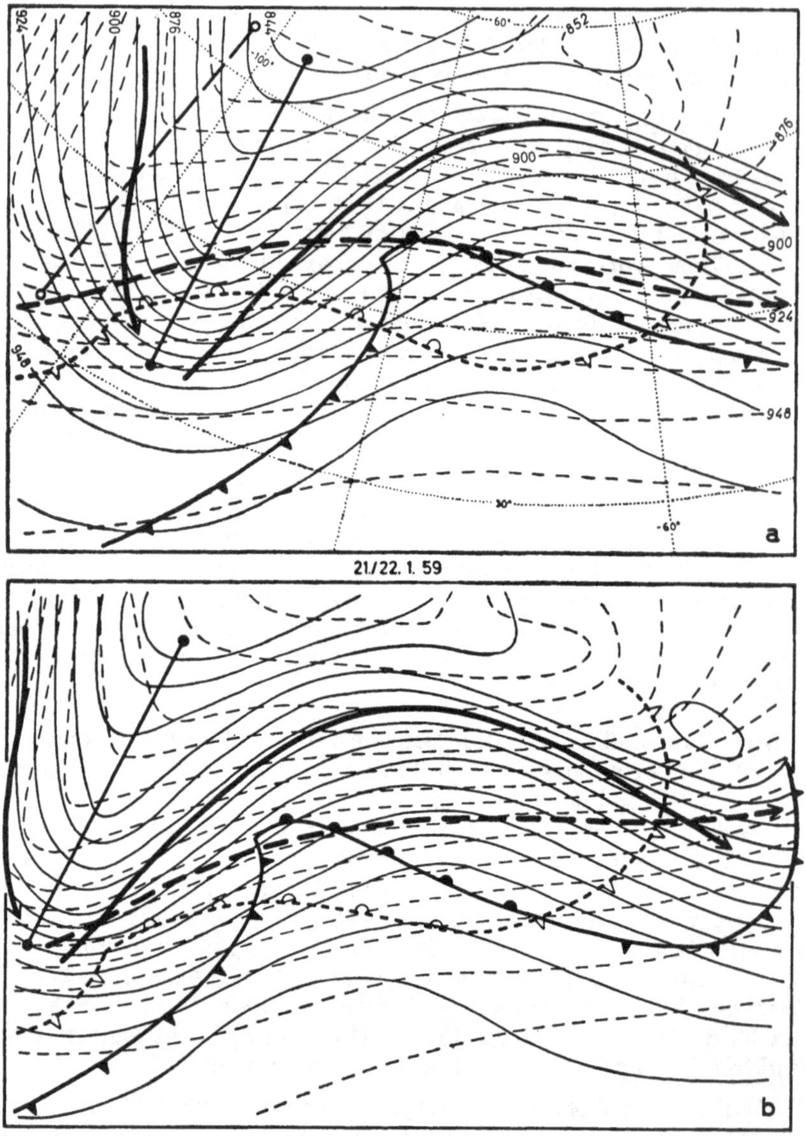

Abb. 38: Fall 14. „Aufbauende“ Phase.

a) „Ortsfest“, b) „koordinatenverschoben“. Legende S. 98—99.

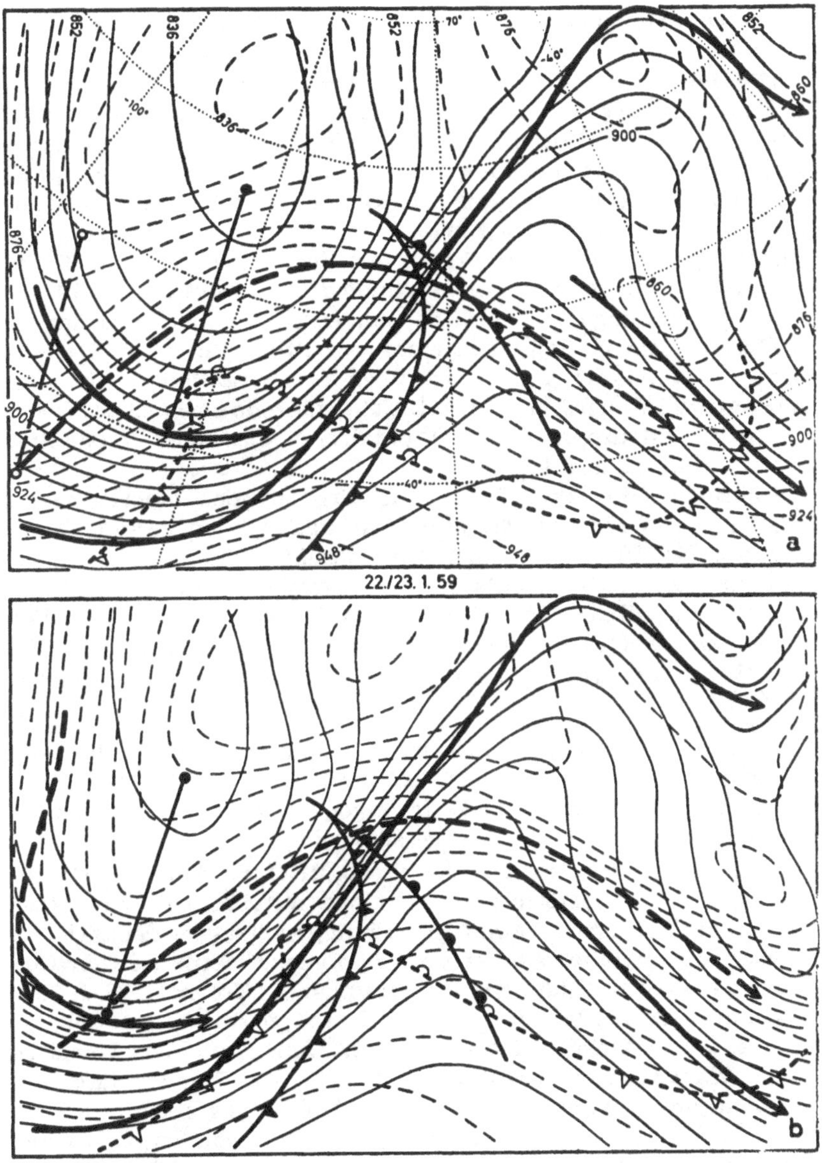

Abb. 39: Fall 14. „Maximal"-Phase, Einfangen eines Hochs.
a) „Ortsfest", b) „koordinatenverschoben". Legende S. 98—99.

und einen neu entstandenen scharfen „sekundären“ Trog zerteilt (vgl. Abb. 28a).

Abb. 40b ist ebenfalls eine zweitägige „koordinatenverschobene“ Überlagerung, aber ein Tag später als Abb. 40a, überdeckt also die Wetterlagen vom 22. und 24. Jan. Die Koordinatenverschiebung ist hier eine zyklonale Drehung von 21° um den Koordinatenpunkt 58° N, 66° E (rechts oben außerhalb der Karte). Dreht man die Abb. 40b so, daß der linke Kartenrand unten liegt, so erkennt man (vgl. die gestrichelte Wetterkarte mit derjenigen in Abb. 39) die rechte Hälfte der weiteren Entwicklung des Falles 14 bis zum 24. Jan.

Die Aufsteilung ist ähnlich derjenigen in Abb. 39. Also hat sich der Hochkeil am 23. Jan. nicht mehr wesentlich verändert. Der verstärkte „sekundäre“ Trog wird über dem Ostatlantik als abgeschlossenes Tief abgeschnürt („cut off“), während sich am Nordmeertief über Westeuropa (in der Frontalzone) ein neuer Trog bildet (vgl. die Fälle 12 und 13).

Währenddessen okkludieren die Fronten der amerikanischen Zyklone über Grönland, die sich zwar noch weiter vertieft (Kerndruck von 955 mb am 24.), aber den Charakter einer Zentralzyklone annimmt. Entsprechend entartet der „primäre“ Trog (in Abb. 40b nicht mehr sichtbar) zum mächtigen Tief über Kanada. So zerfällt das System. Jedoch erfolgt am 24. Jan. noch ein kräftiger Kaltluftausbruch am „sekundären“ Trog über Europa (vgl. die Fälle 2, 5, 6, 7).

Bei diesem besonders kräftigen, großräumigen Fall an der nordamerikanischen Ostküste schält sich somit (analog zu Fall 6) folgende Reihenfolge in den Wirkungen der Konvektion heraus (vgl. die Merkmale auf S. 93 sowie S. 113):

1. „Aufbauende“ Phase am 21. Jan. (Abb. 38): Formierung der Wellenstörung zur Zyklone mit breitem Warmsektor auf der Vorderseite eines großräumigen Troges, der sich verschärft. Aufwölbung eines weiträumigen Rückens mit verstärktem jet stream. Bildung eines „sekundären“ Troges. (Vgl. 1. Phase in Fall 3, Abb. 23a; „aufbauende“ Phase in Fall 6, Abb. 25b).

2. „Maximal“-Phase am 22. Jan. (Abb. 39): Einengung des Warmsektors. Vertiefung der Zyklone. Verstärkung, aber Abflachung des „primären“ Troges. Aufsteilung des Rückens zum Hochkeil (der sich mit einem alten Hoch verbindet) mit neuem nördlichen jet stream. Verschärfung des „sekundären“ Troges (der sich im Kernbereich mit einem alten Tief verbindet). (Vgl. Fall 2, Abb. 22b; 2. Phase in Fall 3, Abb. 23b; Fall 4, Abb. 24; „Maximal“-Phase in Fall 6, Abb. 26).

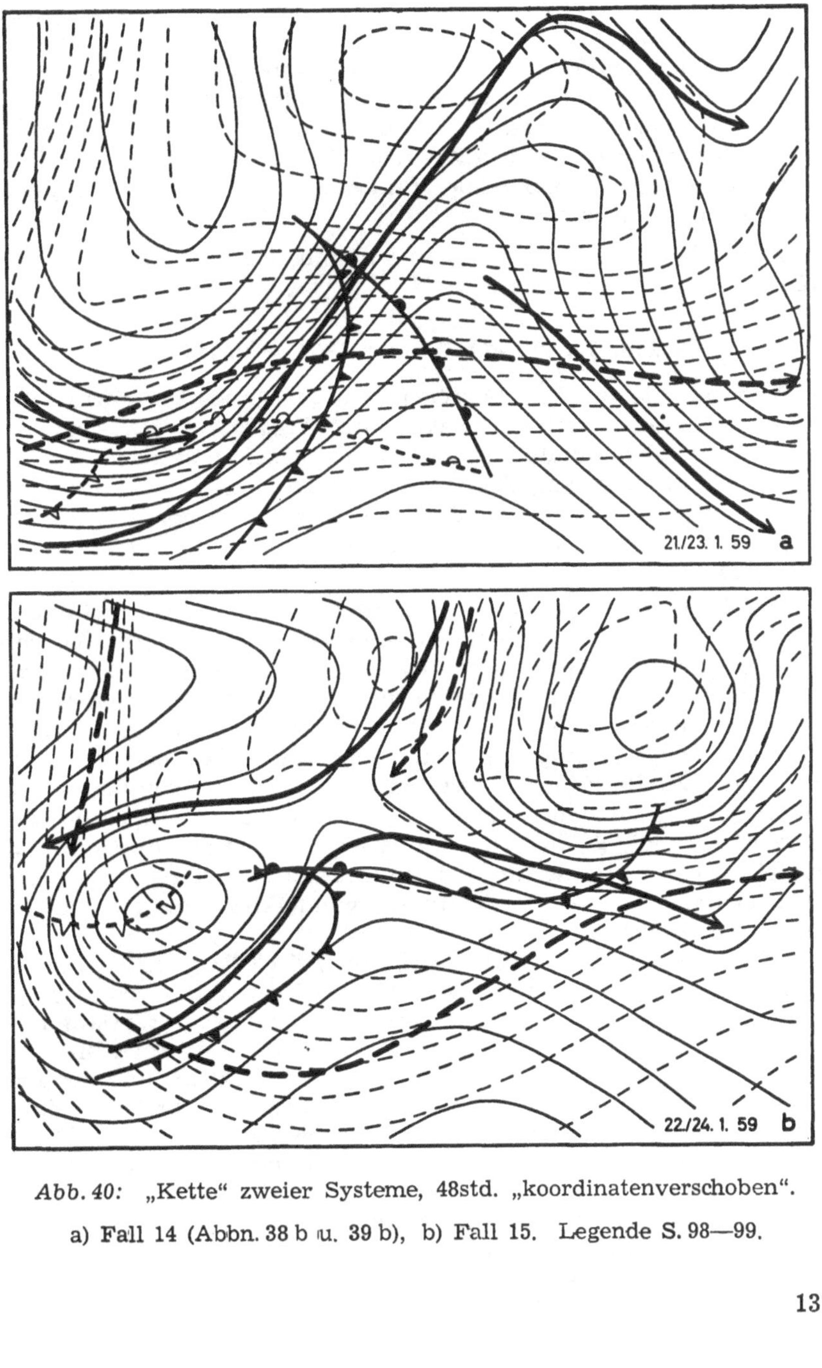

Abb. 40: „Kette" zweier Systeme, 48std. „koordinatenverschoben".

a) Fall 14 (Abbn. 38 b u. 39 b), b) Fall 15. Legende S. 98—99.

3. „A b k l i n g e n d e" P h a s e am 23. Jan. (Abb. 40b): Okkludierung der Fronten. Entartung des „primären" Troges zum mächtigen Tief, in dem die Zyklone den Charakter eines Zentraltiefs annimmt. Ostverlagerung des Hochkeils. „Cut off" am „sekundären" Trog. Neuer scharfer „sekundärer" Trog in der nördlichen Frontalzone mit einem Kaltluftausbruch am folgenden Tag. (Vgl. „abklingende" Phase in Fall 6, Abb. 27; Endphase von Fall 13, Abb. 37).

Auch hier ist eine V e r z ö g e r u n g der Wirkungen am „sekundären" Trog unverkennbar.

Fall 15, 22.—24. Januar 1959, Abb. 40 b

Nun soll die (in Fall 14 schon benutzte) Abb. 40b normal betrachtet werden, so daß der „sekundäre" Trog des Falles 14 auf der linken Seite der Abbildung liegt. Dann erkennt man, daß dieser Trog am 22./24. Jan. zugleich „primärer" Trog einer neuen Entwicklung ist (vgl. Fall 1 oder 7). Diese setzt entsprechend der oben beschriebenen Verzögerung einen Tag später ein als diejenige des Falles 14.

Die zugehörige Kaltfront (gestrichelt links in Abb. 40b) entwickelt sich über den Azoren zu einer Zyklone, an deren Vorderseite subtropische Warmluft nordwärts strömt. Dies führt zu einer antizyklonalen Auswölbung der vorher zyklonal gekrümmten 300mb-Isohypsen über Spanien, die mit zur oben erwähnten Abschnürung des Troges beiträgt („primär" u n d „sekundär" erzeugter „cut off", vgl. Fall 12). Diese Aufwölbung ist besonders deutlich an der jet-Achse zu erkennen, welche gut belegt ist. Das europäische Tief ist der „sekundäre" Trog dieses Systems. Auf seiner Rückseite, die zugleich Vorderseite des nördlichen „sekundären" Troges des Falles 14 ist, werden am 24. Jan. Windgeschwindigkeiten bis 135 kn über Deutschland erreicht.

Die Entwicklung hört auf, als der „primäre" Trog am 24. Jan. als abgeschlossenes Tief von der eigentlichen Frontalzone völlig abgeschnitten wird. Die zum „sekundären" Trog weisende (vorlaufende) Kaltfront führt aber noch zu einem kräftigen Kaltluftausbruch in Europa, da offenbar die Aufsteilungen dieses Systems und des Falles 14 zugleich diesen Rückseitenstrom verstärken und sich dabei ihre „sekundären" Tröge zu einem starken Tief vereinigen. Dieser Kaltluftausbruch und die mit ihm verbundene Zyklogenese über Mitteleuropa wurde, wie man der am 23. Jan. im „Täglichen Wetterbericht" veröffentlichten Diagnose und Vorhersagekarte entnehmen kann, damals nicht erkannt.

Fall 16, 31. März — 2. April 1958, Abbn. 41 und 42

Ein Tief über der Davis-Straße erstreckt zwei Trogausläufer über den Atlantik. Während die Zyklone des östlichen Troges zerfällt, entwickelt sich eine Zyklone auf der Vorderseite des westlichen („primären") Troges zum Sturmtief. Viele Schiffe meldeten im Bereich ihrer Fronten Niederschlag.

Wieder zeigt sich eine Verschärfung des „primären" Troges und am 1. April (Abb. 42) insbesondere eine starke Linksdrehung der Troglinie, durch welche die Aufsteilung des Rückens noch auffälliger wird. Der „sekundäre" Trog verschärft sich am 31. März (Abb. 41), schwächt sich aber am 1. April ab und verschwindet zum 2. April ganz (Abb. 42). Mit ihm verschwindet auch ein schmaler vorgelagerter Hochkeil über den Britischen Inseln (letzterer ist am Verlauf der 900 gDm-Isohypse am 1. erkennbar). Daher nimmt schließlich ein Tief über Europa (am 1. in 54° N, 15° E), etwas westverlagernd, die Stelle eines „sekundären" cut off ein. Der „sekundäre" Trog ist also durch den britischen Hochkeil „hindurchgelaufen" bis zum europäischen Tief. Der neue atlantische Hochkeil des Systems erweitert sich durch Reste des britischen Hochkeils, wobei sich in der nördlichen Frontalzone über dem Nordmeer ein neuer „sekundärer" Trog bildet (vgl. Abb. 39). Der zugehörige jet stream ist durch Windbeobachtungen bis 110 kn belegt.

Am 2. April zerfällt die Zyklone und mit ihr auch der Hochkeil. Es verbleibt im Norden ein Resthoch und im Süden eine leicht gewellte Zonalströmung (vgl. Fall 9).

In diesem Fall sieht man sowohl den polaren wie auch den subtropischen jet stream beteiligt, die sich am „primären" Trog trennen, als ob sich ein Strom in zwei Zweige aufspaltet (Abb. 42; vgl. Abbn. 35, 39) [7]. Der p o l a r e j e t s t r e a m (im Norden) zeigt eine stark antizyklonale Achsenkrümmung und weist zur nördlichen Frontalzone ins Nordmeer, während der s u b t r o p i s c h e j e t s t r e a m (im Süden) mit nur schwacher Achsenkrümmung in der südlichen Frontalzone verbleibt, die ins Mittelmeer gerichtet ist. Beide „umfassen" das europäische Tief wie einen „cut off" (vgl. Abb. 36). Die größere Beständigkeit des subtropischen jet stream bewirkt, daß die südliche Frontalzone erhalten bleibt, während der polare jet stream in diesem Fall nur vorübergehend auftritt, solange die Konvektion wirksam ist (vgl. S. 87, Abb. 18 b).

Im ganzen ähnelt dieses Beispiel dem Fall 14 (Abb. 39) und der Endphase des Falles 13 (Abb. 37) sowie der weiteren Entwicklung des Falles 10 (S. 119). Aber das europäische Tief ist in diesem Fall kein e c h t e r „sekundärer" cut off, wie die zugehörige historische Studie zeigt.

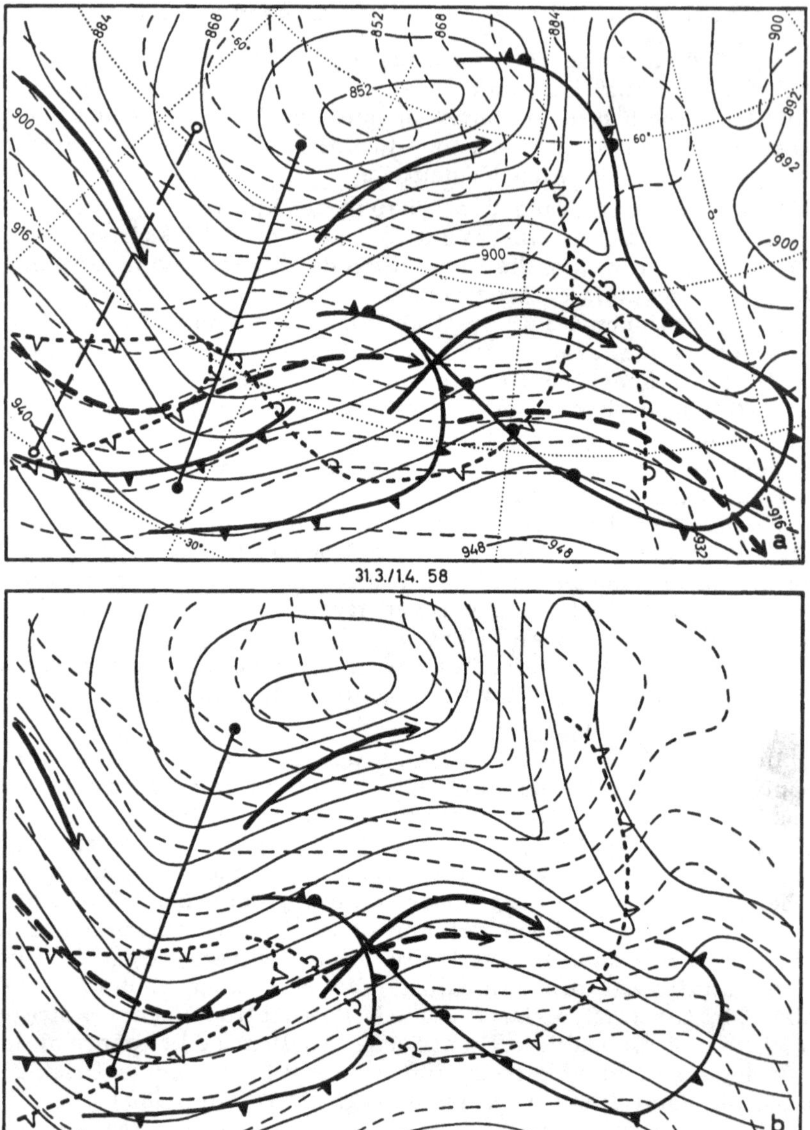

Abb. 41: Fall 16. Erste Phase, polarer und subtropischer jet stream. a) „Ortsfest“, b) „koordinatenverschoben“. Legende S. 98—99.

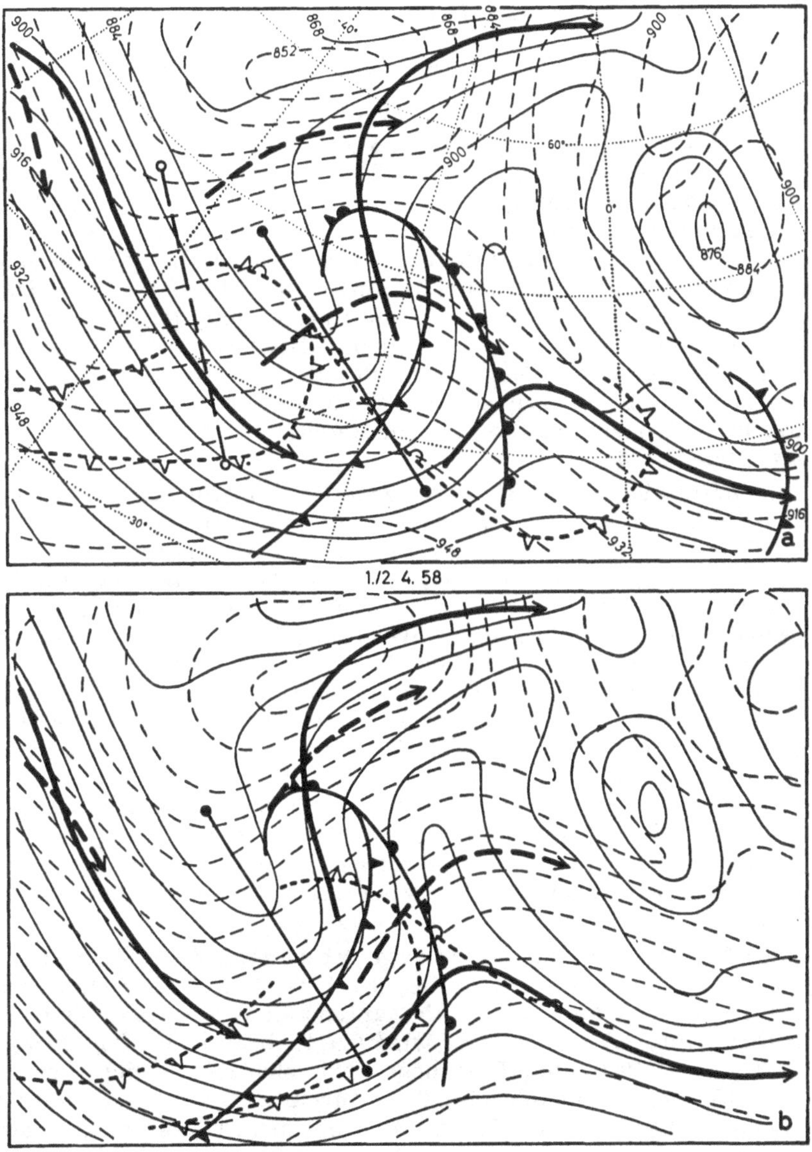

Abb. 42: Fall 16. Zweite Phase, falscher „cut off“.
a) „Ortsfest“, b) „koordinatenverschoben“. Legende S. 98—99.

Fall 17, 18.—21. Dezember 1958, Abb. 43—45

In einer kräftigen Frontalzone wandert eine Zyklone unter ständiger Vertiefung von der amerikanischen Ostküste nach Westeuropa (Kerndruck von 955 mb am 19. in 48° N, 14° W), wo ihre Fronten ein großes Niederschlagsgebiet und auch Gewitter erzeugen. Der vorher schwache Rücken wird am 18. Dez. kräftiger (Abb. 43). Die antizyklonale Krümmung der jet-Achse am 19. ist auf Grund des dichten Radiosondennetzes in Westeuropa sehr gut belegt mit Winden von 65—90 kn. Der „primäre" Trog der Zyklone wird schärfer und nimmt zufolge der Aufsteilung mehr den Charakter eines Tiefs an. Der „sekundäre" Trog, der vorher großräumig ganz Südeuropa bedeckte, wird zweigeteilt. Über dem Mittelmeer entsteht im Bereich des subtropischen jet stream ein „cut off" (34° N, 15° E). Über Europa verbleibt ein schwächer gewordener Resttrog als neuer „sekundärer" Trog dieses Systems im Bereich des polaren jet stream (vgl. Abbn. 32, 35).

Während das kleine Tief im Süden liegenbleibt (am 21. am unteren Rand der Abb. 45), bis es am 23. Dez. vom „primären" Trog eingeholt ist und aufgenommen wird, verstärkt sich der übrige „sekundäre" Trog in den folgenden Tagen in dem Maße, wie sich der Rücken verschärft. Zwar schwächt sich die Zyklone über den Britischen Inseln allmählich ab, während ihre Fronten im Hochkeil okkludieren; jedoch belebt sich die Kaltfront im Mittelmeer, wo am 20. Dez. am zurückgebliebenen Trog eine Wellenstörung entsteht, die erneut insbesondere Frankreich Niederschläge und Gewitter bringt (Kern am 21. in 50° N, 8° E), so daß die Konvektion auf der Vorderseite dieses Troges erhalten bleibt. Dementsprechend behauptet sich auch der „primäre" Trog, verstärkt sich der Hochkeil und verschärft sich der „sekundäre" Trog, bis dieser am 22. Dez. Anschluß findet an das große asiatische Tief (oben rechts in Abb. 45) und dort einen Ausbruch sibirischer Kaltluft auslöst, der am 23. Turkestan erreicht.

Auffällig ist, daß der gegenseitige A b s t a n d d e r T r ö g e am 18. Dez. (Abb. 43) kleiner wird (bei ungefähr gleichbleibender Bogenlänge $B = 2000$ km) zufolge der antizyklonalen Aufwölbung, am 19. Dez. (Abb. 44) aber größer wird (zugleich auch die Bogenlänge, am 20. $B = 3000$ km). Dies liegt (bei gleichbleibender Periode $\tau = 27$ Std.) offenbar daran, daß die Strömungsgeschwindigkeit zugenommen hat (vgl. Gl. [75], S. 54), denn am 20. Dez. wurden dort maximale Windgeschwindigkeiten von 140 kn gemessen.

Auch die antizyklonale Krümmung der jet-Achse ist am 20. Dez. wieder gut belegt. Am 21. (Abb. 45) weist aber der jet stream eine deutliche G e s c h w i n d i g k e i t s l ü c k e in der scharfen Rücken-

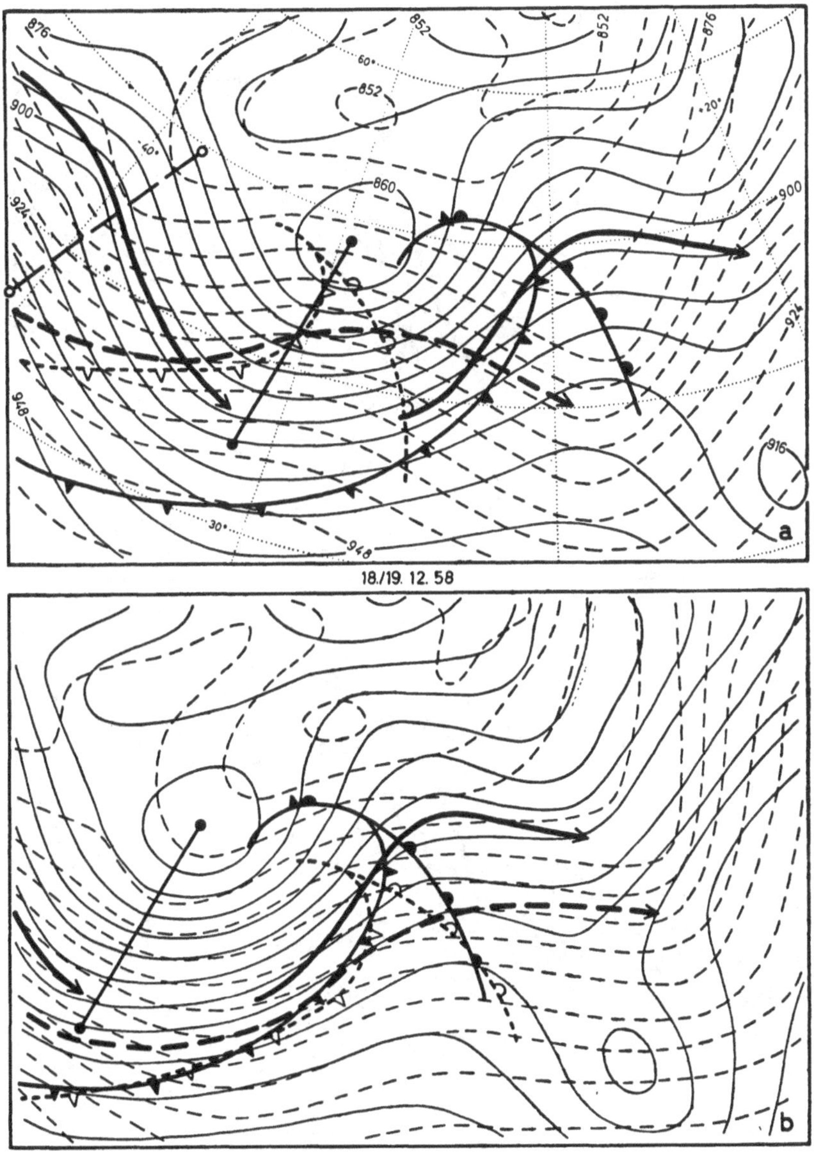

Abb. 43: Fall 17. Erste Phase, kleiner „cut off".

a) „Ortsfest", b) „koordinatenverschoben". Legende S. 98—99.

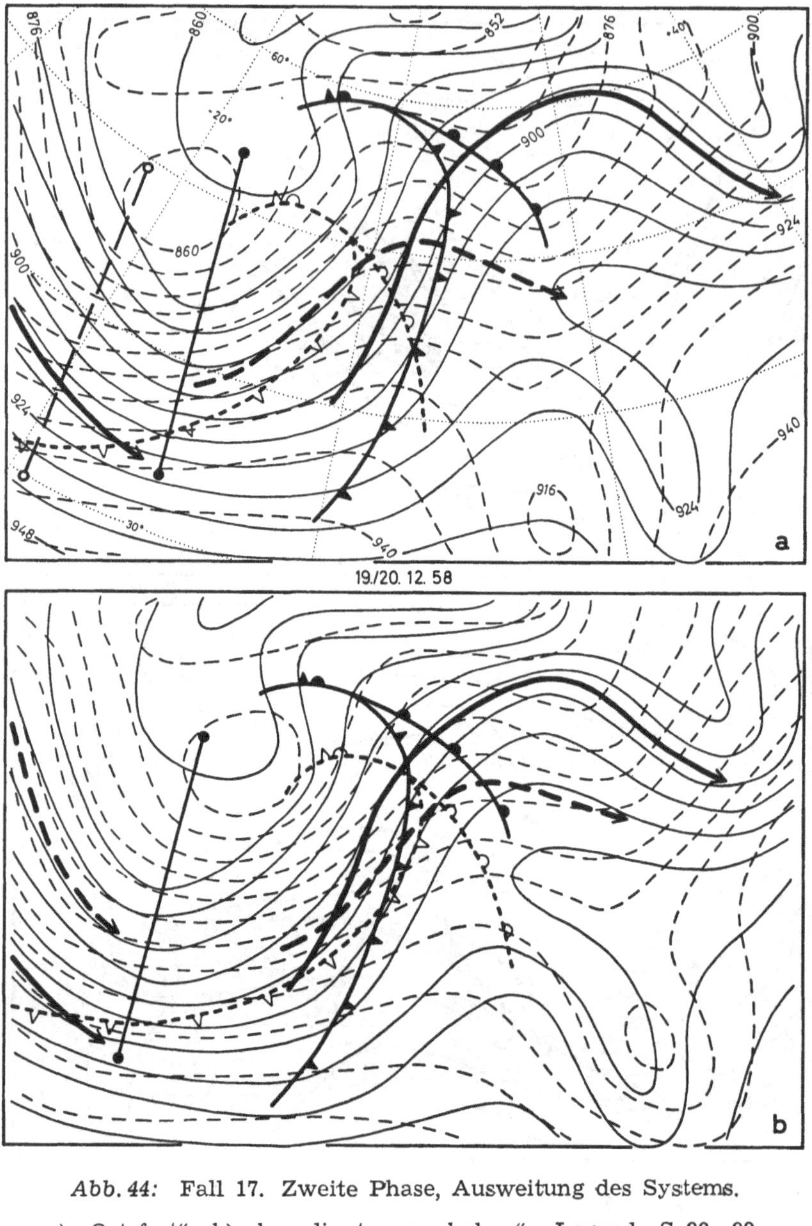

Abb. 44: Fall 17. Zweite Phase, Ausweitung des Systems.
a) „Ortsfest", b) „koordinatenverschoben". Legende S. 98—99.

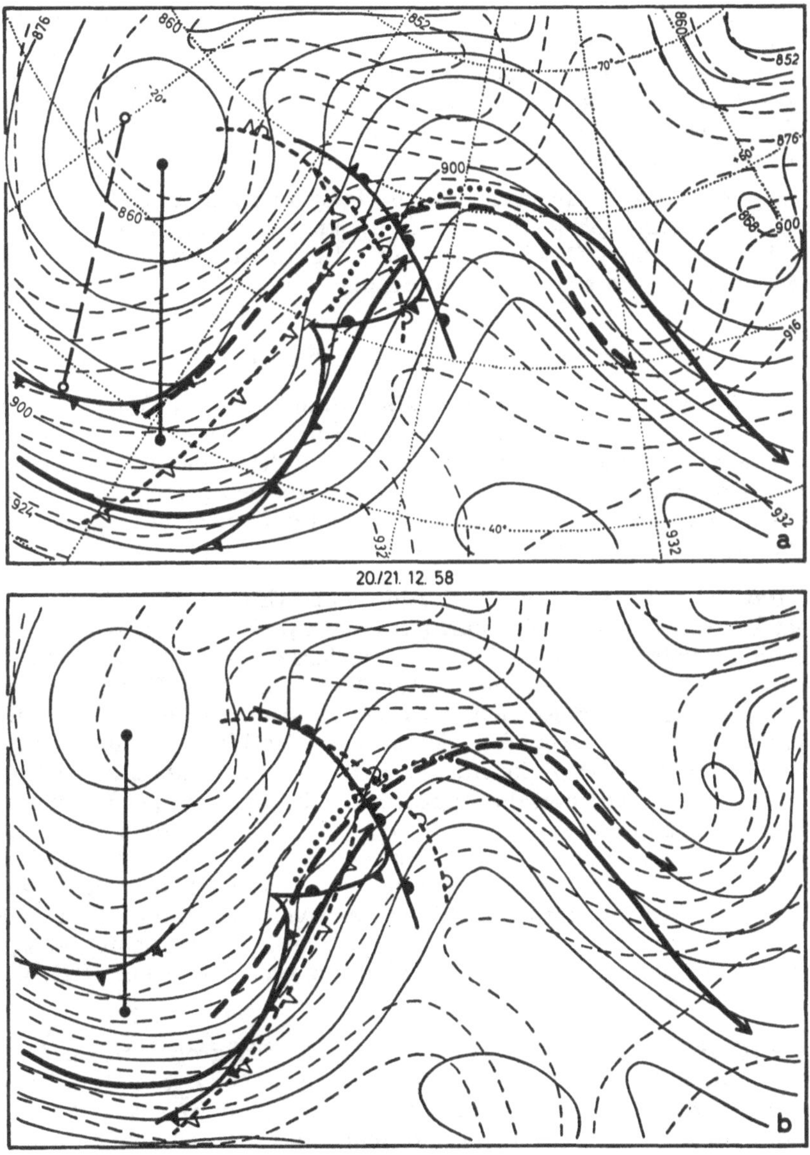

Abb. 45: Fall 17. Dritte Phase, Abreißen der jet-Achse.
a) „Ortsfest“, b) „koordinatenverschoben“. Legende S. 98—99.

linie auf (vgl. Abbn. 22b, 33, 37). Hier läßt er sich besser in der 200 mb-Fläche verfolgen (weswegen dieser fett-punktiert eingetragen wurde, wie bei Abb. 37). Dies deutet darauf hin, daß er in der Rückenlinie so hoch liegt, daß er im 300 mb-Niveau hier nicht mehr erfaßt wird, denn nach der Theorie (S. 65) erreicht er hier seine größte Höhe.

Die mittlere Feldverlagerung verlangsamt sich mit zunehmender Mäanderung (35 kn am 18./19., 15 kn am 20./21. in 45° Breite). Sie ist am letzten Tage wieder auffällig zonal, weil offenbar die Wellenstörung als eine Neuentwicklung wirkt.

Fälle 18 und 19, Abbn. 46

Es folgen nunmehr einige Fälle, welche die Neubildung „primärer" Tröge zeigen und die Bildung einer Wellenstörung an einem neu entstandenen Trog auf Grund der „Sekundärwirkung" eines stromaufwärts gelegenen Systems. Insbesondere bringen die Fälle 18 und 19 (Abbn. 46) diese beiden Phänomene in möglichster Klarheit bei „erdfester" Überlagerung.

Fall 18, 17.—18. Juli 1958, Abb. 46a. Ein großräumiger Trog liegt über Ostkanada. Vor ihm (stromabwärts) existiert bereits ein Hochkeil über Grönland. Auf der Vorderseite des Troges entwikkelt sich eine Wellenstörung unter Vertiefung zur Zyklone. Hier verlagert sich das Feld, soweit es zur Frontalzone gehört, mit der Zyklone ostwärts, nicht aber der schmale Hochkeil. Dadurch dreht die Rückenlinie nach links, mit ihr auch der jet stream auf der Vorderseite des Troges und die Zugbahn der Zyklone. Dabei bildet sich über der Zyklone ein neues Tief (52° N, 60° W), über Labrador durch Radiosondenmessungen einwandfrei belegt, mit einem Trog dicht hinter der Kaltfront, während der Hauptteil des vorherigen Troges im Westen zurückbleibt. In der weiteren Entwicklung bewirkt die Ostverlagerung des Feldes, daß eine Randstörung der Zyklone den Hochkeil durchbricht, während im Norden ein Hoch liegenbleibt (vgl. Fall 16).

Fall 19, 14.—15. März 1958, Abb. 46b. Ein großräumiger Trog liegt über dem Atlantik mit einer kräftigen Zyklone, deren Fronten schon den Rücken erreicht haben und okkludieren. Vor der Okklusion wölbt sich ein scharfer Hochkeil auf (wie in Abbn. 25a, 29a). Der jet stream ist in der Rückenlinie (Krümmungsradius von 300 km!) durch eine Windbeobachtung von 80 kn (66° N, 38° W) belegt. Hinter der Okklusion folgt linksdrehend ein „primärer" Trog, der sich vom atlantischen Trog abgespalten hat, während dieser zu-

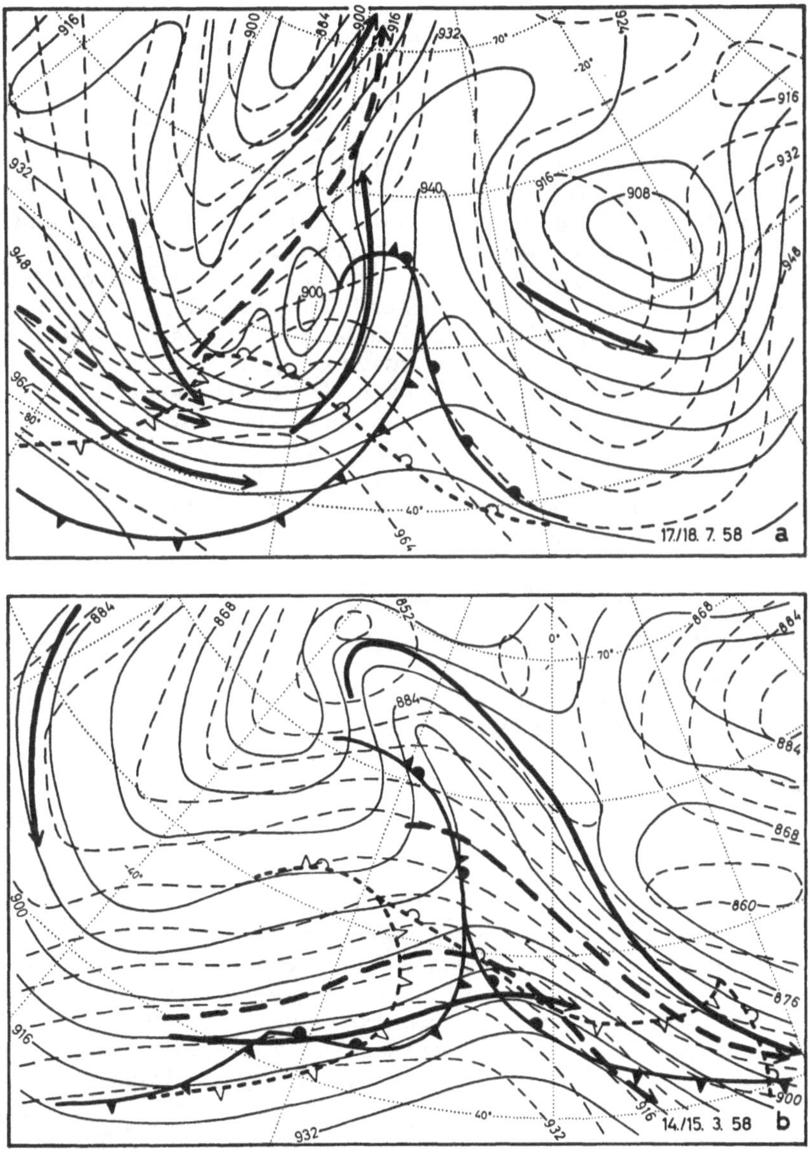

Abb. 46: Trogneubildungen.

a) Fall 18, b) Fall 19. Legende S. 98—99.

rückbleibt (vgl. Abbn. 27, 44, 46a) als „sekundärer" Trog einer Zyklonenentwicklung an der amerikanischen Ostküste.

Zwischen diesen beiden Trögen entsteht eine geradlinige Höhenströmung, in welcher die Kaltfront der atlantischen Zyklone strömungsparallel verläuft, so daß sich dort eine Wellenstörung bildet [2], die sich am 15. März zu entwickeln beginnt (42° N, 22° W). Die Aufspaltung des atlantischen Troges in einen vorlaufenden Teil (als „primären" Trog der Okklusion) und einen zurückbleibenden Teil (als „sekundären" Trog der amerikanischen Entwicklung) macht also einem neuen System Platz, in dem der westliche (zurückgebliebene) Trog zugleich zum „primären" Trog und der östliche (vorgelaufene) Trog zugleich zum „sekundären" Trog wird, so daß eine „Kette" dreier Systeme entsteht (vgl. Fall 7).

Die Entwicklung der Wellenstörung in diesem neuen System bedingt am 15. März eine antizyklonale Aufsteilung zwischen den beiden Trögen (hier nicht mehr veröffentlicht). Diese wird schließlich so mächtig, daß sie sich mit dem Hochkeil des alten (östlichen) Systems verbindet, wobei die neue Zyklone die Rolle ihrer Vorgängerin übernimmt (wie in Abbn. 25, 45).

Fall 20, 17.—18. Januar 1959, Abb. 47

Über dem Atlantik liegt ein Tief mit einer sich auffüllenden Zentralzyklone, deren Okklusion den Hochkeil erreicht hat, der im Zuge der Entwicklung dieser Zyklone entstanden war. Gleichzeitig füllt sich auch der zugehörige „primäre" Trog auf, während sich stromaufwärts an dem Tief als „Sekundärwirkung" einer kräftigen Entwicklung an der amerikanischen Ostküste ein neuer Trog bildet, vor dem die Kaltfront der Zentralzyklone strömungsparallel wird (ähnlich dem Fall 19). Daher bildet sich dort eine Wellenstörung, die sich am 17. Jan. auf der Vorderseite des neuen sich verschärfenden (für sie „primären") Troges zu einer selbständigen Zyklone entwickelt (am 18. in 46° N, 23° W).

Vor den Fronten der neuen Zyklone wölben sich die 300 mb-Isohypsen antizyklonal aus, so daß ein Rücken entsteht, an dem die vorlaufenden Frontenreste der Zentralzyklone als Randstörung antizyklonal nach Osten gesteuert werden. Die „sekundäre" Trogbildung äußert sich darin, daß der alte Hochkeil (vor der Okklusion der Zentralzyklone) abgebaut und eingeebnet wird. Dadurch bildet sich aus dem neuen und dem alten Hochkeil ein breiter Rücken mit einem durchgehenden jet stream (85 kn).

Hier bewirkt also die antizyklonale Aufwölbung nicht eine Verstärkung der Rückenlinie des alten Hochkeils (wie in Abb. 25a oder 46a), sondern eine Ausweitung des „Störungsbogens" (vgl.

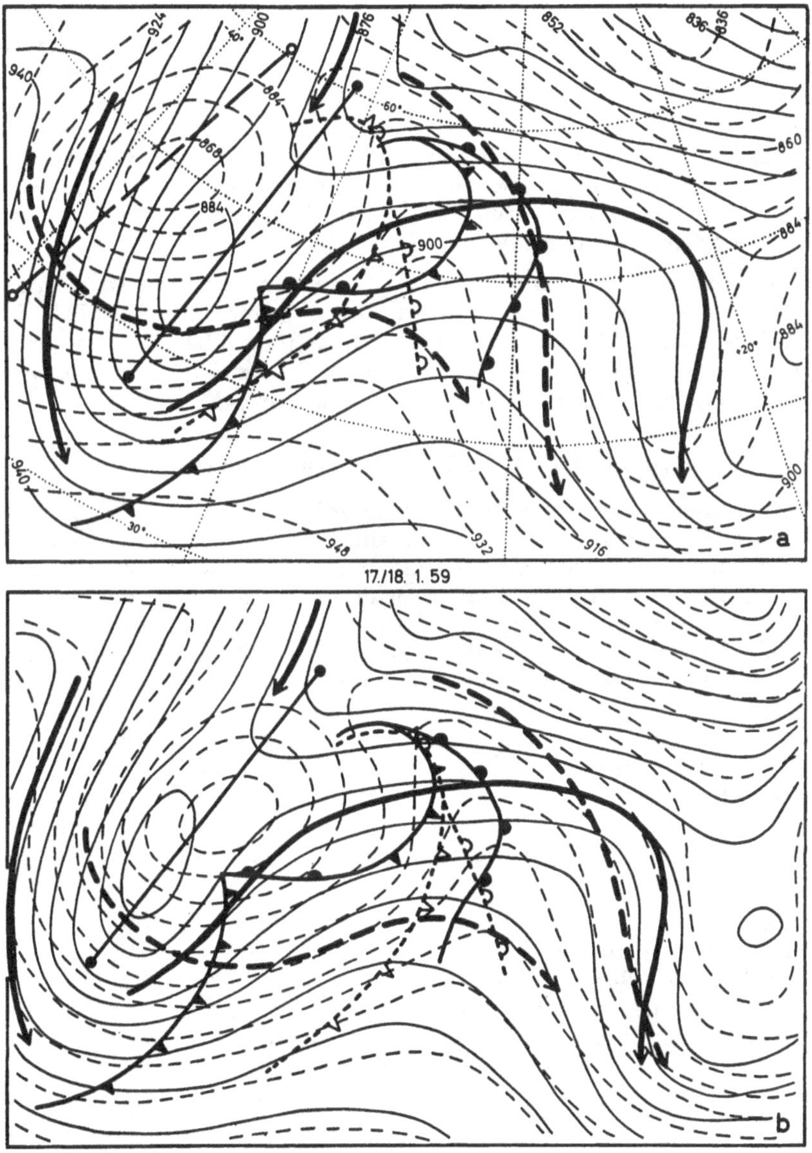

Abb. 47: Fall 20. Neues System mit Wellenstörung.

a) „Ortsfest“, b) „koordinatenverschoben“. Legende S. 98—99.

Abbn. 42, 44), so daß im alten Hochkeil die antizyklonale Krümmung abnimmt, diese lediglich vor der Warmfront der neuen Entwicklung zunimmt. Aber nur letzteres ist als „primäre" Konvektionswirkung hier von Wichtigkeit. Dieses Beispiel lehrt also, daß es bisweilen nicht genügt, nur die Stärke der antizyklonalen Krümmung im Hochkeil am Vor- und Nachtag zu vergleichen, um die entsprechende konvektiv bedingte Feldänderung (1. Merkmal, S. 93) richtig zu beurteilen. Die Entwicklung einer Wellenstörung liefert häufig eine solche Erscheinung (vgl. Abb. 31).

Der Rücken und sein jet stream verstärken sich noch am 18. Jan. Die vorlaufenden Fronten entarten zur „Warmfrontwelle" [23] der nachfolgenden Entwicklung. Der dortige Trog über Südosteuropa übernimmt die Rolle des „sekundären" Troges (vgl. Abb. 42), verschärft sich und entartet schließlich zum „cut off".

Fall 21, 8.—12. März 1958, Abbn. 48 a—49 b

Ein großräumiger, breiter Trog überdeckt Europa vom Eismeer bis zum Mittelmeer. Er ist von einer Frontalzone umgeben mit einem Strahlstrom, der von Grönland bis Rußland reicht mit Winden bis 135 kn. Mehrere kleine Störungen, kenntlich an den Bodenfronten, sowie k l e i n r ä u m i g e T r ö g e u n d R ü c k e n umrunden diesen Trog stromabwärts. Auf der Trog-Rückseite über dem Atlantik erscheinen diese Störungen zunächst als Kaltluftstaffel. Am Trogende über dem Mittelmeer legen sie sich eine Warmfront zu. Dabei vertieft sich die zugehörige Zyklone. Es bildet sich hinter ihr ein kleiner Trog, vor ihr ein entsprechender Rücken (wie eine Beule an dem großen Trog). Diese Entwicklungen in der Frontalzone des Troges wollen wir über fünf Tage verfolgen. Da der europäische Trog in dieser Zeit ziemlich ortsfest ist, genügen „erdfeste" Überlagerungen.

Die **erste Störung** entwickelt sich am 8. März über dem Mittelmeer (Abb. 48a) und erreicht am 10. über Polen (52^0 N, 27^0 E) einen Kerndruck von 985 mb, bis sie am 11. durch die nachfolgende Entwicklung wieder aufgelöst wird (Abb. 49a). Ihr immer schärfer werdender Rücken über Rußland läßt sich bis zum 12. verfolgen (Abbn. 48a—49b), ihr nachfolgender „primärer" Trog bis zum 11.

Die **zweite Störung** entwickelt sich am 9. März über dem Mittelmeer und folgt ihrer Vorgängerin. Vor ihr bildet sich ein eigener Rücken (Abb. 48b), der zunächst bis zum Trog der vorlaufenden Zyklone reicht (so daß dieser zugleich „sekundärer" Trog dieses Systems wird), am 11. diesen aber zerdrückt und sich am 12. mit dem Rücken des vorlaufenden Systems zu einem großen Hochkeil verbindet (Abb. 49b). Ihr „primärer" Trog verstärkt sich zusehends (Abbn. 48b—49b) und reicht am 12. von der Ostsee bis zum Kaspischen Meer.

Die **dritte Störung** entwickelt sich am 11. März über dem Mittelmeer und errichtet einen neuen Rücken (Abb. 49b), der am 12. mit einem kräftigen jet stream bis zum Trog der vorlaufenden Zyklone reicht und am 13. diesen als „sekundären" cut off abspaltet.

Die Frontalzone, in der sich die eben beschriebenen Entwicklungen abspielen, berührt am Trogende über dem Mittelmeer den Bereich des subtropischen jet stream, der (getrennt vom polaren jet stream [16]) über Nordafrika und dem Vorderen Orient Winde bis 150 kn aufweist. Daher fehlt im Bereich der Fronten über dem Mittelmeer eine antizyklonale Windscherung (insbesondere in Abb. 49). Dies ist der Grund dafür, daß die dort auftretenden Systeme sich nur relativ k l e i n r ä u m i g entwickeln. Die Bogenlängen sind teilweise kürzer als 1500 km.

Der Fall 19 war ein instruktives Beispiel dafür, wie sich an einem Tief zwei Tröge bilden, zwischen denen ein neues System entsteht. In diesem Fall 21 konnte gezeigt werden, wie mehrere solche kleinräumigen Systeme sich an einem großräumigen Trog entwickeln. Die nächsten Fälle bringen Beispiele für die Entwicklung eines großräumigen Systems an einem Tief, das dadurch in zwei Tröge (den „primären" und den „sekundären" Trog des neuen Systems) geteilt wird (vgl. auch Abbn. 22a und 30a sowie 25b oder 28a).

Fall 22, 19.—20. Februar 1959, Abb. 50 a

Ein großräumiger Trog überdeckt den Osten Nordamerikas. Am Trogende über Texas fließen der polare und der subtropische jet stream zusammen [16], so daß beide auf der Vorderseite des Troges eine kräftige Höhenströmung bilden mit Winden bis 150 kn. In dieser entwickelt sich am 19. Febr. an der Atlantikküste eine Wellenstörung zu einer Sturmzyklone, die am 20. über Neu-Fundland (53° N, 58° W) einen Kerndruck von 970 mb aufweist. Dabei engt sich der vorher breite Warmsektor merklich ein. Große Temperaturgegensätze und ein ausgedehntes Niederschlagsfeld deuten auf starke Konvektion hin.

Die vorher leicht zyklonal gekrümmten Isobarisohypsen werden vor den Fronten stark antizyklonal ausgewölbt. Der so entstehende Hochkeil weist eine maximale 24stündige Topographieänderung von + 50 gDm (59° N, 44° W) auf. Ebenso mäandert die jet-Achse. Der „primäre" Trog verstärkt sich (vgl. die 852 gDm-Isohypsen) und

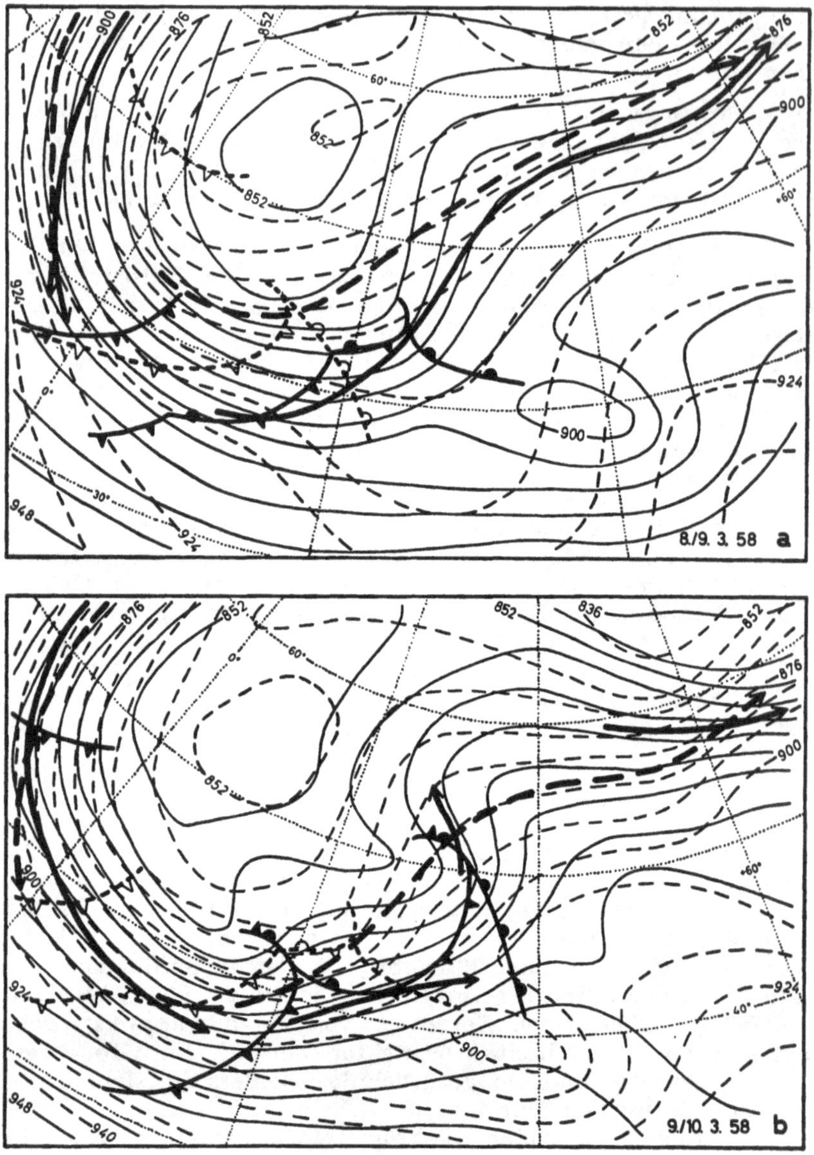

Abb. 48: Fall 21. Kleinräumige Systeme an einem Trog.
a) Erste Phase, b) zweite Phase. Legende S. 98—99.

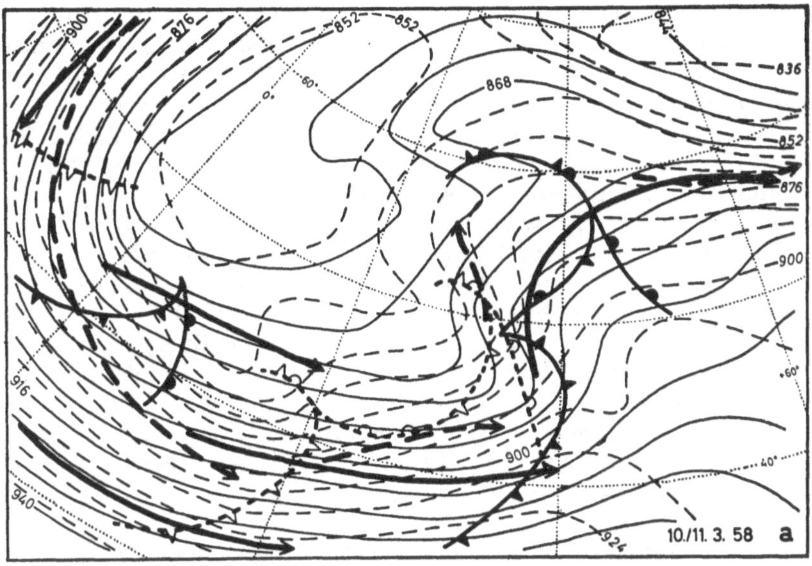

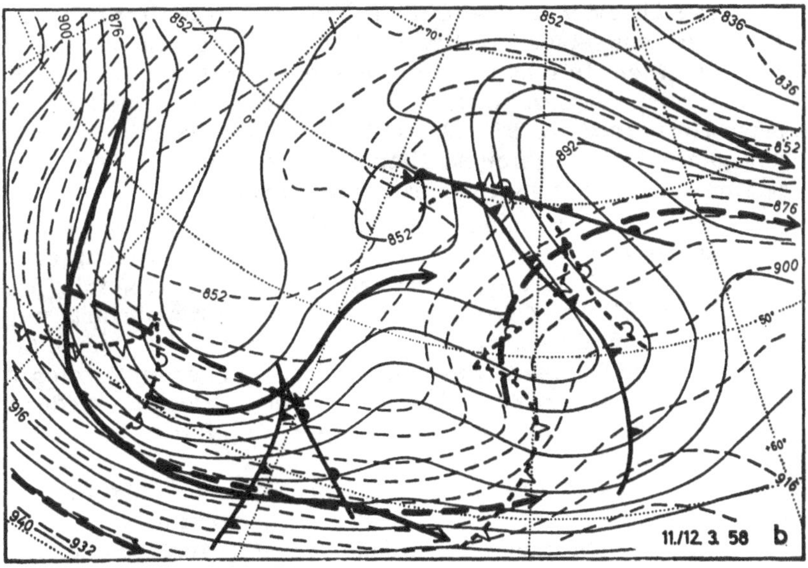

Abb. 49: Fall 21. „Ketten" kleinräumiger Systeme.
a) Dritte Phase, b) vierte Phase. Legende S. 98—99.

folgt der Zyklone. Seine Troglinie dreht dabei um 80°, wodurch die antizyklonale Krümmung der Isohypsen auf seiner Vorderseite noch verstärkt wird (vgl. Abbn. 25a, 30b, 42). Stromabwärts der Aufwölbung deutet sich bereits ein „sekundärer" Trog an.

Die Abb. 50a zeigt nur das Anfangsstadium dieser Entwicklung (die „aufbauende" Phase gemäß Fall 6 oder 14). Die Zyklone okkludiert am 21. Febr. und zerfällt am 22. Der „primäre" Trog füllt sich am 22. wieder auf, bis am 23. eine neue Entwicklung über dem Atlantik einsetzt. Die Aufsteilung erreicht am 22. über Island ihren Höhepunkt, wobei der jet stream mit 110—130 kn einen Krümmungsradius von 700 km aufweist. Der „sekundäre" Trog verstärkt sich zu einem neuen Tief über Europa (maximale 48stündige Topographieänderung —55 gDm) mit einem Rückseiten-jet-stream bis 175 kn (Wanderung des jet-Maximums vom „primären" zum „sekundären" Trog, vgl. Fall 3) und einem Kaltluftausbruch hinter der vorlaufenden Kaltfront, der am 22. das Schwarze Meer erreicht.

Fall 23, 2.—5. Februar 1959, Abbn. 50 b—52

Ein Tief über der Davis-Straße mit einem breiten Trog über dem Atlantik ist von einer kräftigen Höhenströmung mit Winden bis 175 kn umgeben. In dieser Frontalzone bildet sich am 2. Febr. eine Wellenstörung, die sich rasch zu einer Zyklone entwickelt und am 4. einen Kerndruck von 975 mb (60° N, 40° W) erreicht. Starke Windkonvergenzen und verbreitete Niederschläge lassen auf eine ergiebige Konvektion im Bereich ihrer Fronten schließen.

In Abb. 50b sieht man, wie anstelle der zyklonalen Höhenströmung vor den Fronten ein breiter, flacher Rücken aufgewölbt wird. Der „primäre" Trog verschärft sich. Seine Troglinie dreht zyklonal um 45°, der Zyklone folgend. Weiter stromabwärts bildet sich in der Frontalzone ein neuer Trogausläufer, der „sekundäre" Trog, der die vorlaufende Störung (Reste okkludierter Fronten der zu dem Tief gehörigen Zentralzyklone) belebt. Dies sind wieder die typischen Merkmale der „aufbauenden" Phase (vgl. die Fälle 6, 14, 22).

Dementsprechend zeigt Abb. 51 die nachfolgende „Maximal"-Phase dieser Entwicklung: Vor dem Warmsektor der Zyklone erscheint ein großräumiger Hochkeil mit gut ausgeprägter antizyklonal gekrümmter jet-Achse. Der „primäre" Trog verschärft sich weiter. Der „sekundäre" Trog verstärkt sich sehr und regt eine starke Zyklogenese am vorlaufenden Frontensystem über Spitzbergen (77° N, 27° E) an.

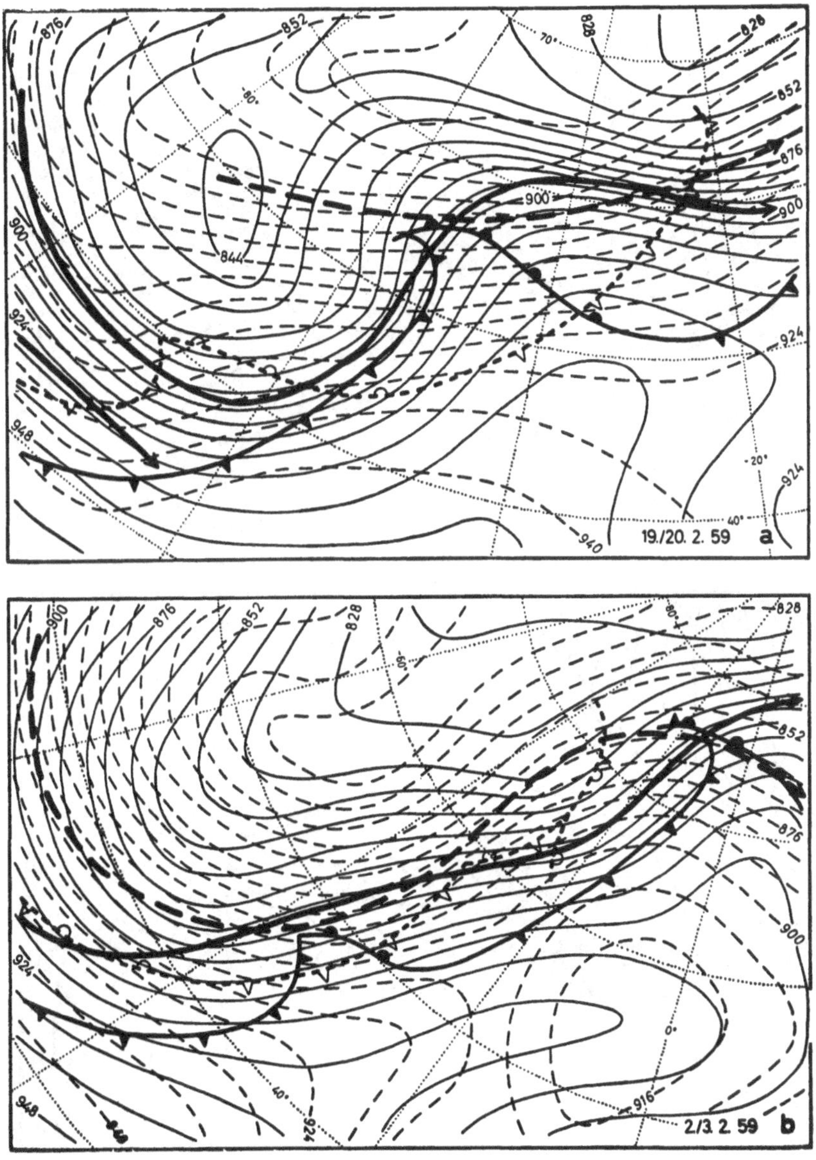

Abb. 50: Zweiteilung eines Tiefs.

a) Fall 22, b) Fall 23, „aufbauende“ Phase. Legende S. 98—99.

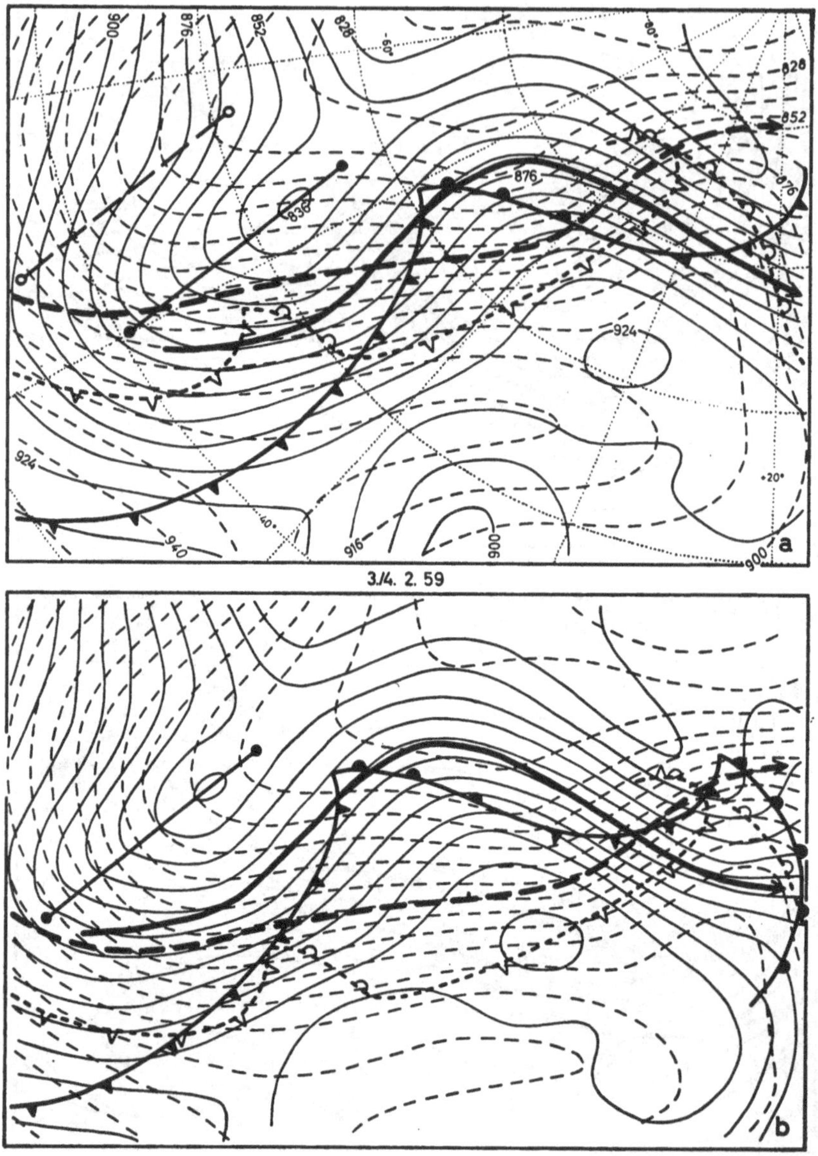

Abb. 51: Fall 23. „Maximal"-Phase, „induzierte" Zyklogenese.
a) „Ortsfest", b) „koordinatenverschoben". Legende S. 98—99.

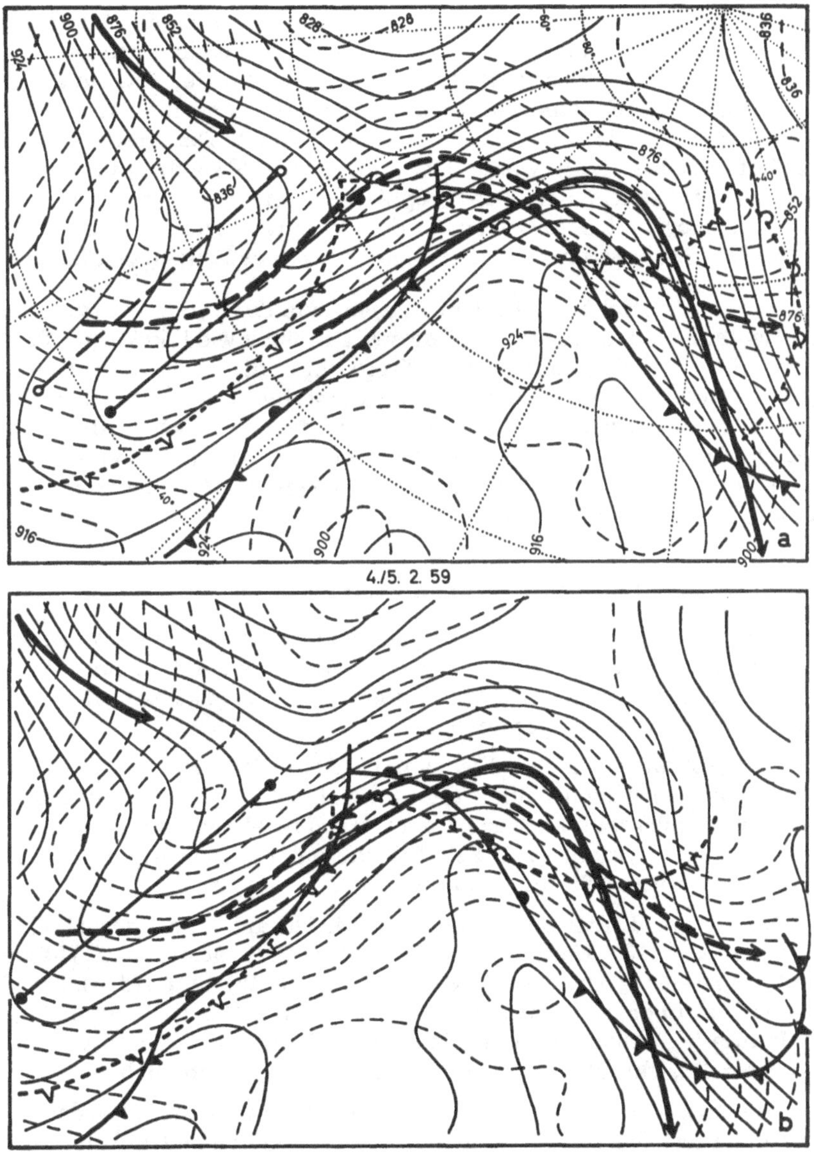

Abb. 52: Fall 23. „Abklingende" Phase.

a) „Ortsfest", b) „koordinatenverschoben". Legende S. 98—99.

Am 4. Febr. zerfällt die Zyklone über Grönland. Daher gibt Abb. 52 die „abklingende“ Phase der Feldänderungen wieder: Der „primäre“ Trog schwächt sich ab. Seine Verschärfung wird „sekundär“ durch eine Entwicklung an der amerikanischen Ostküste erzeugt, die am 5. zum „cut off“ führt. Der Hochkeil verschärft sich nur noch wenig. Der „sekundäre“ Trog dringt mit einer 24stündigen maximalen Topographieänderung von —44 gDm nach Rußland vor und entartet am 5. dort ebenfalls zum „cut off“. Der zugehörige Kaltluftausbruch erreicht am 6. das Schwarze Meer.

Dieses Beispiel zeigt in drei Phasen, wie durch die antizyklonale Aufwölbung an einem Tief dieses sich in zwei kräftige Tröge („primären“ und „sekundären“ Trog) teilt, die schließlich beide (als „cut off“) ein selbständiges Tief darstellen (vgl. Abbn. 22a, 28a, 29a, 40a). Dabei zerfällt das System und formiert sich in der nördlichen Frontalzone erst am 6. Febr. wieder, als die Zyklone über dem Nordmeer durch die „Sekundärwirkung“ der nachfolgenden Entwicklung neu belebt wird.

Fall 24, 11.—13. April 1958, Abb. 53 a

Ein Musterbeispiel für die Zweiteilung eines Tiefs in einen „primären“ und einen „sekundären“ Trog ist dieser Fall. Er ist als 48stündige „Änderungskarte“ mit „erdfester“ Überlagerung gezeichnet.

Ein großräumiges Tief liegt am 11. April über Europa mit einer kräftigen Frontalzone über dem Mittelmeer. Eine Kaltluftstaffel auf seiner Rückseite erreicht am 11. das Mittelmeer und entwickelt sich dort zur Zyklone (vgl. Fall 21), die am 13. über Algerien einen Kerndruck unter 995 mb annimmt.

Hinter der Kaltfront schiebt sich ein scharfer „primärer“ Trog vor, der am 13. Madeira erreicht (maximale 48stündige Höhenänderung —46 gDm über Lissabon, 39° N, 9° W) und sich dann als neues Tief über Spanien abspaltet („cut off“). Die antizyklonal gekrümmte jet-Achse auf seiner Rückseite deutet darauf hin, daß dieser Prozeß „sekundär“ erzeugt worden ist (vgl. Abb. 40 b).

Die antizyklonal gekrümmte jet-Achse auf seiner Vorderseite dokumentiert die entsprechende „Aufwölbung“ auf Grund der Konvektion im Bereich der Mittelmeerzyklone. Diese Aufwölbung erzeugt anstelle der zyklonalen Höhenströmung (am 11.) einen weiträumigen Rücken (am 13.) über Südosteuropa (maximale 48stündige Höhenänderung +42 gDm über Belgrad, 45° N, 20° E).

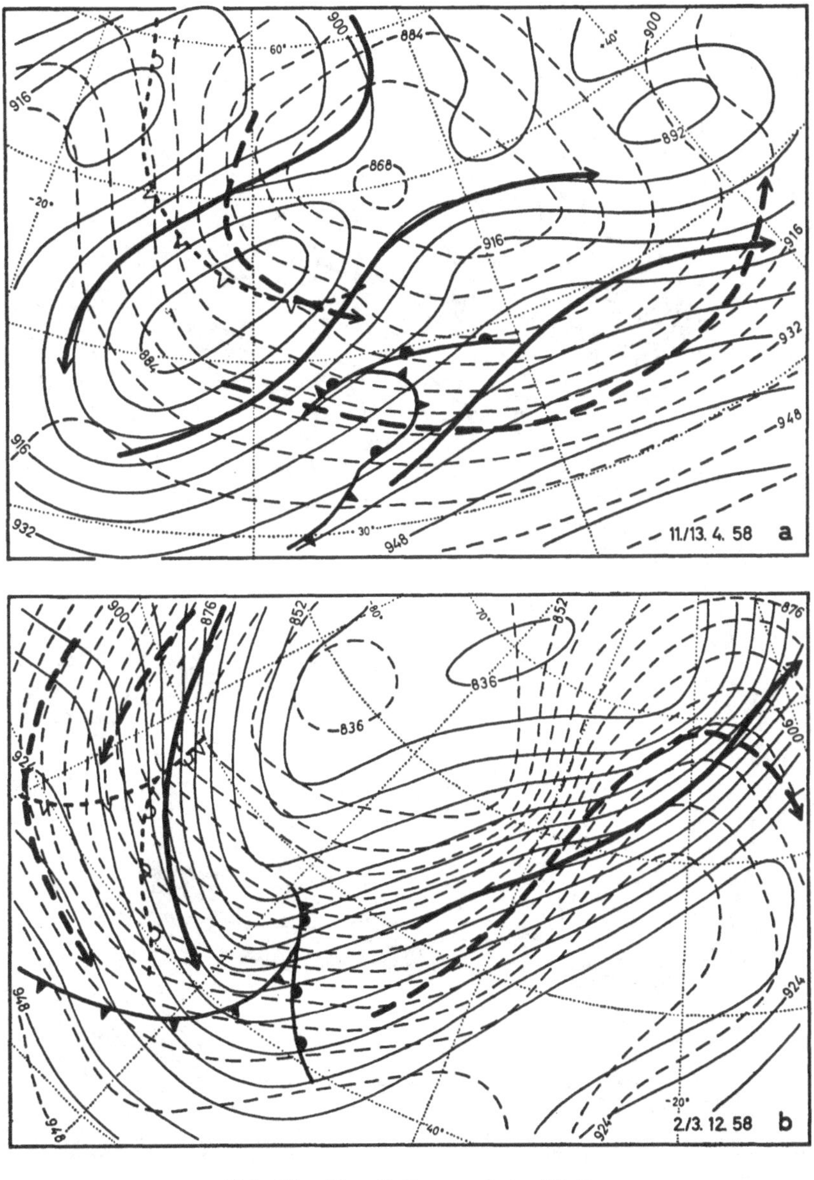

Abb. 53: Zweiteilung eines Tiefs.

a) Fall 24, 48std., b) Fall 25, „aufbauende“ Phase. Legende S. 98—99.

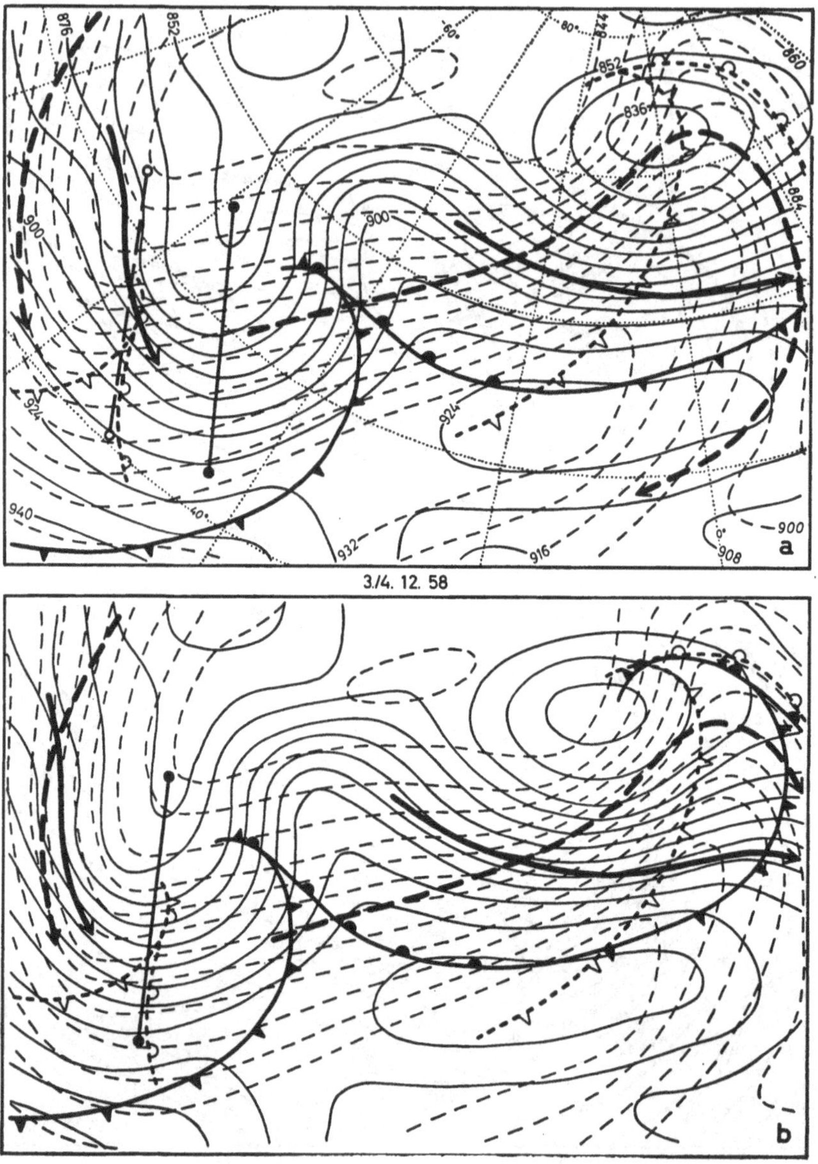

Abb. 54: Fall 25. „Maximal"-Phase.

a) „Ortsfest", b) „koordinatenverschoben". Legende S. 98—99.

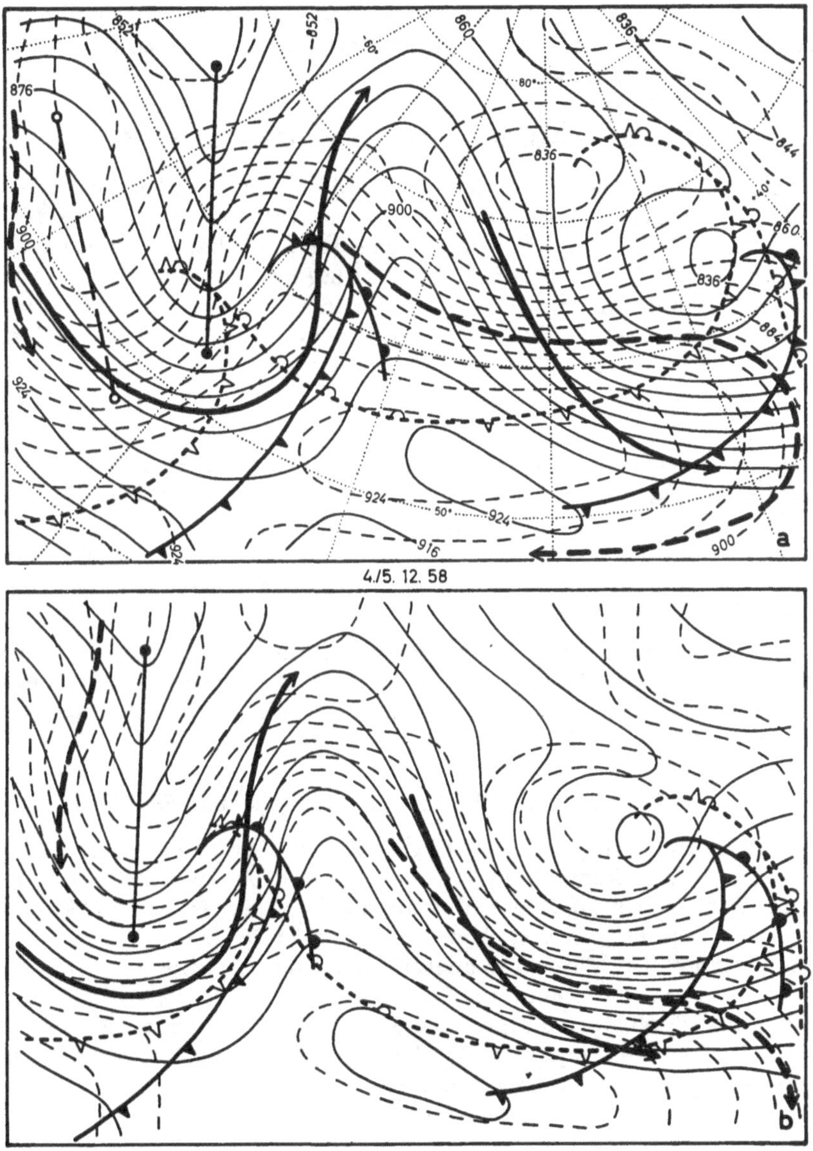

Abb. 55: Fall 25. Endphase.

a) „Ortsfest“, b) „koordinatenverschoben“. Legende S. 98—99.

Nach Osten schiebt sich ebenfalls aus dem europäischen Tief ein Trogausläufer vor, der „sekundäre“ Trog dieses Systems. Er erreicht am 13. April den Irak.

Fall 25, 2.—5. Dezember 1958, Abbn. 53 b—55

Über Ostkanada liegt ein großräumiger Trog. Auf seiner Rückseite ziehen Reste einer alten pazifischen Zyklone ostwärts und erreichen am 2. Dez. die Troglinie nahe der amerikanischen Ostküste (50° N, 77° W). Dort belebt sich die Störung und entwickelt sich unter starker Vertiefung zur Sturmzyklone, die am 4. Dez. bei Wetterschiff B (56° N, 50° W) einen Kerndruck von 975 mb aufweist. Dann füllt sie sich wieder auf, während ihre Fronten okkludieren.

Dieses Beispiel zeigt ähnliche Merkmale wie Fall 23. Am auffallendsten ist wieder die zunehmende antizyklonale Aufwölbung vor der Warmfront. War die Höhenströmung am 2. Dez. dort zyklonal (Abb. 53b), so hat sich zum 5. über Grönland ein Hochkeil gebildet, dessen Isohypsen einen Krümmungsradius von 300 km aufweisen (Abb. 55). Leider kann hier ein jet stream wegen fehlender Windmessungen nicht einwandfrei nachgewiesen werden. Nach dem 5. zerfällt der Hochkeil rasch wieder.

Entsprechend kräftig ist die Entwicklung des „sekundären“ Troges über Europa, der sich auch in der Bodenwetterkarte als eine mächtige Zentralzyklone abzeichnet mit einem Kaltluftausbruch bis zum Schwarzen Meer.

Fall 26, 24.—28. Februar 1959, Abbn. 56

Dieser Fall bringt eine viertägige Entwicklung in zwei 48stündigen „Änderungskarten“ mit „koordinatenverschobener“ Überlagerung. Die Koordinatenverschiebung in Abb. 56a ist eine zyklonale Drehung von 44° um den Koordinatenpunkt 76° N, 52° W, der etwa im Zentrum des Tiefs am oberen Rand der Abbildung liegt. Die Koordinatenverschiebung in Abb. 56b ist eine fast parallele Verschiebung (Translation), bei der längs des 70. Breitengrades der Vortags-Koordinatenpunkt 21° W und der Nachtagspunkt 42° E sowie längs des 40. Breitengrades die entsprechenden Koordinatenpunkte 0° und 21° E zur gegenseitigen Deckung gebracht wurden.

Ein umfangreiches Tief erstreckt sich von Nordamerika bis Grönland mit einem Trog über dem Atlantik. Dieser Trog bildete sich aus dem „primären“ Trog des Falles 22 (Abb. 50a). Auf seiner Rückseite zieht eine schwache Störung ostwärts und erreicht am 24. Febr.

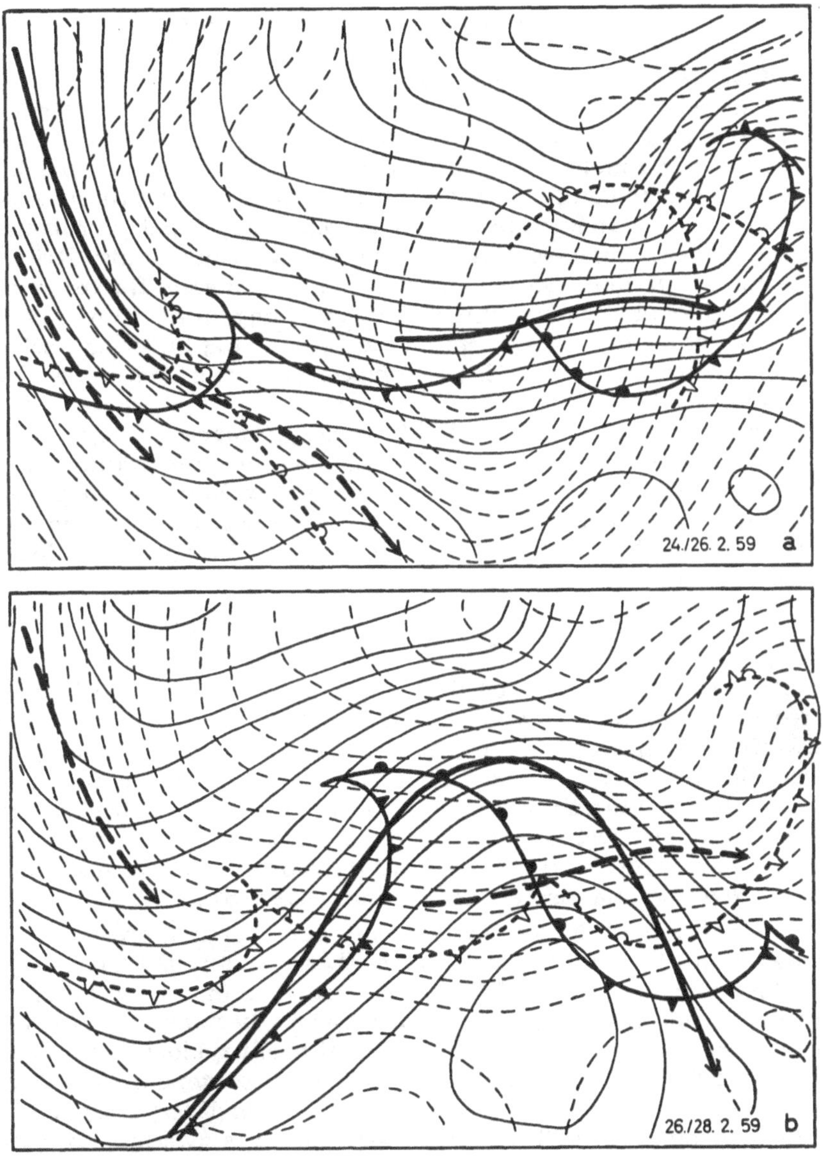

Abb. 56: Fall 26. Umkehr der Isohypsenkrümmung.

a) Erste Phase, 48std., b) zweite Phase, 48std. Legende S. 98—99.

die amerikanische Ostküste. Über dem Atlantik entwickelt sie sich zu einer Sturmzyklone (Kerndruck von 975 mb am 26. bei Wetterschiff D, 960 mb am 28. über Island).

Während sich der zunächst schwache über Amerika nachfolgende Trog verstärkt, wird der großräumige atlantische Trog völlig aufgefüllt, so daß zum 26. Febr. anstelle der zyklonalen Höhenströmung eine zonale Strömung entsteht (Abb. 56a). Hier wölbt sich zum 28. ein mächtiger Rücken auf (Abb. 56b), dessen antizyklonal gekrümmte jet-Achse sehr gut belegt ist (140 kn in der Rückenlinie, Krümmungsradius 800 km, Bogenlänge 3000 km). An diesem Rücken wird die vorlaufende Zyklone unter Abschwächung antizyklonal nach Südosten gesteuert, wo sich ein „sekundärer" Trog bildet, der seine größte Stärke (entsprechend der Verzögerung) am 1. März über der Türkei aufweist.

Am 28. Febr. füllt sich die Zyklone des „primären" Troges rasch über dem Nordmeer auf, als sie den Hochkeil erreicht, während der Trog stromaufwärts liegenbleibt [2], wo er sich hinter einer neuen Störung verstärkt. Der Hochkeil wird schwächer. Der „sekundäre" Trog entartet zum „cut off". Dies sind wieder die typischen Merkmale der „abklingenden" Phase.

Fall 27, 1.—4. November 1958, Abbn. 57—59

Am 31. Okt. lag ein Tief über Neu-Fundland mit einem breiten Trog über dem Westatlantik und einer Zyklone, deren Fronten den Atlantik ostwärts überqueren. Dieser Trog schwächt sich ab, während sich ein n e u e r T r o g über Neu-Fundland bildet am Ende der kräftigen amerikanischen Frontalzone als „Sekundärwirkung" einer mächtigen Entwicklung vor der amerikanischen Pazifikküste. Dieser neue Trog bringt einen Kaltluftausbruch über Kanada, der am 1. Nov. die atlantische Küste erreicht (Abb. 57).

Beim Übertritt dieser Kaltluft auf den Atlantik ergeben sich starke Konvektionen, die auch zu Gewittern führen. Die zugehörige Zyklone verstärkt sich (50° N, 55° W). Der Trog (nunmehr als „primärer" Trog) verschärft sich. Stromabwärts beginnen die Isobarisohypsen, die vorher zyklonal waren, sich antizyklonal auszuwölben, so daß der alte vorlaufende Trog fast verschwindet (Abb. 57b; vgl. Abb. 56a). Nur ein Rest verbleibt als „sekundärer" Trog dieses neuen Systems. Gemäß dieser Trogauffüllung schwächt sich auch die vorlaufende Zyklone ab und zeigt deren Wellenstörung nur noch geringe Wetterwirksamkeit. Ein jet stream ist im Bereich des neuen Rückens am 2. Nov. nicht bestimmbar, da keine ausreichenden Windbeobachtungen vorliegen.

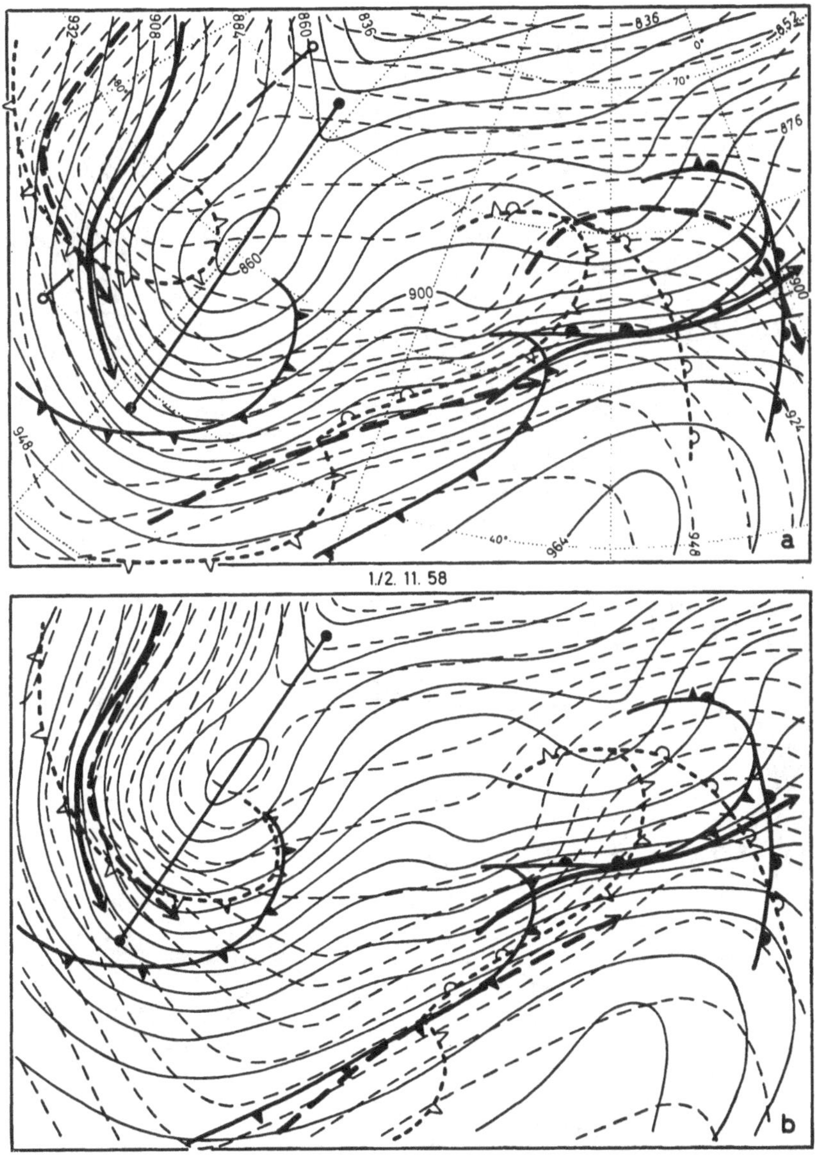

Abb. 57: Fall 27. Erste Phase, Auffüllung des vorlaufenden Troges.
a) „Ortsfest", b) „koordinatenverschoben". Legende S. 98—99.

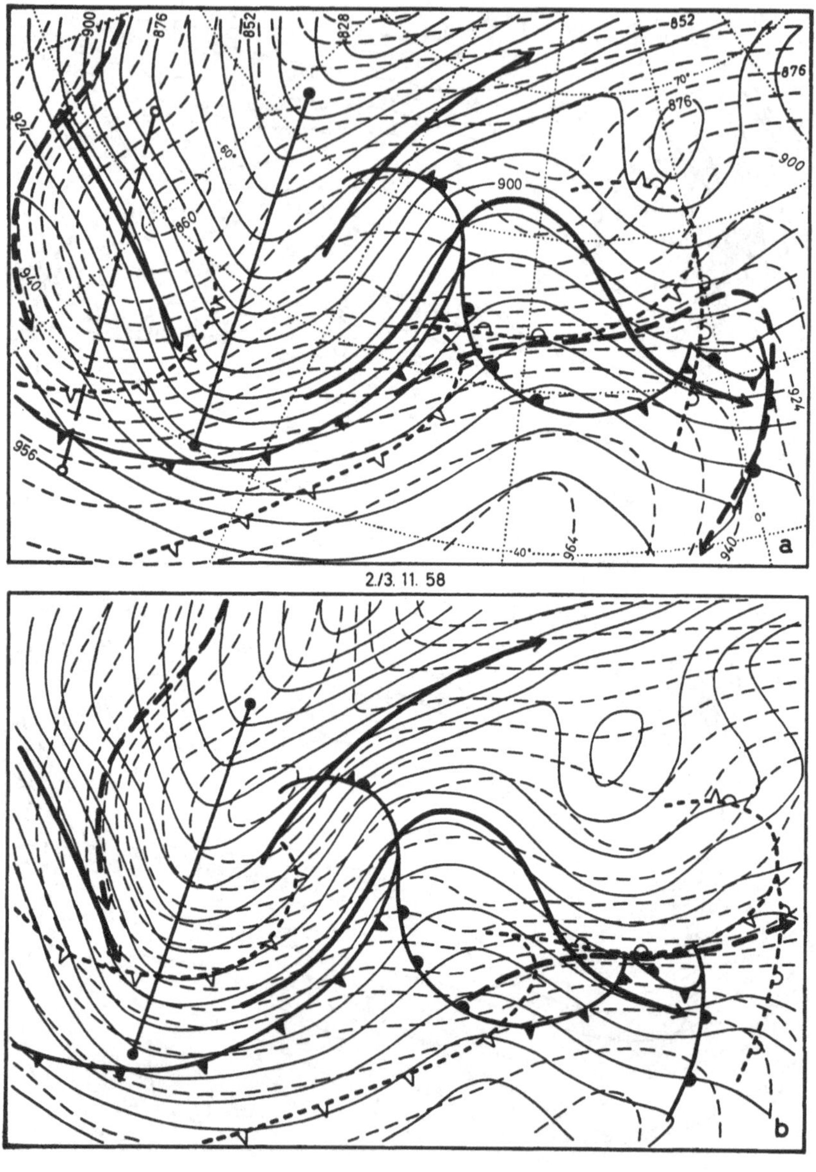

Abb. 58: Fall 27. Zweite Phase, polarer und subtropischer jet stream.
a) „Ortsfest", b) „koordinatenverschoben". Legende S. 98—99.

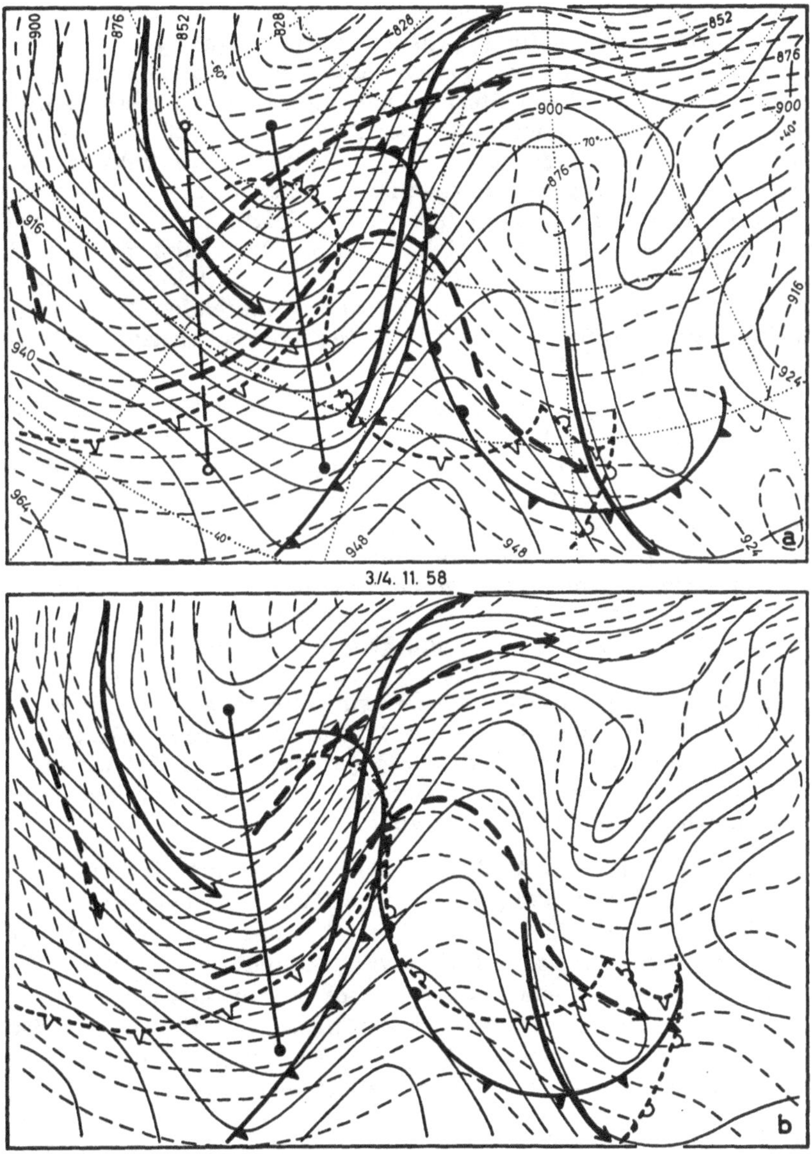

Abb. 59: Fall 27. Endphase.

a) „Ortsfest", b) „koordinatenverschoben". Legende S. 98—99.

Die amerikanische Zyklone zieht am 2. u. 3. Nov. (Abbn. 58 u. 59) unter weiterer Vertiefung nach Südgrönland (am 3. mit 965 mb bei 59° N, 47° W), wobei die Fronten über dem Atlantik okkludieren, aber bis zum 4. starke Wetterwirksamkeit aufweisen (Niederschlagsmeldungen von Grönland bis zu den Azoren, 39° N, 27° W). Der „primäre" Trog verschärft sich weiter und dreht nach links (am 3./4. um 30°). Aus dem flachen Rücken entwickelt sich ein scharfer Hochkeil. Der „sekundäre" Trog jenseits des Hochkeils bleibt schwach, verschärft sich aber derart, daß er am 4. Nov. (Abb. 59) wie eine lange Zunge von Nordskandinavien bis zum Mittelmeer reicht. An seiner Rückseite werden die Fronten der vorlaufenden Zyklone samt Wellenstörung zufolge der starken Aufsteilung antizyklonal nach Süden gesteuert und lösen sich auf.

Die antizyklonal gekrümmte jet-Achse am 3. Nov. (Abb. 58) ist durch Winde von 80 kn belegt (in der Rückenlinie allerdings nicht genau fixierbar). Es ist dies der subtropische jet stream, während der polare jet stream, der in Abb. 57 nur auf der Rückseite des „primären" Troges sichtbar ist, am 3. (Abb. 58) als neuer nördlicher Strahlstrom auch auf der Vorderseite des Troges in Erscheinung tritt. Dieser errichtet eine zonale Brücke über Spitzbergen zur sibirischen Frontalzone, so daß hier der „sekundäre" Trog im Norden abgeriegelt wird (vgl. Abbn. 30b, 35, 37, 39, 43). Dadurch entartet der „sekundäre" Trog über Europa zum „cut off", beiderseitig „umfaßt" vom polaren und vom subtropischen jet stream (vgl. Abbn. 42, 49b). Letzterer reißt am 4. in der Rückenlinie des scharfen Hochkeils ab, während der polare jet stream in der nördlichen Frontalzone die Hauptrolle übernimmt (Abb. 59) und am 5. dort Maximalwerte von 175 kn erreicht.

Am 4. Nov. ist auch in diesem Bereich eine Aufwölbung und ein neuer „sekundärer" Trog am polaren Tief über dem Eismeer erkennbar (Abb. 59). Beides verstärkt sich noch zum 5. (hier nicht mehr veröffentlicht), so daß dort am „sekundären" Trog ein Kaltluftausbruch beiderseits des Urals südwärts in Gang kommt (vgl. die Fälle 13 und 17). Währenddesen füllen sich die grönländische Zyklone und der „primäre" Trog wieder auf. Reste dieses Troges erscheinen wenige Tage später im Fall 12 (Abb. 31) als „sekundärer" Trog.

Bei der Bestimmung der mittleren Feldverlagerung (Koordinatenverschiebung) fällt auf, daß sie am 1./2. Nov. eine südliche Komponente beim „primären" Trog aufweist und damit die dominierende Wirkung des Kaltluftausbruchs an diesem Trog dokumentiert, während sie in den folgenden Tagen dort die übliche nördliche Komponente hat.

Dieser Fall ist ähnlich den Fällen 7 und 15 (Abb. 28b bzw. 40b), in denen auch eine Zyklogenese durch einen Kaltluftausbruch am „sekundären" Trog diesen zum „primären" Trog eines neuen Systems macht. Eine Besonderheit dieses Beispiels ist die überraschende Abschwächung des vorlaufenden Frontensystems samt Wellenstörung und die Auffüllung (Zuschüttung) des zugehörigen „primären" Troges durch die neue Entwicklung (vgl. Fall 26 sowie die zweite Störung des Falles 21). Hier siegt offenbar die durch die stärkere Konvektion an der neuen Zyklone einsetzende antizyklonale Aufwölbung, die das dortige Wettergeschehen förmlich zerdrückt. Ein Vergleich dieser Entwicklung mit den im „Täglichen Wetterbericht" veröffentlichten Vorhersagekarten zeigt, daß weder die Abschwächung der vorlaufenden Zyklone noch die starke Vertiefung der neuen Zyklone noch deren rascher Zerfall vor ihrem eigenen Hochkeil richtig erkannt wurde. Daher sollen am Schluß einige prognostische Regeln aufgestellt werden, die aus der hier vertretenen Theorie und den aus ihr gewonnenen synoptischen Erfahrungen hergeleitet sind.

D. Geographische Koordinaten

In den Beispielkarten mit „koordinatenverschobener" Überlagerung der Wetterkarten sind keine Koordinaten eingetragen, weil diese das Bild zu sehr verwirren würden. Denn es geht hier nicht um geographische Abhängigkeiten und orographische Effekte, sondern um Feldverformungen. Obwohl grobe geographische Angaben bereits in der Beschreibung der Fälle enthalten sind, sollen diese durch die nachfolgende Tabelle genauer präzisiert werden (daneben wird auf die dünn punktierten Koordinaten der „ortsfesten" Karten verwiesen).

Die **Tab. 1** enthält die geographischen Koordinaten der vier Eckpunkte (oben links, oben rechts, unten rechts, unten links) derjenigen Beispielkarten, in denen keine Koordinaten eingezeichnet sind, und zwar die Eckpunkts-Koordinaten der jeweiligen Wetterkarte des Nachtages. Die geographische Lage der betreffenden Wetterkarte des Vortages läßt sich dann aus der angegebenen Koordinatenverschiebung ermitteln. Die Koordinatenangaben in der Spalte φ der Tab. 1 sind Gradzahlen nördlicher Breite, positive Angaben in der Spalte ϑ Gradzahlen östlicher Länge, negative in dieser Spalte Gradzahlen westlicher Länge.

Tab. 1: Geographische Koordinaten (φ, ϑ) der Abbildungs-Eckpunkte, jeweils gültig für den Nachtag.

	Eckpunkte							
	oben links		oben rechts		unten rechts		unten links	
Abb.	φ	ϑ	φ	ϑ	φ	ϑ	φ	ϑ
24b	59	—60	61	+72	35	+34	34	—23
26b	59	—73	59	+53	33	+18	33	—37
27b	67	—87	56	+65	36	+22	41	—40
28a	58	—74	60	+53	34	+17	33	—38
28b	62	+34	56	+163	32	+126	35	+70
29a	52	—43	64	+74	34	+42	29	—10
29b	42	—7	63	+80	30	+65	21	+20
30a	56	—123	56	—13	30	—43	29	—93
30b	53	—79	60	+32	32	+3	29	—48
31b	52	—84	64	+34	35	+2	29	—51
32b	43	—79	80	+57	46	+13	29	—43
33b	71	—100	53	+58	36	+15	44	—48
34b	64	—111	51	+2	28	—30	33	—82
35b	48	—89	63	+12	31	—11	25	—60
36b	58	—82	58	+35	32	+3	31	—50
37b	56	—79	67	+80	42	+30	37	—34
38b	49	—114	53	—25	25	—46	23	—91
39b	60	—115	54	—3	29	—34	31	—85
40a	60	—115	54	—2	29	—33	31	—85
40b	43	—52	67	+42	33	+24	23	—24
41b	50	—74	62	+30	31	+5	26	—45
42b	50	—63	62	+40	31	+15	26	—34
43b	55	—49	53	+50	26	+24	27	—23
44b	52	—42	56	+58	28	+32	26	—16
45b	52	—33	64	+83	34	+52	29	—1
47b	50	—56	60	+47	30	+22	26	—28
51b	43	—67	82	+100	49	+31	31	—28
52b	48	—64	78	+116	50	+42	34	—22
54b	51	—85	71	+56	41	+12	32	—46
55b	58	—83	56	+79	42	+27	38	—37
56a	39	—69	83	+30	45	+15	25	—37
56b	57	—68	64	+77	39	+33	35	—27
57b	46	—86	67	+19	34	—5	26	—56
58b	53	—85	67	+45	38	+7	32	—49
59b	55	—76	66	+62	39	+21	34	—38

III. Gesamtüberblick

A. Statistische Grundlage

Unsere 27 Einzelfälle erfüllen die synoptische Aufgabe, Beispiele zu finden, welche die theoretisch geforderten Merkmale vereinigen. In allen Fällen treten die Zusammenhänge zwischen Konvektionsvorgängen und typischen nachfolgenden, weiträumigen Feldänderungen in Erscheinung. Sie enthalten einerseits besonders kräftige Feldänderungen, andererseits auch solche Fälle, die durch das Auftreten besonderer Begleitumstände charakterisiert sind. So ergab die verschiedene Einbettung in die jeweilige Wettersituation eine Fülle von Variationen, welche für die praktische Diagnose und Prognose sowie für die Weiterführung der Theorie nutzbringend sein kann. Das Gesamtergebnis der vergleichenden Betrachtung unserer Beispiele wird in den folgenden Kapiteln zusammengefaßt.

Hierbei wollen wir uns aber nicht auf die Diskussion dieser 27 Beispielfälle beschränken. In der Einleitung (S. 96, 98) wurde bereits ausgesprochen, daß diese Fälle nur eine kleine Auswahl aus einem größeren Material darstellen. 77 weitere Fälle wurden ebenso nach der hier vorgeführten Methode untersucht, weitere 189 Fälle nach flüchtiger Durchsicht der Wetterkarten als „brauchbar" angesprochen, alle aus demselben einjährigen Zeitabschnitt. 17 von diesen Fällen wurden bei der Besprechung der hier veröffentlichten Beispiele beiläufig erwähnt. Ferner wurden zahlreiche weitere Fälle aus älteren Jahren nach anderen Methoden hinsichtlich dieser Fragestellung bearbeitet.

Daher darf man vermuten, daß die an den 27 Beispielfällen aufgezeigten Beziehungen nicht nur in diesen Einzelfällen gelten, sondern allgemeine Bedeutung haben. Doch bedarf diese Vermutung noch einer statistischen Bestätigung, in welcher die Häufigkeit der von der Theorie geforderten und in den Beispielfällen aufgezeigten Zusammenhänge herausgestellt wird.

Eine umfassende Statistik solcher Art kann hier noch nicht vorgelegt werden. Es wurden bisher lediglich erste Versuche unternommen, herauszufinden, welche Bestimmungsgrößen für eine statistische Bearbeitung geeignet erscheinen. Denn es ist naturgemäß schwierig, die Fragestellung möglichst eindeutig durch solche Bestimmungsgrößen zu fassen, welche man einerseits synoptisch ermitteln, andererseits quantitativ auswerten kann, wie ein synoptisch-statistisches Kollektiv es erfordert.

Die Beispielfälle decken eine Vielfalt von Variationen beim Ablauf der Feldänderungen und natürlich auch die Mitwirkung anderer Erscheinungen (S. 61) auf, welche sich aber bei der Statistik vermischen und deren Ergebnisse verwaschen und undurchsichtig zu machen drohen. Diese Gefahr ist um so größer, je umfangreicher das benutzte Material ist, wenn man eine große Ausgangsbasis schaffen will (möglichst frei von einengender Auslese) und man auf Grund großer Zahlen gesicherte Ergebnisse erwartet. Während also im größeren Kollektiv einer statistischen Bearbeitung notwendigerweise auch viele Fälle enthalten sind, bei denen andere Feldänderungsursachen maßgebend beteiligt sind, ohne sie hinreichend voneinander trennen zu können, liegt der Vorzug der ausgewählten Beispielfälle in der Eindeutigkeit ihrer Zusammenhänge.

In dem Bemühen, die statistischen Möglichkeiten zu sondieren, wurden zunächst aus dem Jahr 1954 insgesamt 1177 Fälle untersucht, in denen sich eine Zyklone mit ihrem Frontensystem einem „primären" Trog zuordnen ließ. Diese Untersuchung sollte auf statistischem Wege Beziehungen zwischen den Eigenschaften dieser Zyklonen, ihrer Fronten und des zugehörigen „primären" Troges sowie den Feldänderungen stromabwärts der Fronten herausstellen. Sodann wurden 340 Beispielfälle ausgewählter Tröge und Rücken aus dem Jahr 1958 daraufhin untersucht, welche Korrelationen zwischen deren Eigenschaften und denen benachbarter Rücken und Tröge sowie zugehöriger Zyklonen bestehen.

Diese statistischen Bearbeitungen sind noch nicht abgeschlossen und auch nicht umfassend genug, um als endgültige und vollwertige Statistiken gelten zu können. Daher werden sie hier nicht im einzelnen erörtert. Aber ihre Ergebnisse, welche durchweg die theoretisch zu fordernden Konvektionswirkungen bestätigen, sind in die nachfolgende Zusammenfassung mit eingearbeitet.

B. „Aufbauende" Phase

Bei der Beschreibung der Beispielfälle stellten sich drei typische Entwicklungsstadien der Feldänderungen heraus, die insbesondere in den Fällen 6, 14 und 23 (S. 113, 136 bzw. 154) als „aufbauende", „Maximal"- und „abklingende" Phase bezeichnet wurden. In jeder dieser drei Phasen treten charakteristische Feldänderungen auf, welche nachstehend in ihren gemeinsamen und unterschiedlichen Merkmalen aufgezählt werden.

In der „aufbauenden" Phase beginnen die Konvektionsvorgänge zu wirken. Hier setzt demnach auch unser Auswahlprinzip für die Beispielfälle ein (S. 95). Obwohl sich dieses nur auf die „Aktivität" der Zyklonenfronten bezog, hat es sich gezeigt, daß diese Fronten stets auf der rechten Seite eines jet stream [4,7] und im allgemeinen auf der Vorderseite eines („primären“) Troges [2,3] liegen. Wo letzteres ausnahmsweise nicht von Anfang an zutraf (Abb. 56), gestaltete sich das Höhendruckfeld so um, daß die genannte Troglage in der Hauptphase erfüllt wurde (vgl. auch Abb. 16b, S. 77). Diese Beziehungen bestätigen sich auch an dem größeren Material sowie im statistischen Kollektiv. Letzteres stützt auch die beim Auswahlprinzip benutzte Beziehung zwischen der „Aktivität“ der Fronten und der Zyklogenese (S. 93). Schon durch diese Erfahrung ist bewiesen, daß die theoretisch festgestellten Merkmale einer nicht stationären jet-stream-Theorie tatsächlich miteinander verbunden auftreten.

Die Zyklonen, bei deren Zyklogenese „aktive“ Fronten die typischen Feldänderungsmerkmale der „aufbauenden“ Phase bewirken, treten aber in sehr verschiedenen Anfangssituationen auf und können verschiedener Herkunft sein. Bei den Beispielfällen handelt es sich im einzelnen um folgende Variationen:

1. Entwicklung einer Wellenstörung, welche sich an der Kaltfront einer älteren vorlaufenden Zyklone in der Frontalzone gebildet hat (z. B. Abb. 25b oder 38; insgesamt 50 Prozent aller Beispielfälle).
2. Entwicklung der Zyklone aus einer Kaltluftstaffel, während diese eine Troglinie erreicht (Abbn. 40b, 48b, 49a, 53a).
3. Belebung einer Zyklone in der Frontalzone, während sich ihre Verlagerungsgeschwindigkeit in einer Troglinie vermindert (Abbn. 23a, 29a).
4. Belebung einer Zyklone über dem Atlantik (Abbn. 43, 53b, 57).
5. Vereinigung zweier Zyklonen (Abbn. 30b, 31, 35, 42).

Fast immer aber sind es „junge“ Zyklonen mit einem breiten Warmsektor (z. B. Abbn. 22a, 24, 51) oder sich „verjüngende“ Zyklonen, die einen neuen Warmsektor bilden (Abbn. 29b, 40b, 58), der dann auf der Vorderseite des Troges im Bereich antizyklonaler Windscherung die Höhenströmung kreuzt [7, 8]. Diese Phase der Feldentwicklung entspricht also einerseits der oben genannten Theorie, andererseits sieht man hier vielseitige Variationsmöglichkeiten, welche in der Theorie noch offen bleiben. Dies gilt nicht nur für die Konvektionsvorgänge, sondern auch für die nachfolgenden Feldänderungen.

So ist die Entwicklung einer Zyklone in der „aufbauenden“ Phase stets mit einer Verstärkung des „primären“ Troges verbunden (2. Merkmal der Feldänderungen, S. 93)· Diese Beziehung bestätigt sich auch am statistischen Material. In einem Kollektiv von 226 untersuchten Trögen ergab sich der besonders hohe Korrelationskoeffizient $r = +0{,}5$ zwischen Vertiefung dieser Tröge und Zyklogenese auf deren Vorderseite.

Aber auch diese Trogverstärkung zeigt sich bei den Beispielfällen in verschiedenen Varianten:

1. Vertiefung des Trogkerns, so daß am Nachtag ein tieferer Isohypsenwert erscheint (Abb. 24a).
2. Südverlagerung des Trogkerns (Abbn. 42, 53a).
3. Vertiefung am Trogende, so daß der Trog schärfer wird (Abbn. 46a, 52).
4. Vereinigung mit vorlaufendem Trog (Abb. 57) oder mit südlich gelegenem Tief (Abbn. 23a, 31, 35).

Oft ist also diese Trogverstärkung zugleich eine Trogverschärfung, bei welcher die Isophysenkrümmung zyklonaler und die Troglinie markanter wird. In dieser weist dann der jet stream häufig eine Lücke auf (Abbn. 25b, 42, 58). In 50 Prozent aller Beispielfälle (in ähnlichem Verhältnis auch in den statistischen Kollektiven) ist aber die Verschärfung des „primären" Troges zugleich die „Sekundärwirkung" eines anderen stromaufwärts gelegenen Systems (Abbn. 31, 38, 47, 52, 53a). Hier kann man häufig nicht entscheiden, ob die Trogverschärfung eine „primäre" Folge der Konvektion im Bereich der zugehörigen Zyklone ist oder umgekehrt die „sekundär" erzeugte Trogverschärfung die Zyklone belebt und deren Konvektion fördert (durch verstärktes Vordringen hochreichender Kaltluft). Die verschiedenen Fälle zeigen, daß beides vorkommt, gegebenenfalls gleichzeitig (vgl. insbesondere S. 121).

Die meisten kräftigen „echten" Neuanfänge (ohne „sekundäre" Mitwirkung) geschehen an der nordamerikanischen Ostküste (und an der Küste Ostasiens), wo der polare jet stream (im Mittel) seine südlichste Lage erreicht und häufig eine Konfluenz des polaren und des subtropischen jet stream zu beobachten ist (z. B. Abb. 50a) [16].

Das Hauptcharakteristikum der konvektiven Wirkung „aktiver" Fronten in der „aufbauenden" Phase ist die antizyklonale Auswölbung der Isobarisophypsen stromabwärts der Fronten im Bereich des jet stream, wobei dieser sich verstärkt (1. Merkmal, S. 93; Abbn. 23a, 25b, 38). So entsteht dort ein Rücken mit einer markanten, antizyklonal gekrümmten jet-Achse (häufig stärker gekrümmt als die Isohypsen des Rückens; Abbn. 32, 36, 56b [2]).

In allen Beispielfällen zeigt sich eine deutliche Z u n a h m e d e r a n t i z y k l o n a l e n I s o h y p s e n k r ü m m u n g. In 55 Prozent aller Fälle entsteht ein Rücken an Stelle einer geradlinigen Höhenströmung (Abbn. 38, 51, 54, 56b); zu 25 Prozent war die Isohypsenkrümmung anfangs sogar zyklonal (Abbn. 53a, 56a, 57). Dieses Merkmal ließ sich auch am größeren Material beobachten und statistisch bestätigen. Im Kollektiv täglich anfallender Zyklonen mit zugehörigen Trögen (1367 Fälle) weist der jeweils stromabwärts gelegene Rücken zu 34 Prozent eine Verschärfung, dagegen nur zu 2 Prozent eine Abschwächung auf. Insbesondere ergaben sich folgende Korrelationskoeffizienten r:

1. zwischen Zyklogenese und Verschärfung des Rückens: r = +0,2 bei 226 Zyklonen;
2. zwischen Trogverstärkung und Verschärfung des vorlaufenden Rückens: r = +0,2 bei 226 Trögen;
3. dieselbe Korrelation bei 114 Rücken: r = +0,3.

Die j e t - V e r s t ä r k u n g im Rücken ist insofern das Kernstück der „jet-stream-Theorie", als sie einen Hinweis gibt, wie der jet stream durch Konvektionsvorgänge in der Frontalzone (die mit ihm verbunden ist [8,16]) sich verstärken, bisweilen sogar entstehen kann (Abbn. 41, 58 sowie Abb. 16b, S. 77). Während der zunehmenden Mäanderung der Höhenströmung rückt in dem sich verstärkenden „primären" Trog Kaltluft und in dem sich aufwölbenden Rücken Warmluft quer zu den Isobaren vor (Einschubwelle, S. 63 [5, 19]). Diese „Queradvektion" [3] zufolge der ageostrophischen Störbewegung und die dadurch entstehende „Konfluenz" [24, 25] erscheinen hier nur als Zwischenglieder, nicht als Ursachen der jet-Verstärkung.

Auch der „s e k u n d ä r e" T r o g (3. Merkmal der Feldänderungen, S. 93) bildet sich bereits in der „aufbauenden" Phase (wenn auch oft in dieser Phase nur schwach). Dadurch erscheint der aufgewölbte Rücken als ganzer „antizyklonaler Störungsbogen" (S. 45 f) zwischen „primärem" und „sekundärem" Trog, so daß sich seine B o g e n l ä n g e (S. 108) abschätzen läßt. Diese schwankt in den Beispielfällen zwischen 1500 und 4000 km (Abb. 49 bzw. 38) und ist im wesentlichen von der mittleren relativen Windgeschwindigkeit im jet stream abhängig, denn die nach Gl. (75) (S. 54) berechnete Periode der Störbewegung weist geringere Schwankungen auf (24 bis 30 Stunden), abhängig von der Stärke der antizyklonalen Windscherung (S. 48).

Insgesamt ergibt sich also in der „aufbauenden" Phase eine Verstärkung der „Druckfeldwelle" (S. 63). Die Auswölbung des „antizyklonalen Störungsbogens" und die Verschärfung beider angrenzenden Tröge (des „primären" und des „sekundären" Troges) bewirken aber, daß die Druckfeldwelle in dieser Phase u n s y m m e t r i s c h ist mit einem breiten Rücken (großer Bogenlänge) und weit schärferen Trögen (S. 53; vgl. Abbn. 23a, 25b, 38, 47, 51). Das jet-Maximum liegt im Bereich der Rückenlinie (etwa in der Mitte des „antizyklonalen Störungsbogens"), während die Troglinien häufig eine jet-Lücke aufweisen (S. 14) [10].

C. „Maximal"-Phase

Die Z y k l o n e vertieft sich in der „Maximal"-Phase, während sie sich (mit dem großräumigen Höhendruckfeld) stromabwärts bewegt. Ihre Fronten bleiben solange „aktiv", als die jet-Strömung über ihnen kräftig bleibt und der „primäre" Trog dicht nachfolgt (Abbn. 26, 33, 39, 51) [2]. Währenddessen dreht sich das Frontensystem zyklonal, desgleichen die nachfolgende Troglinie (Abbn. 30b, 36, 59). Im allgemeinen okkludieren dabei die Fronten und laufen auf den (neu entstandenen oder verstärkten) Hochkeil auf (Abbn. 29a, 30b, 44, 46b). Dann nähert sich das Zyklonenzentrum auf der linken Seite der Strahlströmung dem Kern des „primären" Troges (Zentralzyklone, vgl. Abbn. 42, 46) [2, 5], während die jet-Achse über dem Okklusionspunkt bleibt (z. B. Abb. 37) [7, 8].

Wenn die Zyklone okkludiert, wird der „p r i m ä r e" T r o g wieder flacher (auch schon in der „Maximal"-Phase, Abb. 39). Bleibt dagegen der „primäre" Trog scharf, so verhindert die Frontalzone an seiner Vorderseite eine völlige Okkludierung und gibt zur Wellenbildung Anlaß (Abbn. 22b, 52) [3]. Diese belebt die Vorderseitenströmung (vgl. 1. Zyklonen-Variante der „aufbauenden" Phase, S. 173) und trägt durch neue „antizyklonale Aufwölbung" ihrerseits zur Verschärfung des Troges bei (Abbn. 45, 47).

Auch hier lassen sich Ursache und Wirkung synoptisch nicht unterscheiden (vgl. „primäre" und „sekundäre" Trogverschärfung, S. 174). Vielmehr muß man wohl annehmen, daß die großräumigen, „lang dauernden" Feldänderungen (S. 92) ein „Aufschaukeln" durch fortwährende Rückkoppelung von Ursache und Wirkung enthalten (S. 57) [5]. So sind zwischen Konvektion und Trogverstärkung wahrscheinlich S e l b s t v e r s t ä r k e r p r o z e s s e wirksam, die dafür sorgen, daß die Fronten längere Zeit „aktiv" bleiben und die Feldänderung entsprechend lange andauert.

Während der „Maximal"-Phase nimmt die antizyklonale Isohypsenkrümmung vor den „aktiven" Fronten weiter zu. Dies führt zu einer A u f s t e i l u n g d e s R ü c k e n s, so daß oft ein großräumiger Hochkeil entsteht mit einer scharfen Rückenlinie (Abbn. 29b, 32, 42, 54). Diese zunehmende Mäanderung der Höhenströmung bedingt häufig eine Umstellung der zonalen Zirkulationslage (high index) in eine meridionale (low index) [22]. Bisweilen ist diese Umstellung nur eine vorübergehende (Fall 1). Es konnten aber mehrere Beispiele gezeigt werden, in denen diese Mäanderung schließlich vom Pol bis in die Subtropen reicht (Abbn. 27, 33, 39, 52, 59) und zur völligen Umgestaltung der Großwetterlage führt [18].

Für diese Phase der antizyklonalen Aufsteilung ist es typisch, daß der j e t s t r e a m im Hochkeil a u f f ä c h e r t, so daß die jet-Achse im Bereich der Rückenlinie unscharf wird und die Windgeschwindigkeit dort abnimmt (Abbn. 23b, 26, 45, Aufspaltung in Abbn. 22b, 33, 37, 55, 59)· Diese Auffächerung des jet stream führt häufig zur Trennung zwischen subtropischem und polarem jet stream (Abbn. 30a, 35, 39, 42, 49b, 58) [16], bisweilen aber auch zur Aufspaltung des polaren jet stream in zwei Zweige (Abb. 37) [7]. Dabei wandert das jet-Maximum [2] stromabwärts auf die Rückseite des vorlaufenden „sekundären" Troges (Abbn. 25a, 46b, 54). Mitunter entwickeln sich mehrere jet-Maxima nacheinander, die gemäß der Aufsteilung des Rückens immer weiter nordwärts vordringen (Abbn. 30b, 33, 59) mit jeweils neuer Mäanderung (neuem Rücken und neuem „sekundärem" Trog, vgl. z. B. Fall 13).

Dieses sind die charakteristischen Merkmale der „Maximal"-Phase. Sie wurden hier nicht theoretisch sondern synoptisch begründet, denn die „jet-stream-Theorie" bezieht sich nur auf die „aufbauende" Phase (S. 106).

Ferner treten auch typische Erscheinungen am „sekundären" Trog und weitergehende „Sekundärwirkungen" auf, welche für die synoptische Praxis von großer Bedeutung sein können; denn das Studium der Wetterfälle lehrt, daß in diesem Zusammenhang Fehlprognosen vorkommen (Fälle 10, 15, 27).

Ein „s e k u n d ä r e r" T r o g findet sich in allen Beispielfällen. Auch im statistischen Kollektiv ausgewählter Zyklonen und zugehöriger Tröge ließ sich in 99 Prozent aller Fälle diesem System ein „sekundärer" Trog zuordnen. Dieser verstärkt oder verschärft sich, wenn der nachfolgende Rücken sich verschärft oder verschärft hat. Der Korrelationskoeffizient r zwischen der Verschärfung des Rückens und derjenigen des vorlaufenden Troges beträgt im Kollektiv der behandelten Tröge r = +0,4 (226 Fälle) und im Kollektiv untersuchter Rücken r = +0,3 (114 Fälle).

Die Beispielfälle zeigen überdies wiederum verschiedene Variationen, die durch die verschiedene Situation des Höhendruckfeldes am Ort der „sekundären" Trogentwicklung bedingt sind:

1. Es entsteht ein neuer Trog (Abbn. 22b, 50b, 53a).
2. Ein anfangs schwacher Trog verstärkt sich (Abbn. 25b, 38, 50a, 54).
3. Der „sekundäre" Trog weist eine deutliche Verschärfung auf (Abbn. 23, 31, 41, 51, 59).
4. Der Trog verlagert sich südwärts (Abbn. 26, 32, 35, 52, 55).
5. Der Trog läuft durch einen Hochkeil hindurch (Abbn. 42, 47; vgl. auch die weitere Entwicklung der Fälle 10 und 19).

Die Wettererscheinungen am „sekundären" Trog sind an die Zyklone geknüpft, die zu diesem Trog gehört. Gemäß ihrer großen Entfernung von der „Initialstörung" zeigt sie die mannigfaltigsten Entwicklungen (vgl. auch die Gegenüberstellung der Fälle 6, 7 und 11 auf S. 121):

1. Oft bildet sich die Verstärkung des „sekundären" Troges in der Bodenwetterkarte als sich vertiefende Zentralzyklone ab (Abbn. 22a, 24, 54), die sich bisweilen mit dem Trog südostwärts verlagert, so daß auf ihrer sich verstärkenden Rückseite ein kräftiger Kaltluftausbruch erfolgt (Abbn. 32, 52, 55). Dessen Front ist sozusagen die vordere Begrenzung des auf der Rückseite des „sekundären" Troges abgleitenden Astes der Störbewegung. Solche Kaltlufteinbrüche können bisweilen sehr heftig sein (Wintergewitter), wenn die (anfangs schwache) Front durch die „sekundär" erzeugte Verstärkung des Troges (und den damit verbundenen Vorstoß von Höhenkaltluft) „aktiviert" wird.
2. Zyklonen, die sich auf der Rückseite des sich verstärkenden „sekundären" Troges befinden, vertiefen sich und werden entsprechend der Höhenströmung und der Verlagerung des Troges südwärts abgelenkt („induzierte" Zyklogenese [17], Abbn. 26, 38).
3. Zyklonen, die sich noch im Bereich des Rückens befinden, werden antizyklonal um diesen in den „sekundären" Trog gesteuert und abgeschwächt, wobei ihr Kaltluftvorstoß schwach ist gegenüber dem Vordringen der Höhenwarmluft des ostverlagernden Rückens („Warmfrontwelle" [23], Abbn. 31, 56b, 58).

Überschreitet die Rückseitenkaltluft des „sekundären" Troges dessen Troglinie, so kann sie dort zyklogenetisch wirken (z. B. Abb. 27), so daß der Trog dank dieser Entwicklung zugleich zum „primären" Trog wird (vgl. 4. Merkmal, S. 94). Solche „Neuanfänge" von Entwicklungen wurden bereits oben in der „aufbauenden" Phase beim „primären" Trog beschrieben (S. 174). Es gibt „Ketten" (S. 148) mit mehreren aufeinanderfolgenden Trögen, die zugleich „primärer" Trog ihrer zugehörigen Zyklone und „sekundärer" Trog des nachfolgenden Systems sind (Fälle 7, 19, 21).

Diese „Sekundäreffekte", insbesondere die Kaltluftausbrüche und die „Neuanfänge", erscheinen aber vielfach erst während der folgenden „abklingenden" Phase. Hierin äußert sich die in vielen Beispielfällen nachgewiesene Verzögerung (5. Merkmal, S. 94; vgl. die Fälle 1, 4, 6, 14). Sie entspricht der Laufzeit der Störbewegung vom Quellgebiet („Initialstörung") bis zum „sekundären" Trog (1. Periode).

D. „Abklingende" Phase

Die „abklingende" Phase ist dadurch charakterisiert, daß die „Aktivität" der betreffenden Fronten aufhört. Damit versiegt die Quelle der „Initialstörungen" für die Feldänderungen, so daß allmählich das Trog-Rücken-System zerfällt. Auch diese negative Beziehung zwischen den Feldänderungen und den aufhörenden Konvektionsvorgängen ist wichtig für die synoptische Anwendbarkeit der „jet-stream-Theorie". Naturgemäß gibt es auch in dieser Phase viele Varianten.

Die Zyklone ist okkludiert und zerfällt in der „abklingenden" Phase. Häufig tritt allerdings im Bereich der Zyklone eine Regenerierung ein, bei den Beispielfällen auf folgende Weise:

1. Bildung einer Randstörung im Okklusionspunkt, die als neue Zyklone mit dem verbliebenen Warmsektor in den „sekundären" Trog gesteuert wird (Abbn. 30b, 46a).
2. Bildung einer Wellenstörung an der Kaltfront der okkludierten Zyklone (Abbn. 45, 46b, 47).
3. Belebung einer neuen Zyklone, welche die Rolle der alten Zyklone übernimmt (Abbn. 23a, 49b; vgl. auch die Fälle 6, 13, 26).
4. Regenerierung über dem Atlantik (Abb. 52).

Wenn die Zyklone zerfällt, füllt sich der zugehörige „primäre" Trog wieder auf. Diese Korrelation entspricht der oben (S. 174) erwähnten zwischen Zyklogenese und Verstärkung des „primären"

Troges. Die Abschwächung des Troges zeigt sich in den Beispielfällen in zwei (extremen) Variationen: Entweder tritt der Trog wieder in das (polare) Tief zurück, aus dem er als Ausläufer entstanden war (Abb. 27), oder er nimmt den Charakter eines abgeschlossenen Tiefs an („cut off", Abb. 22b) [5, 18].

In vielen Fällen kann man als offenbare Ursache für die Abschwächung des Troges die nachlassende Konvektion an den okkludierten Fronten erkennen. Es gibt aber auch Fälle, in denen eindeutig die Auffüllung des „primären" Troges (durch die überlagerte „Aufwölbung" des nachfolgenden Systems) die zugehörige Zyklone und deren Konvektionserscheinungen abschwächt (Abbn. 31, 49b, 58). Insbesondere ist die Entartung des Troges zum „cut off" oft auch „sekundär" erzeugt (Abb 40b). Es scheint, als ob das „Abklingen" einerseits durch Energiedissipation (Reibung), andererseits aber durch eine neue energiereichere Feldstörung verursacht sein kann. Letztere bewirkt häufig sogar eine Regenerierung des Troges (Fälle 6, 13, 26; vgl. die oben beschriebene Regenerierung einer Zyklone).

Hört die Konvektion auf, so zerfällt auch der H o c h k e i l , der als Konvektionswirkung entstanden war. Aber auch hier äußert sich das „Abklingen" nicht nur in einer Abnahme der antizyklonalen Isohypsenkrümmung, sondern in mancherlei Entartungserscheinungen:

1. Der Hochkeil wird eingeebnet (Fall 1).
2. Es verbleibt im Bereich der Rückenlinie ein Resthoch, während südlich davon sich wieder die zonale Frontalzone herstellt (Fälle 9, 11, 16).
3. Es bildet sich eine nördliche Frontalzone, wobei die Mäanderung durch „cut-off"-Bildung am „sekundären" Trog überwunden wird (Abbn. 33, 36, 59).
4. Es entsteht vor den Fronten einer nachfolgenden Zyklone (Wellenstörung) ein neuer Rücken, welcher den alten Hochkeil deformiert (Abb. 47) oder übernimmt (Abbn. 25a, 46b, 49b).

Das Abklingen des „s e k u n d ä r e n" T r o g e s sollte man in ähnlichen Variationen vermuten wie die Abschwächung des „primären" Troges. Die Beispielfälle und auch die statistischen Kollektive zeigen aber, daß hier die Entartung des Troges als „c u t o f f" dominiert (z. B. Abb. 36; insgesamt 40 Prozent aller Beispielfälle, bisweilen mehrmals). Auch die „cut-off"-Entartung des „primären" Troges ist meistens „sekundär" bedingt.

Diese Entwicklung ist jeweils das Ende einer zu stark gewordenen Mäanderung [5], bei welcher der jet stream im Hochkeil abreißt (Abbn. 30b, 33, 35, 37, 39; vgl. S. 177). Nördlich des cut off bildet sich dann eine neue, mehr zonale Frontalzone [22], in welcher der jet stream bisweilen erneut zu mäandern beginnt (Abb. 33, 36, 43). Mitunter ist bei der cut-off-Bildung auch ein „primärer" Effekt beteiligt, indem auch auf der Vorderseite des Troges die „antizyklonale Aufwölbung" (zufolge dortiger Konvektionsvorgänge) zur Abschnürung beiträgt (Abb. 40b) [2, 18]. Als weiteres Merkmal einer cut-off-Bildung konnte die Aufspaltung des Strahlstroms in den polaren und den subtropischen jet stream erkannt werden (Abbn. 35, 58). Dies kann bisweilen eine cut-off-Situation auch nur vortäuschen, nämlich wenn die beiden Strahlströme lediglich ein altes Tief umfassen (Abb. 42).

E. Abstandsregeln

Wenn sich durch Konvektionsvorgänge ein neues Trog-Rücken-System („Druckfeldwelle") bildet, so sind die Feldänderungen in diesem System davon abhängig, wie das Druckfeld v o r h e r (vor der Neubildung) beschaffen war, z. B. davon, ob am Ort der „sekundären" Trogbildung schon vorher ein (flacher) Trog vorhanden war oder nicht. Die vorstehenden Kapitel B bis D berichten über entsprechende Varianten.

Umgekehrt hängt das Schicksal eines „v o r g e g e b e n e n" Druckfeldes (Tröge, Rücken usw.) davon ab, ob und wo sich ein n e u e s Trog-Rücken-System bildet. Insbesondere hängt die Deformation eines „vorgegebenen" Troges sehr wesentlich davon ab, ob dieser in den Bereich der „primären" oder „sekundären" Trogverstärkung oder in denjenigen der „antizyklonalen Aufwölbung" gerät.

In diesem Zusammenhang muß gesagt sein, wie man überhaupt synoptisch das „vorgegebene" Druckfeld von dem „neuen" System unterscheiden kann. Theoretisch ist diese Unterscheidung klar in der „jet-stream-Theorie": „Vorgegeben" ist ein Gleichgewichtsfeld, welches sich ohne eine zusätzliche „Störung" („Initialstörung") nicht wesentlich verändern würde; „neu" ist die Feldänderung, welche sich aus der konvektiven Initialstörung ergibt. Synoptisch ist diese Unterscheidung weniger leicht zu praktizieren, weil die Gleichgewichtsstörung nicht unmittelbar und direkt zu erkennen ist. Aber in d i e s e n Karten erscheint deutlich die kräftige und typische Feldänderung, welche ja in den vorstehend behandelten 27 Beispielen gezeigt wurde (so sind diese Fälle ausgesucht). Demnach bezeichnen wir als „vorgegeben" jeweils dasjenige Feld, welches schon vor der kräftigen Feldänderung vorhanden war.

Wenn wir also in dieser Weise unterscheiden zwischen einem „vorgegebenen" und einem durch „Initialstörung" erzeugten „primären" oder „sekundären" Trog, so besitzen die beiden letzteren einen gewissen Abstand, welcher durch die Sehne des „antizyklonalen Störungsbogens" (Halbwellenlänge $L/2$ gemäß Abb. 7, S. 47) gegeben ist. Bildet sich nun stromaufwärts eines „vorgegebenen" Troges ein neues Trog-Rücken-System, so hängt das Schicksal des erstgenannten wesentlich davon ab, ob die Neubildung ihn verstärkt oder schwächt. Hier gibt es verschiedene Möglichkeiten und dementsprechend die nachfolgenden Erfahrungsregeln:

1. Ist der Abstand zwischen dem „vorgegebenen" und dem neu entstandenen „primären" Trog größer als die Sehne $L/2$ des „antizyklonalen Störungsbogens", so bildet sich zwischen ihnen am Ende des Störungsbogens ein neuer „sekundärer" Trog (vgl. die Abbn. 22b und 50b oder die Entstehung des „primären" Troges in Abb. 47 oder 57). Dieser neue Trog kann auf seiner (neu entstandenen) Vorderseite eine Wellenbildung an der Kaltfront der zum „vorgegebenen" Trog gehörenden Zyklone veranlassen, so daß er zugleich ein neuer „primärer" Trog wird (Abbn. 46b, 47, 50b).
2. Stimmt der Abstand der beiden Tröge überein mit der Sehnenlänge des „antizyklonalen Störungsbogens", so verstärkt sich der „vorgegebene" Trog als „sekundärer" Trog des neuen Systems (Abbn. 26, 31, 38, 54). Aus unseren synoptischen Beispielen und der statistischen Untersuchung geht hervor, daß diese Übereinstimmung sich automatisch einstellt, wo die sonstigen Verhältnisse des Feldes es zulassen (Abstandsvergrößerung in den Abbn. 23a, 44, 51, 57 sowie in der weiteren Entwicklung des Falles 10; Abstandsverkleinerung in den Abbn. 22b, 25b, 28b). Dieser Effekt äußert sich in der Statistik darin, daß die genannte Abstandsübereinstimmung häufig zu finden ist (kurze Wellen [2]).
3. Ist der Abstand der beiden Tröge geringer, so daß der „vorgegebene" Trog in den Bereich „antizyklonaler Aufwölbung" gerät, so wird der Trog aufgefüllt (Abbn. 49a, 56a, 57).
4. Entwickelt sich der neue „primäre" Trog auf der Rückseite des „vorgegebenen" Troges, so daß dieser schließlich auf der Vorderseite des kräftigen neuen Troges liegt, so vereini-

g e n sich beide (Abbn. 23b, 27, 57; vgl. auch die Regenerierung des „primären“ Troges in den Fällen 6, 13, 26). Dies ist insbesondere auch der Fall, wenn der „primäre“ Trog schneller läuft als der „vorgegebene“, so daß der erstere den letzteren einholt, wenn z. B. der „vorgegebene“ Trog zu einem außerhalb der Frontalzone liegenden Tief gehört (dadurch nahezu ortsfest ist), der nachfolgende Trog dagegen mit dem schnelleren jet stream vorrückt. Sobald sich die beiden Tröge miteinander vereinigen, verstärken sie sich als der „primäre“ Trog der neuen Störung (Abbn. 23a, 30a, 31, 35).

5. Entwickeln sich Konvektionsvorgänge auf der Vorderseite des „vorgegebenen“ Troges, so wird dieser selbst zum „p r i m ä r e n“ T r o g eines neuen Systems (Abbn. 22b, 24, 30b, 38, 47, 50b).

6. Bei zunehmender antizyklonaler Auswölbung des „Störungsbogens“ (d. h. in der „Maximal“-Phase, S. 177) kann normalerweise die B o g e n l ä n g e (S. 108) nicht wesentlich vergrößert werden (entsprechend der „jet-stream-Theorie“, S. 55). Demnach muß sich entweder die Sehne $L/2$ des Störungsbogens verkürzen (Abbn. 30b, 46b) oder polwärts richten (Abbn. 32, 35, 39, 59). In letzterem Falle verlagert sich der „sekundäre“ Trog polwärts, wodurch eine „c u t - o f f“ - B i l d u n g südlich dieses Troges begünstigt wird (Abbn. 27, 33, 36, 43; vgl. S. 180).

Ebenso wie wir in den vorstehenden Abstandsregeln unterschieden haben zwischen einem „vorgegebenen“ Trog und einem („primären“ oder „sekundären“) „Störungstrog“, können wir auch die Z y k l o n e n (des bodennahen Druckfeldes) unterscheiden, denn das bodennahe Tiefdruckgebiet ist ein Bestandteil des gesamten Druckfeldes. Wir unterscheiden also zwischen einer „vorgegebenen“ Zyklone (welche einem „vorgegebenen“ Trog zugeordnet ist) und einer „Störungszyklone“, welche dem „primären“ Störungstrog zugeordnet ist. Aus den vorstehenden Abstandsregeln für Tröge ergeben sich daher die nachstehenden für Zyklonen (vgl. die Zyklonenentwicklungen am „sekundären“ Trog, S. 178):

7. Eine „vorgegebene“ Zyklone vertieft sich und „aktiviert“ ihre Fronten, wenn sie auf die V o r d e r s e i t e e i n e s „s e k u n d ä r e n“ T r o g e s gerät, so daß sie diesen zugleich als ihren „primären“ Trog verstärkt (Abbn. 23, 28b, 50a), oder ihr „primärer“ Trog sich zugleich als „sekundärer“ Trog verstärkt (Abbn. 22a, 30a, 54). Sie löst insbesondere einen

K a l t l u f t a u s b r u c h aus, wenn sie mit diesem Trog „sekundär“ (nach der Kaltluftregel [15]) südostwärts verlagert wird (Abbn. 26, 52, 55).

8. Läuft die „vorgegebene“ Zyklone stromabwärts in den sich verstärkenden „sekundären“ Trog, so wird sie auf dessen R ü c k s e i t e südwärts abgelenkt, vertieft sich („i n d u z i e r t e“ Z y k l o g e n e s e [17]) und leitet einen Kaltluftausbruch ein (Abbn. 32, 38, 46). Sie entwickelt sich zur mächtigen Zentralzyklone (Abbn. 27, 40) oder schwächt sich wieder ab (Abbn. 37, 41, 59), je nachdem der „sekundäre“ Trog sich dort noch weiter verstärkt oder zum „cut off“ entartet bzw. wieder schwächer wird [15].

9. Gerät die Zyklone unter den Einfluß eines sich verstärkenden R ü c k e n s , so wird sie antizyklonal um diesen Hochkeil zum „sekundären“ Trog gesteuert („W a r m f r o n t w e l l e“ [23]). Dabei wird ihr zugehöriger Trog aufgefüllt, so daß sie sich abschwächt (Abbn. 31, 56b, 58).

10. Ist der Abstand zwischen der „vorgegebenen“ Zyklone und einer nachfolgenden „Störungszyklone“ so klein, daß die „antizyklonale Aufwölbung“ im wesentlichen vor den Fronten der vorlaufenden („vorgegebenen“) Zyklone erfolgt, so v e r e i n i g e n sich beide Zyklonen (Abbn. 23a, 28b, 35) oder übernimmt die nachfolgende Zyklone die Rolle der vorlaufenden (Abbn. 25a, 45, 49b).

11. Der Abstand wandernder Zyklonen entspricht dem ihrer Tröge, also wiederum der Sehnenlänge des zugehörigen „antizyklonalen Störungsbogens“ (Abbn. 22a, 24, 38, 49a, 54), insbesondere wenn die Tröge eine „Kette“ bilden (S. 179). Da dann die Verlagerungsgeschwindigkeit der Zyklonen und der Tröge (die großräumige Feldverlagerung) etwa die Hälfte der mittleren Strömungsgeschwindigkeit beträgt [2], ergibt sich aus der Periode der Störbewegung die G u i l b e r t - G r o s s m a n n s c h e R e g e l , daß die nachfolgende Zyklone nach 48 Stunden den Ort der vorlaufenden einnimmt [15].

Die Regeln 7 bis 11 ermöglichen Vorhersagen über die Entwicklung der Zyklonen, sofern man die Stärke der Konvektion und ihre Wirkung auf das Höhendruckfeld abschätzen kann. Ihre (zum Teil längst bekannte) Anwendbarkeit kann als Bestätigung der hier zugrunde liegenden „jet-stream-Theorie“ aufgefaßt werden.

Literatur

1. Kleinschmidt, E.: Über Aufbau und Entstehung von Zyklonen. Met. Rundschau 3 (1950) 54.
2. Riehl, H. and others: Forecasting in middle latitudes. Met. Monogr. I, 5 (1952).
3. Polster, G.: Über die Bildung und Vertiefung von Zyklonen und Frontwellenentwicklung am konfluenten Höhentrog. Met. Abh. XIV, 1 (Berlin 1960).
4. Riehl, H.: Jet stream in upper tropospere and cyclone formation. Trans. Amer. Geoph. Union 29 (1948) 175.
5. Raethjen, P.: Dynamik der Zyklonen. Leipzig 1953.
6. Seilkopf, H.: Meteorologische Navigation. Schr. d. Dtsch. Akad. d. Luftfahrtforschung 21 (1940).
7. Murray, R. and D. H. Johnson: Structure of the upper westerlies. Quart. Journ. Roy. Met. Soc. 78 (1952) 186.
8. Vederman, J.: The life cycles of jet streams and extratropical cyclones. Bull. Amer. Met. Soc. 35 (1954) 239.
9. Raethjen, P.: Über die Bedeutung der Konvektion für die Entstehung des jet stream und seiner Trogstörungen. Atti d. Congr. Scient. Int. Turin 1959.
10. Newton, Ch. W.: Axial velocity streaks in the jet stream: Ageostrophic „inertial" oscillations. J. Met. 16 (1959) 638.
11. Murray, R. and S. M. Daniels: Transverse flow at entrance and exit to jet streams. Quart. Journ. Roy. Met. Soc. 79 (1953) 236
12. Faust, H.: Übergradientische Winde in der Nullschicht und das Problem der Strahlströme. Arch. f. Met., Geoph. u. Biokl. A, 8 (1955) 45.
13. Philipps, H.: Die Abweichung vom geostrophischen Wind. Met. Z. 56 (1939) 460.
14. W. M. O.: Observational characteristics of the jet stream. Techn. Note 19 (Genf 1958).
15. Müller-Annen, H.: Zugbahnen der Druckänderungsgebiete und synoptische Erklärungen. Ann. Met. 5 (1952) 161.
16. Palmén, E.: Über die atmosphärischen Strahlströme. Met. Abh. II, 3 (Berlin 1954) 35.
17. Kruhl, H.: Induzierte Zyklogenese. Ann. Met. 3 (1950) 136.
18. Berggren, R., B. Bolin and C. G. Rossby: An aerological study of zonal motion, its pertubations and break-down. Tellus I, 2 (1949) 14.
19. Raethjen, P.: Zirkulationen der Atmosphäre. Geophys. Einzelschr. 3 (Hamburg 1954).

20. M ö l l e r, F.: Der Zusammenhang statischer und dynamischer Labilität nach E. Kleinschmidt. Met. Z. 60 (1943) 269.
21. W i p p e r m a n n, F.: Über die Rolle der dynamischen Labilität bei der Zyklogenese. Ber. d. Dtsch. Wetterd. 12 (1950) 180.
22. D e f a n t, F.: Über den Mechanismus der unperiodischen Schwankungen der allgemeinen Zirkulation der Nordhalbkugel. Arch. f. Met., Geoph. u. Biokl. A, 6 (1954) 253.
23. K r u h l, H.: Über Warmfrontwellen und zur Dynamik warmer Hochdruckgebiete. Ann. Met. 5 (1952) 15.
24. N a m i a s, J. and Ph. F. C l a p p: Confluence theory of the high troposheric jet stream. J. Met. 6 (1949) 330.
25. D a h l e r, H.: Die Bedeutung der Temperaturadvektion für die Bildung und Verlagerung von Strahlstrom und Tropopause. Z. Met. 13 (1959) 205.

FSC
www.fsc.org
MIX
Papier | Fördert gute Waldnutzung
FSC® C083411

Kolibri 360 GmbH
Ferdinand-Jühlke-Straße 7
99095 Erfurt, Deutschland
produktsicherheit@kolibri360.de